本书出版获得全国教育科学"十二五"规划国家一般项目"基于生态心理学视野的城区流动儿童心理发展与教育研究"(批准号：BHA140090)、闽南师范大学学术著作专项经费资助

# 城区流动儿童心理发展与教育融入研究

A STUDY ON THE PSYCHOLOGICAL DEVELOPMENT AND EDUCATIONAL INTEGRATION OF

## MIGRANT CHILDREN IN URBAN AREAS

曾天德 著

社会科学文献出版社
SOCIAL SCIENCES ACADEMIC PRESS (CHINA)

# 前　言

第七次全国人口普查数据显示，中国流动人口规模进一步扩大，总量达 3.76 亿人，其中跨省流动 1.25 亿人，省内流动 2.51 亿人。随着我国城镇化进程的不断加快，大规模乡村富余劳动力涌入城市，产生了庞大的省内流动和城区流动儿童，其中，城区流动儿童约有 3106 万人，占流动儿童总量的 86.7%（杨东平，2017）。本书研究对象为城区流动儿童，特指在新型城镇化进程中跟随父母举家从农村来到本城市（区）居住半年以上 6~15 周岁处于义务教育阶段的儿童。该群体不同于一般意义上的流动儿童，如跨省流动的儿童或省内流动的儿童，文化差异给他们带来价值观的冲突，进而造成其城市生活融入与适应问题。城区流动儿童基本上是在同一个城市、在一种文化区域内流动，受到的文化冲击较小。但相较于城区常住儿童，城区流动儿童的成长环境又存在各类风险性因素，如流动过程中角色身份的变化、家庭与社会生活环境的变迁、社会支持体系以及教育资源的变化等，使得该群体的心理社会性发展具有独特性和差异性，这些特性和问题仍不是十分明确，需要进一步加以探索。同时，城区流动儿童的教育融入问题，也是当前我国新型城镇化建设进程中儿童教育的一个重大课题。中国特色城镇化是以人为核心的城镇化，是以人的需要和人的全面发展为核心的城镇化。城区流动儿童教育融入问题是人的城镇化中的重要问题。因此，非常有必要对这一问题进行系统全面的分析，并结合实践调查分析城区流动儿童教育融入困难的原因，提出切实可行的解决办法。上述这些问题能否在新一轮发展中得到妥善解决，关系到城区流动儿童自身发展与家庭功能的发挥，更重要的是该群体作为流入地和流出地的潜力和后劲，未来在城市发展、乡村振兴、城乡互促等现代化建设中都将发挥举足轻重的作用。因此，了解新时代城区流动儿童心理发展与教育融入状况，提升其心理健康水平极为重要。

城区流动儿童出现的种种心理健康与教育问题，是内外多种因素共同作用的结果。从生态心理学来看，城区流动儿童由于"流动"，其内外生态系统都发生了较大的变化，尤其是个人、家庭和同伴群体的微系统由一种形态向另一种形态转变，在这个转变的过程中，城区流动儿童的心理社会能力则发挥着极其重要的作用。城区流动儿童从农村流入城市生活后，其心理与行为面临诸多新的挑战，是否能够有效应对这些挑战，跟他们的心理社会能力发展水平有着密切关系。研究表明，心理社会能力对促进城区流动儿童心理发展和社会适应具有重要作用。因此，本研究关注的重点就是城区流动儿童的心理社会能力、积极心理品质和自我控制能力，以及流入城市后的学习生活境遇状况，如与父母的关系、与老师及同伴的关系、学校生活事件、社会资源保障等因素对他们的社会融入与适应的影响，探究其影响机制，并在理论和实践上探索有效促进城区流动儿童心理发展和社会融入的教育对策。

本研究基于生态系统理论和积极心理学的视野，通过文献分析、理论演绎等方法，构建城区流动儿童心理社会能力结构及其影响机制的理论模型，并作为实证研究基础。结合实证调研，对我国东南沿海地区新型城镇化建设较为成熟的、典型的二线和三线城市的城区流动儿童进行抽样调查，对调查数据进行收集、整理与定量分析，揭示城区流动儿童心理社会能力的基本状况、特点、影响因素及作用机制，探索有效促进城区流动儿童心理社会能力发展的教育对策，并对城区流动儿童教育融入问题进行理论探究和实践研究。主要内容如下。

其一，儿童心理测量工具的研制。城区流动儿童的社会适应、教育融入与其心理发展特点（如心理社会能力、社会适应能力和自我控制能力等）有密切关系。为进一步了解城区流动儿童的心理发展特点，本研究依据心理学相关理论和前人研究成果，重点就心理社会能力、社会适应能力和自我控制能力三个方面编制相应的量表，通过初始问卷编制、项目分析、探索性因子分析和验证性因子分析等程序，进行了相关实证测量。

其二，城区流动儿童心理发展相关理论研究。主要包括城区流动儿童的社会适应性研究，城区流动儿童自我管理研究，城区流动儿童积极人格品质研究，城区流动儿童心理健康研究，城区流动儿童的学业成就、班级气氛、学习投入研究等。

其三，城区流动儿童心理发展影响因素及作用机制研究。主要包括城区流动儿童社会适应的影响机制研究，城区流动儿童心理社会能力、自我管理能力、人格心理品质和心理健康影响机制研究，城区流动儿童学业成就影响机制研究。

其四，促进城区流动儿童心理健康与学业投入的实验研究。采用准实验方法，针对城区流动儿童心理特点及相关心理品质进行教育实验和跟踪研究。主要包括城区流动儿童心理健康干预实验研究和城区流动儿童学业投入干预实验研究。

其五，城区流动儿童教育融入问题与对策研究。主要包括城区流动儿童教育融入现状研究，城区流动儿童教育融入问题及其原因研究，促进城区流动儿童教育融入的对策研究。

本研究的学术价值在于用生态系统理论构建城区流动儿童心理发展的理论模型并进行实证检验，丰富儿童心理发展的研究内容，充实儿童心理研究理论体系，为探索城区流动儿童心理社会文化适应及其教育融入实践提供理论支持，为政府部门、教育行政部门和学校提供决策咨询参考。

城区流动儿童社会适应和教育融入问题是我国深入推进新型城镇化建设进程中必须解决的问题。本研究通过问卷调查、实地考察、个案访谈以及实验干预等研究方法，客观分析了城区流动儿童心理发展现状、特点、相关影响因素以及教育融入问题等，揭示了促进城区流动儿童心理社会适应与教育融入的主要机制，从理论上提出和阐释了解决城区流动儿童心理发展与教育融入问题的现实路径。这一成果将为政府、学校和家庭有效解决城区流动儿童心理发展与教育融入问题提供指导，进而更好地发挥教育助推新型城镇化建设的积极作用，提升城镇化的内涵和质量。

本书是在全国教育科学规划国家一般项目"基于生态心理学视野的城区流动儿童心理发展与教育研究"（批准号：BHA140090）总报告基础上进一步深化完善形成的。其中，有关城区流动儿童与家庭成长的教育成果是 2020 年福建省基础教育教学成果奖特等奖"教育扶贫视域下特殊群体儿童'PEER'家庭成长教育实践与研究"（获奖编号：2020J007）的有机重要组成部分。

曾天德

2022 年 5 月 26 日

# 目 录
CONTENTS

**第一章 绪论** ………………………………………………………… 1
 第一节 研究背景与研究意义 ………………………………… 1
 第二节 研究思路与研究方法 ………………………………… 4
 第三节 核心概念与理论基础 ………………………………… 5

**第二章 文献综述** …………………………………………………… 17
 第一节 流动儿童心理状况的相关研究 ……………………… 17
 第二节 流动儿童教育融入的相关研究 ……………………… 30
 第三节 流动儿童心理与教育的相关理论 …………………… 33

**第三章 城区流动儿童心理测量工具的编制** ……………………… 42
 第一节 心理社会能力问卷编制及信效度研究 ……………… 42
 第二节 社会适应性问卷编制及信效度研究 ………………… 51
 第三节 自我管理问卷编制及信效度研究 …………………… 65

**第四章 城区流动儿童社会适应及相关因素研究** ………………… 79
 第一节 城区流动儿童社会适应的基本特征 ………………… 80
 第二节 城区流动儿童社会适应的相关因素 ………………… 86
 第三节 城区流动儿童社会适应的提升对策 ………………… 92

**第五章 城区流动儿童积极心理品质研究** ………………………… 96
 第一节 城区流动儿童心理社会能力的特点 ………………… 96

第二节　城区流动儿童自我管理能力的特点 …………………… 107
　　第三节　城区流动儿童积极心理品质的培养 …………………… 116

**第六章　城区流动儿童心理健康及干预实验** ………………………… 120
　　第一节　城区流动儿童心理健康及相关因素 …………………… 120
　　第二节　城区流动儿童心理健康的干预实验 …………………… 131
　　第三节　城区流动儿童心理健康的提升对策 …………………… 137

**第七章　城区流动儿童学业成就及干预实验** ………………………… 141
　　第一节　城区流动儿童学业成就及相关因素 …………………… 142
　　第二节　城区流动儿童学习投入的干预实验 …………………… 153
　　第三节　城区流动儿童学习投入的教育对策 …………………… 162

**第八章　城区流动儿童教育融入问题与对策** ………………………… 166
　　第一节　城区流动儿童教育融入存在的主要问题 ……………… 168
　　第二节　城区流动儿童教育融入问题的原因分析 ……………… 177
　　第三节　促进城区流动儿童教育融入的对策建议 ……………… 186

**附　录** ………………………………………………………………………… 195
**参考文献** ……………………………………………………………………… 226
**后　记** ………………………………………………………………………… 253

# 第一章 绪论

## 第一节 研究背景与研究意义

### 一 研究背景

随着我国新型城镇化进程的不断加快，全国出现大规模人口从农村向城市迁移、从中小城市向大城市迁移的现象。根据第七次全国人口普查公布的数据，全国有流动人口 3.758 亿人（国家统计局，2021），占全国总人口的 26.62%。随着流动人口规模的增长，中国流动人口子女规模同步增长。2020 年，中国流动人口子女规模约 1.3 亿人，其中流动儿童规模为 7109 万人，比 2010 年的 3581 万人增长了约 1 倍。7109 万流动儿童中有 2947 万流动儿童居住在镇区，占流动儿童总量的 41.46%（顾磊，2022）。我们将居住在镇区的流动儿童定义为"城区流动儿童"。《2021 年全国教育事业发展统计公报》显示，义务教育阶段在校生中进城务工人员随迁子女为 1372.41 万人，其中，在小学就读的有 984.11 万人，在初中就读的有 388.30 万人（教育部，2022）。这就意味着，现阶段和今后一段时期内，我国流动儿童尤其是城区流动儿童的数量将持续增长，提示我们应该充分认识到帮助和促进城区流动儿童心理发展和教育融入的重要性和紧迫性。

作为城区流动儿童，与一般意义上的跨省或跨城市流动儿童、随迁子女不同，他们主要是城镇化进程中跟随父母双方举家从乡村或乡镇迁移到区（县）城市居住生活的 6～15 周岁儿童。他们基本上属于在同一区

（县）域流动的儿童，流入前后所处的人文环境基本相同，在语言、文化、习俗上差异不大，较少存在文化和价值观上的冲突。这是城区流动儿童有别于其他流动儿童的一大特征。但是，这种跟随父母双方"举家"迁移的显著特点，也使得这些儿童和他们的父母一样都要面对城区生活、工作、教育等方面的新挑战。由于城镇化速度快、规模大，一些地方区（县）政府的政策制度还不尽完善，就业与社会保障不到位或教育资源供给不足等，这不仅给儿童学习生活造成不利影响，还给父母及家庭其他成员造成物质上和精神上的极大困扰，一旦父母和家庭其他成员就业困难或没有找到工作，就意味着家庭失去经济来源，也必然影响到他们的生活质量和精神状态，从而削弱了作为正常家庭所具有的教育功能，进而再次伤害到儿童健康成长。因此，"举家"迁移的城区流动儿童相比一般儿童普遍存在孤独、焦虑、抑郁、自卑等问题情绪及其引起的相关问题行为。如何帮助城区流动儿童加快教育融入和社会适应，促进他们身心健康发展和人格健全发展，是当前推进义务教育均衡高质量发展所面临的且亟待解决的重大民生问题和社会问题。这些问题能否在新一轮发展中得到妥善解决，不仅直接影响到这一特殊群体心理健康发展及未来的生活品质，而且会在不久的将来，给中国城镇化的未来和前景带来极大的影响。因此，在我国新型城镇化建设的时代背景下，考察城区流动儿童心理发展特点、影响因素和内部机制，探寻城区流动儿童教育融入的实现路径与方法策略是当今社会的研究热点和重大课题。

  通过梳理和分析，发现有关城镇化进程中城区流动儿童的心理社会适应与教育融入对策研究尚处于起步阶段。主要表现为：一是研究数量较少，系统性不够强，对城区流动儿童心理发展特点、影响因素、作用机制与教育辅导对策探讨少；二是研究的深度不够，仍停留在心理健康和社会适应性某个层面的描述上，从而难以满足理论与实践的双重期待；三是缺乏探索促进城区流动儿童教育融入的治理路径，推进"二代"或"N"代流动人口市民化的研究；四是研究结果难以有效运用，研究对策更多体现在学理性层面，实操性有待提升。因此，本研究拟从更为全面有效的生态系统理论的视角对城区流动儿童心理发展特点与教育融入路径等方面进行较为深入的研究，探讨城区流动儿童心理发展与教育融入中存在的问题与原因，揭示城区流动儿童心理发展的内在机制，从实操性层面探寻促进城区流动儿童心理发展与教育融入的有效路径与方法策略。

## 二 研究意义

本研究基于生态心理学视角，运用系统思维、实证研究方法，从城区流动儿童的个体心理健康出发，探讨城区流动儿童心理发展与教育融入的状况、特征、影响因素及其内部作用机制，并在此基础上积极探索促进城区流动儿童教育融入的治理对策，具有重要的理论和实践意义。

### （一）理论意义

解决城区流动儿童心理发展与教育融入问题是新时代背景下我国新型城镇化发展战略和教育实践问题的迫切要求，本研究运用生态心理学、积极心理学、社会学、教育学等跨学科理论和方法，通过实证研究揭示城区流动儿童心理发展的基本现状、特点及相关影响因素，构建促进城区流动儿童心理社会性发展的内在作用机制，为构建合理科学的城区流动儿童心理健康和人格发展教育体系提供理论指导。同时，针对社会、学校和家庭开展城区流动儿童教育实践，推动城区义务教育均衡发展，对促进城区流动儿童全面素质提升具有重要的理论指导意义。

以生态系统理论和积极心理学理论为基础，构建城区流动儿童心理发展及其影响因素的理论模型，并进行实证检验，揭示城区流动儿童最初的微观心理认知系统和行为模式对其流动后期心理发展和教育融入的影响，为我们进一步认识城区流动儿童成长环境及教育问题提供广阔视野，同时也为深入该领域研究，拓展儿童心理研究理论体系提供有价值的理论支撑。

### （二）实践意义

从理论上阐释了城区流动儿童心理社会适应的教育机制，揭示了城区流动儿童教育融入过程的内在机制，提出具有前瞻性、可操作性的对策建议，为政府、社会、学校、家庭等多元主体共同参与解决教育融入问题提供有价值的理论指导。通过问卷调查和个案访谈，研究城区流动儿童教育融入及其影响因素，剖析教育融入问题产生的原因，寻找解决城区流动儿童教育融入问题的治理策略，引导和帮助城区流动儿童融入城区学习和生活，促进他们健康成长，这对于地方政府、学校、社区及家庭而言，为促进城区流动儿童教育融入提供实证依据，对于加强城区义务教育治理体系建设，发挥基础教育在推进新型城镇化建设中的独特作用也具有十分重要的现实意义。

## 第二节 研究思路与研究方法

### 一 研究思路

以问题为先导，在理论指导下进行实证研究是当下主流的研究范式。首先，通过对已有文献的查阅，了解城区流动儿童心理与教育融入的研究现状，根据研究现状选择研究方向和方法；其次，以我国东部沿海地区新型城镇化建设为研究个案，围绕城区流动儿童社会适应性、心理社会能力、积极心理品质、自我控制、心理健康、学业成就等方面，发放调查问卷，并对部分城区流动儿童、家长、老师进行深度访谈，依据数据和资料分析城区流动儿童心理发展现状及特点、影响因素及作用机制；再次，针对城区流动儿童心理发展问题，设计相关心理辅导干预活动，在活动结束后通过实验前后测的对比评估活动的成效，并提出有参考价值的教育方法；最后，专门针对城区流动儿童教育融入的问题与对策进行全面探讨，为政府和教育管理部门解决城区流动儿童教育融入问题提供决策参考。

### 二 研究方法

本研究根据生态系统理论、心理学和教育学理论，采用以"量化研究为主，质性研究与量化研究相结合"的方法，综合运用文献研究、问卷调查、深度访谈、干预实验、统计分析等多种方法对城区流动儿童进行实证研究。

#### （一）文献研究方法

文献研究方法是一种定性研究方法。确定研究主题之后，通过中国知网和其他网站，查找和阅读与流动儿童心理发展和教育融入相关的资料，包括国家和地方出台的有关政策，收集和整理国内外学术界与流动儿童相关的研究成果，通过仔细阅读前人对相关问题的研究，在总结分析的基础上提出自己的研究思路，明确研究目标、内容与方法。

### （二）问卷调查法

根据不同的研究主题，采用相关心理量表和自编心理问卷，分别调查不同地区、不同学校、不同年级的城区流动儿童和城区常住儿童。本研究涉及的主题比较多，发放的心理问卷和抽取的被试数量比较庞大。

### （三）深度访谈法

访谈法是根据第八章的研究内容，编制了访谈提纲，在福建省漳州市3个区（县）10所普通公立中小学中随机选取50名学生、30名教师和60名学生家长进行访谈，了解城区流动儿童生活状况、亲子关系、师生关系、心理现状和特点、学业情况和遇到的困难等。

访谈方式：采用单独访谈和集体访谈相结合的方式。家长和老师以单独访谈为主，学生以集体访谈或座谈方式为主。

### （四）团体辅导干预实验

以团体辅导理论为指导，设计心理辅导干预方案，根据相关条件筛选被试，按被试同质性分为实验组和控制组，控制组不接受任何形式的干预，只对实验组进行心理干预，干预实验结束后，再次对实验组与控制组进行量表测验，比较实验前后变化，探索变量之间的某种因果关系，以确定实验结果。

### （五）统计分析法

采用SPSS及Amos软件对数据进行项目筛选、探索性及验证性因子分析、信效度检验、描述性分析、相关及回归分析和路径模型构建等。

## 第三节 核心概念与理论基础

### 一 核心概念

#### （一）流动儿童

随着改革开放的不断推进，工业化和城镇化进程不断加快，大量人口从农村向城市迁移、从中小城市向大城市迁移，由此出现了跟随父母双方或一方到流入地居住学习生活的特殊群体，即"流动儿童"，其也是城乡分立的二元社会体制转型的产物。"流动儿童"这一概念的界定经历了一个比较长的过程。在文献中先后出现过"农民工子女""流动儿童少年""农民工随迁子女""外来务工人员子女""进城务工人员子女"等概念。1998年3月2日，国家教委、公安部发布的《流动儿童少年就学暂行办法》，将"农民工随迁子女"表述为"流动儿童少年"，指的是"6~14周岁（或7~15周岁），随父母或其他监护人在流入地暂时居住半年以上有学习能力的儿童少年"。有学者称流动儿童是流动人口中0~17周岁跟随父母离开户籍登记地到其他地方流动的儿童，它是与"留守儿童"对应的概念（段成荣，2015）。目前，在国内学者和政府用语中，还存在与"流动儿童"概念相同的用语："流动人口子女""农民工随迁子女""民工子弟""城市二代移民"。有学者将"流动儿童"定义为6~14周岁（或7~15周岁）随父母或其他监护人在流入地暂时居住半年以上的非流入地户籍的农民工子女（尚伟伟，2021）。

从上述概念来看，"流动儿童"内涵比较宽泛，涵盖了多种类型，其中一类是跨省份或城市跟随父母双方或一方来到流入地居住学习生活的儿童，这类儿童有几个特点：一是在流入地生活时间不稳定，随时都可能再跟随父母离开返回家乡（因户籍制度）；二是他们和当地常住儿童在文化习俗或价值观上有较大的差异；三是角色重叠，有的是从小跟随父母来到城市，有的是先在老家留守后再来到城市，还有的就出生在城市。另一类流动儿童则是在本市区或区（县）内跟随父母双方或一方来到流入地居住学习生活的儿童，属于从乡村和乡镇流入本城区生活学习的儿童，有研究将该群体界定为"城镇流动儿童"，这一群体约为3106万人，占全国流动儿童总量的86.7%（杨东平，2017）。这类儿童主要特点如下：一是他们是在同一区域内流动，与城区常住儿童相比其价值观差异较小，语言文化、风俗习惯及生活方式基本相近；二是因城镇化建设发展，他们跟随父母双方家庭式迁移到本城市或城区居住，居住的时间较长且基本稳定。

（二）城区流动儿童

以往的流动儿童概念过于宽泛，流动儿童的成分比较复杂，既有可能是全国各地不同省份和地区之间的流动儿童，也有可能是在同区域内流动的儿童，等等。以这样身份混杂且很不稳定的流动儿童群体作为研究样本，难以揭示其心理发展与演变的真实性特点和规律，所得研究结论也不具有普适性和可推广性。在新型城镇化进程中衍生出来的流动儿童，他们基本上是在本区（县）内流动的儿童，成为当前流动儿童中最主要的群体。为区别于通常所指的流动儿童，本研究把这一群体称为"城区流动儿童"，是指那些跟随父母双方"举家"从农村迁移到本区（县）城市居住生活的6～15周岁义务教育阶段的儿童。这类儿童与其他流动儿童相比，有突出的三个特点：一是家庭式的"举家"迁移，规模相当大；二是与父母双方共同生活在一起，居住时间较长且稳定；三是与城区常住儿童基本不存在文化隔阂和价值观差异。因为他们与城区常住儿童处于同一区域文化下，语言、文化等外部环境基本相同，不像跨省、跨市的城区流动儿童那样要受到文化变迁的影响。这对于城区流动儿童来说，其心理健康、社会适应、教育融入等的情况与一般意义上的流动儿童有着不同特点，影响因素也存在一定的差异性。因此，考察城区流动儿童心理发展与教育融入问题和对策是一个很值得探究的全新课题。

**（三）社会适应**

社会适应（social adaptation）一词最早由赫伯特·斯宾塞提出，是个体逐渐地接受现有社会的道德规范与行为准则，对于环境中的社会刺激能够在规范允许的范围内做出反应的过程（陈会昌，1995）。在心理学领域，心理学家利兰认为，社会适应的一个重要层面是心理适应，它包含个体对新的生活环境中的社会文化、价值观念、生活方式等方面的适应与认同（谭平等，2009）。社会适应是青少年发展过程中必不可少的一环，更是青少年社会化的重要标志之一。对于城区流动儿童来说，社会适应是他们从农村来到城市的第一步，意味着城区流动儿童需要采取行动，不断调整自己适应新的环境以求达到稳定的状态。

因此本书的社会适应是指在个体或群体与社会环境的交互过程中，不断地学习或改变自身的认知系统与行为模式，以达到与环境平衡的一种心理状态，它是衡量个体或群体心理健康的重要指标之一。

## （四）心理社会能力

心理社会能力（psychosocial competence）是指个体有效地处理日常生活中的各种需要和挑战，在同他人、社会和环境的相互关系中表现出良好的适应性及积极的行为能力（Wong et al., 2018），包括自我认知、自我控制、沟通协调、社会应对以及寻求社会支持等方面的能力。Tyler（1978）认为心理社会能力分为三个方面，分别为适当的良好的自我评价的能力、与他人建立良好信任的能力以及积极的应对方式。心理社会能力作为正确反映个体自我认知以及个体与他人、社会环境关系并做出积极适应的能力，受到越来越多的研究者的关注。有研究表明，心理社会能力与积极行为相关（Madjar et al., 2012），与积极心理品质如自信、乐观、坚忍、希望等密切相关，这些品质可以通过交互作用协同激发儿童有效的社会适应行为，可见心理社会能力对促进城区流动儿童心理发展和社会适应具有重要作用。作为从农村来到城区长期居住学习生活的城区流动儿童，他们赖以成长的社区生活环境发生了剧变，给他们的社交、心理、教育等方面造成了很大的影响，加之自身心理社会能力不足，在短时间内一般较难应对新环境的挑战，容易产生心理健康和行为上的问题。因此，我们要清醒地认识城区流动儿童心理发展与教育融入问题的紧迫性与重要性，学校、家庭和社会各界应高度重视城区流动儿童的心理社会能力及其培养，以促进他们的社会适应和人格健康发展。

## （五）自我管理能力

有关自我管理的定义，很多学者提出了自己的观点。Thoresen 和 Mahoney（1974）将自我管理与自我控制视为类似的概念，即个体在没有外部约束的情境中，降低自己之前做出某一行为的概率时所表现出来的能力。Long 等（1994）将自我管理定义为个人为自己设定某一目标，通过调控包括时间在内的相关资源，实现自己设定的目标的过程。Shapiro 和 Cole（1994）认为自我管理就是个体为了改变或保持自己的行为所采取的行动。自我管理能力是指个体主动应用一系列的认知策略和行为技能，调整自己的思维、情绪与行为，实现对环境的适应，从而达到个人的目标管理的过程（Schunk & Zimmerman, 1997）。Berger（2003）认为自我管理是个人对自己的知、情、意的管理。Ernesto（2017）认为，在行为上，自我管理是能够保持一种有效行为的能力，在情感上，它代表着将情绪控制在社会可容忍的程度，并在需要时延迟自发反应。国内学者也有一些研究成果。王益明和金瑜（2002）认为，"完整的自我管理心理系统应包括精神分析取向，即 ego 意义上的'内在自我管理心理系统'，和非精神分析取向，即 self 意义上的'外在自我管理心理系统'"。金海燕（2005）将大学生自我管理能力定义为"大学生为培养自己全面发展的素质，而进行自我认识、自我评价、自我约束和自我激励的活动"。

虽然不同学者对自我管理能力的理解有所不同，但是我们不难从其中发现共同点。通过总结，本研究尝试对自我管理能力下操作性定义，即个体能够正确地认识自我，并整合自身资源，使用一系列认知策略与技能，调节自身认知和行为，实现对环境的适应，以得到更好的发展的能力。

### （六）心理健康

关于"心理健康"的概念和内涵，目前有三大"取向"的定义。一是病理学取向的定义，即心理健康指精神病理学症状的不显著状态。包括内化的焦虑、抑郁、睡眠问题、躯体化与自杀意念和外化的问题行为及自我伤害与自杀行为。研究者通过学习焦虑、孤独倾向、身体症状、对人焦虑、恐怖倾向、自责倾向、过敏倾向和冲动倾向这 8 项指标来反映个体的心理健康水平（周步成，1999）。二是积极取向的定义，即从积极心理学的视角来定义：情感控制、情绪调节、自我感觉良好、积极的人生观、良好的应对技能、交朋友的能力、幽默感、积极的自我感觉等（孟万金，2008）。三是完全取向的定义，即完全心理健康取向，认为心理健康不仅指没有精神病理症状，还应包括有积极的心理机能（尹可丽等，2011）。世界卫生组织制定的心理健康的十条标准反映的就是完全取向的心理健康概念。我国著名心理学家林崇德（2000）认为："心理健康的核心定义是：凡是对一切有益于心理健康的事件或活动做出积极反应的人，其心理便是健康的。有三个标准：一是学习方面的心理健康；二是人际关系方面的心理健康；三是自我方面的心理健康。"本研究中的"心理健康"指城区流动儿童在各种环境中能保持一种良好的心理效能状态，并且在与不断变化的外部环境的相互作用中，能不断调整自己的内部心理结构，达到与环境的平衡与协调，即内部认知、情感与行为的协调和外部的适应，包括学习、人际和自我方面的内外协调的良好状态。

**（七）教育融入**

教育融入是一个内涵丰富、维度广泛的概念。城乡之间在生活方式和行为习惯等方面的巨大差异，使得从农村流向城区（市）的儿童在流入地存在更多的融入问题，并成为流动儿童研究中的一个热点话题。研究者们从多学科、多理论、多角度出发对流动儿童融入问题进行了很多研究。国内学者依据社会整合理论、教育公平理论对流动儿童的社会融入进行了较多的研究，他们从宏观层面如政府公共政策与制度、学校教育资源配置等对流动儿童教育融入进行分析，提出了多元的破解路径。也有学者依据社会认同理论、建构理论从微观层面即从家庭、学校以及学生个体角度构建流动儿童与微观系统之间的互动模式及其对儿童社会融入的心理与行为影响机制。

在当前城镇化发展进程中，"教育融入"体现了农村流动儿童在乡村—城区流动过程中遇到的心理发展与教育困境，以及对流入城区政策、社会及教育的影响（尚伟伟，2021）。庄西真和李政（2015）把教育融入定义为："流动儿童进入城市公立学校后，能克服新课堂中可能遇到的困难，使老师和其他同学接纳自己，最终对新环境有较强的归属感和自我认同。"徐丹（2016）将教育融入定义为："学生在进入学校后，对于学校环境、学习方式、文化、价值观适应与认可的程度以及与学校中其他个体互相接纳互相适应的过程。"

我们认为城区流动儿童教育融入本质上是社会融入的重要组成部分，是政府、社会和流动家庭共同努力的过程，是社会的包容性发展问题（孙文中，2015）。我们在综合借鉴我国已有"教育融入"概念的基础上，根据本研究内容，将教育融入定义为：城区流动儿童在流入的本区（县）内获得平等的教育机会，适应学校的教育教学，获得教师和同伴接纳，对学校有较强的归属感和自我认同，在教育过程和教育结果层面都能有效地融入整个教育系统。该定义应当体现如下特点：第一，教育融入是一个动态变化的过程，强调儿童从教育起点到教育过程再到教育结果都能平等地享受当地的教育资源；第二，教育融入是一个主动适应的过程，体现儿童的主观能动性，在与教师互动和同伴交往中主动适应新的教育环境；第三，教育融入是一个多维度概念，主要包括社会融入、学业融入、人际融入、心理融入四个维度。

## 二　理论基础

### （一）生态系统理论

生态系统理论是美国心理学家布朗芬布伦纳（Bronfenbrenner,1979）提出的有关个体发展的理论，强调儿童发展的情景性和社会性，认为个体发展应在自然的生态环境和具体的社会背景下探讨，并且将个体发展的生态环境由内而外依次分为微观系统、中间系统、外层系统和宏观系统，各系统间层层嵌套，相互作用，这种作用会导致儿童不同的身心发展水平。儿童生态系统的最初系统是微观系统，在这个系统内儿童的活动和交往是直接产生的，包含了人直接接触的环境中所有的个人活动和互动，而家庭则是儿童自出生以来最常接触到的环境，父母对孩子的影响是直接而深远的。继而到中间系统、外层系统和宏观系统。城区流动儿童从乡村到城区生活学习，意味着他们成长与发展的生态系统或部分系统发生改变或重组，在这一生态系统改变或重组过程中，城区流动儿童自身微观系统及其与其他三个系统相互作用、有序联动、动态平衡是促进他们教育融入的关键要素和重要保障。

依据生态系统理论，城区流动儿童心理发展和教育融入问题是他们在与新的社区、学校环境的动态交往中产生的，且呈现动态变化。因此，为全面考察城区流动儿童心理发展的影响机制与教育融入的现实处境，必须把他们放在其生态系统分析框架内才能获得更全面系统的认识，不能单单从个体的层面进行研究。根据本研究内容，我们将微观系统操作化为城区流动儿童心理、认知、情绪与行为等个体系统，以及其家庭、学校环境、同伴群体。中间系统是建立在微观系统的基础上，属于城区流动儿童在家庭、同辈群体中以及与社区和学校等之间互动的各系统。外层系统是城区流动儿童所居住的社区和社区内的社会组织等，对儿童发展发挥的作用相对比较小。宏观系统是贯穿以上三个系统之中的，是城区流动儿童所处的社会环境、政策、社会支持等。

因此，基于生态系统理论，本研究将对城区流动儿童心理发展机制进行微观系统和中间系统的探析，对于城区流动儿童的教育融入问题与实现途径更多从整个生态系统进行分析。

(二) 符号互动理论

符号互动理论，又称象征性互动理论，是从行为主义的基本立场出发，借助19世纪的哲学和自然科学研究，从进化论的视角提出的一种社会学和心理学理论，最早由美国社会学家米德（G. H. Mead）创立，并由他的学生布鲁默于1937年正式提出。该理论认为，个体的行为由各种不同的符号组成，并且通过其他各种符号产生作用，人与人之间的互动也是通过符号来进行的，通过分析日常环境中人们的互动，便可以知道人类群体生活的规律（王思斌，2003）。

符号互动理论认为，符号存在于社会生活的各个方面。人们使用这些符号进行交流与沟通，每种行为都代表一种符号，有其内在含义，且符号的意义是在不断变化的，在不同的背景和环境下，同一种行为所表达的意义不一定相同。同时，对符号意义的解释还有赖于互动双方的协商和交流，依赖于人与人之间、人与社会之间的关系。因此，每个个体对符号的理解是随着人与社会环境互动及人与人互动过程的变化而不断发生变化的，其过程具有主动性、动态性的鲜明特点，即符号的意义是个体在与环境互动和人与人互动中不断地自我建构或"情境定义"。符号互动理论对城区流动儿童的心理与教育方面的研究具有很强的指导性，且在相关研究上取得了一定成果。这些成果主要涉及家庭教育、亲子沟通、家校合作、学校融入、校园欺凌等多个方面，让人们更好地从微观、中观和宏观三大系统探索城区流动儿童的心理发展与社会融入特征。从微观系统的视角看，关注家庭教育和城区流动儿童心理发展与建构的问题，如儿童社会化、亲子关系、教养方式的问题。符号互动理论重视各个系统之间的交互作用，使得过去以父母为主角的家庭教育形态，转向注重亲子互动的关系的教育方式上，关注城区流动儿童的家庭互动、家庭行为、个体交往等，强调了城区流动儿童在各个互动系统中的主体性和主动性，体现出一种动态的和交互作用的家庭教育观（程颖如，2009）。这一理论观点有助于研究者更好地从微观系统的视角揭示城区流动儿童的心理发展与社会融入特征。从中观和宏观系统的视角来看，城区流动儿童的社会融入体现着流动群体与非流动群体之间的互动联系,而教育融入则是两大群体互动的核心。通过社会群体之间互动而达成人与人、人与社会之间的双向沟通与理解,营造和谐共处的环境空间(乔金霞,2012)。为此,研究者从学校、家庭和社会层面,探索社会群体之间在政策制度、社会资源(经济与文化)及群体的社会认知、人际交往、身份认同等方面双向多维的共存与融合的互动模式,同时提出多元的破解路径。乔金霞(2012)、吴新慧(2012)等提出促进教育资源公平、推动新型师生关系的构建、建立互动式家庭教育模式、加强城乡儿童的互动交往,是促进城区流动儿童教育融入的重要举措。

**(三) 社会支持理论**

学界对社会支持的研究涉及多个学科和多个领域,因此到目前为止尚未形成对社会支持的统一定义。目前学界对社会支持的理解大致从四个方面出发。一是从社会支持的性质来理解,认为社会支持是外界对自己有正向作用时的信息(Cobb,1976)。二是从社会支持的主体来理解,认为当个体感受到自己得到关怀时,个体就是得到了相应的社会支持(Procidano & Heller,1983;肖水源,1994)。三是从社会支持的来源来理解,认为社会支持是个体从政府、家庭、社区、群体等一系列人际网络中获得的物质或精神支撑,可以分为客观支持、主观支持及个人利用。四是从社会支持的具体内容出发,认为社会支持包含物质和行为的帮助,倾听、关心等信息支持与指导、提供行为,情感和重要行为的反馈,给予娱乐、放松的积极人际交往四个维度(Barrera & Ainlay,1983)。可见,不同的学者普遍认为社会支持对个体的正向作用,是个体从周边人群及社会获得物质或精神资源的一种有效途径。因此,依据社会支持理论的观点,社会支持可以作为积极的资源为个体提供服务,优良的社会支持系统能够给人提供积极的情绪体验和稳定的社会性回报(Ruiz-Robledillo et al.,2014),可以很好地帮助弱势群体应对各种来自环境的挑战,缓解心理压力,消除心理障碍,在促进个体亲社会行为、社会适应和心理健康方面起着重要作用。

作为城区流动儿童,原先在乡村建立的社会支持系统或获得的社会资源将发生变化,在新环境中能否顺利建立新的社会支持系统并从中获得足够的社会资源,是影响他们顺利适应学习生活、适应社会的重要因素。一般来说，社会支持对人的身心健康至关重要，其不仅能够在流动儿童社会适应的过程中起到保护和缓冲的作用，而且能够促进流动儿童身心健康的发展（Cohen & Wills, 1985；胡韬等，2014；赵金霞、李振，2017）。社会支持能够作为流动儿童城市适应水平的重要预测变量，减弱流动儿童对歧视知觉的感知，在歧视知觉对城市适应的影响关系中起到显著的中介作用（赵金霞、李振，2017；范兴华等，2012；张岩等，2017）。研究发现，可以通过同伴支持、心理支持、家庭支持等对流动儿童的学校适应产生影响（谢晓东等，2017；周建芳、邓晓梅，2015）。

城区流动儿童在社会融入进程中不仅面临学校适应、城市适应方面的问题，更重要的是面临政策、制度、经济、文化、教育、生活等许多问题。而解决这些问题，不仅要靠城区流动儿童主动适应，还需要借助各种支持资源帮助他们融入社会。研究者们基于社会支持理论，深入思考流动儿童社会融入的方法论。秘舒（2016）从社区的互动性出发，构建以社区为载体针对流动儿童群体、流动儿童家庭和社区融入的社会干预与支持体系。同春芬和李雅丹（2017）提出流动儿童城市融入可以从正式支持系统（政府、非政府组织）、非正式支持系统（个人关系网络）、准支持系统（社区）、专业技术支持（社会工作及人才）四个方面入手，从设计资源调配方案到提供基础个人保障，建立完善的社会支持框架。同时，城区流动儿童还要面临一个身份认同、社会认同与整合认同的问题。王中会等（2016）认为，当流动儿童能够获得足够的社会支持时，便容易形成较强的社会认同，进而促进学业成绩的提升。一项质性研究发现，流动儿童感受到来自新认同群体成员的支持，通过建立有意义的关系从而积极影响了认同整合。可见，来自城市同学、农村同学等不同群体的主观支持和客观支持，都将促进流动儿童认同整合的发展（倪士光，2014）。

（四）教育公平理论

近现代有关教育公平的理论研究，多是来自西方。如夸美纽斯提出"泛智论"，主张"教一切人一切知识"，认为任何人都有获得知识的权利，同时在教授内容上，也一改往日以神学为主体的教学内容，主张百科全书式教学，为知识的普及奠定了基础。McMahon 提出教育公平主要有三种类型：一是水平公平，指同样者需要得到相同的对待；二是垂直公平，指不同人需要得到不同的对待；三是代际公平，指上一代人的不平等现象不能延续到下一代（陈石，2005）。科尔曼将教育公平的视角从学校因素拓展至学生背后的家庭因素和社会因素，提出实现教育公平，不仅是要解决入学机会均等这一问题，更重要的是要消除经济地位和社会地位给人造成的影响（熊庆年，2007）。瑞典教育学家胡森（1987）则认为，教育公平是一个动态的过程，他将教育公平分为起点的平等、中间阶段的平等、最终实现目标的平等，具体来说，他认为在起点阶段，每个人都应当拥有平等的机会接受教育；在中间阶段，教育资源应平等地分配到每个学生；在最终阶段，能够根据学生特征的不同，使学生接受更加个性化的教育。

一般来说，教育公平可以理解为每个社会成员在享受公共教育资源时能够受到公正和平等的对待。在特殊教育中，我国学者以胡森的教育公平理论为基础，将特殊儿童所需的教育公平分为起点公平、过程公平和结果公平，保证特殊儿童能够得到与正常儿童相同的教育资源（孙玉梅，2007）。教育公平理论认为教育公平应体现四大核心原则，即教育权受保障原则、教育机会均等原则、程序公正和实质公正相统一原则、弱势群体补偿原则。

有学者以教育公平理论和公平原则为切入点，深入探析流动儿童有关教育公平的问题，结果发现，流动儿童义务教育长期处于教育的边缘地带，严重缺乏教育资源，无法像城市儿童一样享有公平的教育资源。朱凤丽（2006）认为，户籍制是市民地位的制度屏障，没有城市户口就意味着流动儿童不能像城市儿童一样接受良好的教育。修路遥、高燕（2011）对学业失败的流动儿童进行调查研究发现，城乡二元结构的分割，导致流动儿童一方面无法适应城市强势的文化圈，另一方面家庭地位处于社会底层，地位的不平等导致他们容易对学习失去信心，造成"流动儿童中普遍差生"的局面。此外，一些学者指出，流动儿童社会融入过程中存在社会排斥现象。冯帮（2007）研究指出，流动儿童在城市受到的排斥主要是制度排斥、经济排斥、文化排斥。城区流动儿童在城市融入过程中，来自各个层面的社会排斥将影响他们良好的社会适应。此外，我国对流动儿童受教育权的法律保障欠缺，条文过于模糊，也使得流动儿童的教育公平问题日益突出（杜文平，2006）。

基于以上影响到流动儿童接受公平教育的因素，研究者从政府公共政策、法律、社会、学校层面展开了大量研究，提出了许多推动流动儿童教育公平实现的可行策略，对推进城区流动儿童教育公平具有重要参考价值。

（五）社会融入理论

社会融入的反面，则是社会排斥，社会融入的研究也起源于社会排斥的研究。社会排斥是将社会某部分群体（一般是弱势群体）排斥在社会主流之外。社会排斥极易产生社会矛盾，不利于社会的和谐发展。而社会融入则意味着矛盾和误解的消除。英国著名的社会学家吉登斯（2000）认为，"融入"意味着公民资格，意味着社会的所有成员不仅在形式上，更是在其现实生活中所拥有的民事权利、政治权利以及相应的义务，还意味着机会以及社会成员在公共空间中的参与。从这个意义上说，社会融入可以增进整个社会的福利。

社会融入的途径是多种多样的，其中，工作、教育、社会介入、伙伴关系、社会工作以及多元文化整合等都是社会融入的重要途径。新型城镇化进程中的流动儿童，由于时空的改变，原有的认知系统与学习生活方式以及人际交往均遇到前所未有的全新挑战，容易出现社会融入问题。其中，教育在解决城区流动儿童社会融入问题上扮演着十分重要的角色，教育融入对社会融入起着重要催化作用。若要解决好城区流动儿童的社会融入问题，首先必须解决好其教育融入问题。

教育机会均等是社会公平与平等的体现，是社会融入的价值原则和基础；教育有利于提升人的人力资本含量，从而帮助个体更好地融入新的社会环境。城区流动儿童与农民工一样，作为弱势群体，较难融入城市社会。因而，必须做好城区流动儿童教育工作，使其融入城市教育，这有利于城区流动儿童未来更好地融入城市社会，从而促进我国城镇化的健康发展。

# 第二章 文献综述

## 第一节 流动儿童心理状况的相关研究

### 一 流动儿童心理健康研究

#### （一）流动儿童心理健康状况

随着我国城镇化进程的发展，流动儿童这一群体的数量激增，作为我国青少年儿童的特殊群体之一，其正处于心理与行为发展的关键时期，很容易受到外界环境的影响，特别是对于大多数有过农村生活经历的他们来说，当下复杂的城市环境与以往差别很大。在这种条件下生活，他们的人格发展和心理健康状况备受各界关注。综合以往调查研究结果不难发现，相较于城市常住儿童或全国人均状况而言，流动儿童的人格发展和心理健康状况不容乐观，心理问题发生率也较高，主要体现在以下两个方面。

**1. 内化心理行为问题**

许多学者的研究表明，流动儿童的内化心理行为问题显著，主要表现为具有焦虑和抑郁倾向，容易发生人际冲突，自尊水平较低，具有较强的孤独感。在性格上更拘谨、更敏感、更忧郁。蒋善等（2007）调查重庆市流动人口的心理健康状况发现，流动人口的心理健康水平显著低于全国正常人均水平，在躯体化、强迫、抑郁、焦虑、敌对和偏执上都显著高于全国正常人均水平。陈玉凤（2014）对湘西地区流动儿童的调查也发现，流动儿童的心理健康水平低于城市常住儿童，在情绪障碍、性格缺陷、品德缺陷和特种障碍等几个方面表现都较差。尽管许多研究者对流动儿童人格发展和心理健康抱持忧虑的态度,但是也有例外,余益兵和邹泓(2008)研究发现,大部分流动儿童在自我掌控力、乐观主义、积极情感方面处于理论上的中等及以上水平。

**2. 外化心理行为问题**

有诸多学者对流动儿童的外化心理行为问题进行了研究,结果显示,流动儿童的外化心理行为问题主要表现在学习与社会适应不良,以及不良行为和自杀等方面。研究者发现,流动儿童的学习适应问题主要表现在学习成绩差、学习自信心不足、学习习惯不好、学习焦虑等方面,且存在身体症状等方面问题。蔡爽(2015)对上海市流动儿童的自杀意念进行现状调查也发现,流动儿童的自杀意念率较高,问题解决能力较差,且这与流动儿童的年龄和父母的工作方式有显著的关联。刘庆(2013)的研究进一步说明,城市流动儿童由于受到了不同群体与环境的歧视与排斥,陷入了城市社会适应的困境,出现了明显的"移民第二代"特征。

以上这些研究表明,相比城市常住儿童,流动儿童的心理健康问题不容忽视,其主要存在情绪问题、人格问题、适应问题、人际问题、学习问题和行为问题等,且存在明显的性别、年龄和家庭等方面的差异。

**(二)影响流动儿童心理健康的因素**

由于居住的流动性和不稳定性,流动儿童的社会生活环境发生变化,对其心理健康水平产生诸多影响。研究表明,居住的流动性会影响个体的自我调节、自我概念、认知能力、情感、人际交往、群体行为与认同等(戴逸茹、李岩梅,2018),从而影响其心理健康的发展。梳理以往研究发现,流动儿童心理健康状况的影响因素主要包括个体因素、家庭因素、学校因素与社会支持等。

**1. 个体因素**

当前对于流动儿童的人口学因素调查多集中在性别、年龄、年级、独生子女以及流动次数等方面,而对流动儿童的心理健康造成显著影响的因素大多集中在性别、年级以及独生子女三个变量上。尹勤等(2013)的调查表明,是否为独生子女与年级对流动儿童的自我意识评价有重要的影响,进而影响其心理健康水平。张帆(2019)的研究也发现,不仅年级,性别也是影响流动儿童心理健康的主要人口学因素。李龙等（2019）的研究则进一步表明，流动儿童中的女性、非独生子女的心理健康状况相对较差。由此可知，人口学因素对流动儿童心理健康有重要的影响。

认知、情感体验和个性特点也会影响个体的心理健康状况。认知能力是影响流动儿童心理健康的重要因素，认知能力较弱的流动儿童心理健康状况较差。在认知能力的基础上，蔺秀云等（2009a）的研究发现，流动儿童的歧视知觉对其心理健康状况有显著的预测作用，他们感到的歧视越多，其心理健康状况越差。韩毅初等（2020）也得出了相似的结论，流动儿童的歧视知觉与积极的心理健康指标存在负相关，与消极的心理健康指标存在正相关。流动儿童所体验到的团体归属感以及他们个人的自尊水平均能够显著预测流动儿童的心理健康水平（叶一舵、熊猛，2013）。除此之外，流动儿童人格中的开放性、外倾性、宜人性和谨慎性对社会适应性有直接影响。自尊也是其中一种影响因素，不仅影响青少年的情绪体验、行为表现和品德，也影响其长期的心理适应。可见，流动儿童个体内在的认知、情感体验和个性特点等是其心理健康的重要影响因素，通过探讨其内在的影响因素，可进一步通过教育干预实践来促进他们的心理健康发展。

**2. 家庭因素**

家庭是儿童社会化的重要影响源，研究者分别从家庭经济地位、父母教养方式、亲子关系、家庭功能以及家庭氛围等方面考察了这些因素对流动儿童心理健康的影响。杨芷英和郭鹏举（2017）的研究也证明了家庭经济状况、与父母沟通状况、父母关系能够正向影响流动儿童的心理健康水平。家庭的影响主要包括家庭关系与客观条件两个方面。从家庭关系来说，家庭关系对流动儿童的心理健康具有预测作用，尤其体现在夫妻关系和亲子关系上；另外，家庭经济的充足供养也是流动儿童心理健康的重要物质保障。因此，家庭经济上的供养与精神上的支持是营造流动儿童健康成长环境的关键所在（栾文敬等，2013）。由此可见，家庭经济地位较高的儿童，更能得到家庭教育方面的支持，其心理需求也更能得到关注和满足。大量研究发现，积极的教养方式和良好的亲子关系有助于儿童的健康成长。

**3. 学校因素**

学校环境是影响流动儿童心理健康的主要因素之一，主要包括学校氛围、人际关系、学习成绩与学校适应性等方面。就学校氛围而言，徐生梅等（2021）的研究表明，对学校氛围的感知能够显著影响流动儿童的心理健康水平。就人际关系而言，主要包含与老师和同学的关系，首先是与老师的关系，尹勤等（2013）的调查表明，班主任老师的关心程度对流动儿童的自我意识评价有重要的影响，进而影响其心理健康水平，郑研（2022）通过对流动儿童的追踪调查也发现，良好的师生关系能够降低流动儿童的抑郁和焦虑水平，从而促进其心理健康发展；其次是与同学的关系，孟万金等（2021）的研究发现，农民工随迁子女的人际敏感性负向影响了其心理健康水平，但感知到的朋辈支持能够对其心理健康发展起到积极的作用。就学习成绩而言，研究表明，学习成绩能够显著预测儿童的自我意识评价，从而影响其心理健康发展（尹勤等，2013）。就学校适应性而言，流动儿童的学校适应性水平有待提高，这也是影响其心理健康水平的重要因素之一（谭千保，2010）。因此，学校作为流动儿童主要的学习和生活环境，其良好氛围的营造、师生关系的和谐、学习效果的保障以及学习适应性的提升是流动儿童心理健康发展的重要保护性因素。

**4. 社会支持**

流动儿童因其流动性，社会生活环境发生变化，而对其心理健康产生影响的是感知到的社会支持。研究表明，社会支持能够显著预测个体的心理健康水平，提升社会支持对个体的心理健康发展具有增益作用（赵建平、葛操，2006）。反之，对于流动人口而言，社会网络和社会支持的缺乏、工作的不稳定性以及文化差异和语言交流障碍会给其心理健康带来不利的影响（邱培媛等，2010）。赵燕等（2014）的研究也进一步证明，社会支持能够显著预测流动儿童的抑郁和孤独水平，从而影响他们的心理健康发展。由此可见，提升社会支持，营造良好的社会文化氛围是流动儿童心理健康的有力保障。

以上观点囊括了影响流动儿童心理健康的个体内部和外部环境的因素，能够比较全面地阐述流动儿童心理健康的影响因素，启示研究者和教育实践者关注流动儿童的生活环境，将重点放在家庭教育的科学性、学校环境的积极性以及社会文化的接纳性的提升上，从而缩小城乡儿童之间的差距，促进流动儿童积极人格和积极认知能力的发展，提升其心理健康水平。

## 二 流动儿童社会适应研究

### （一）流动儿童社会适应状况

随着"家庭化"迁移趋势的发展，流动儿童的数量与日俱增，社会适应问题成为流动儿童移动过程中的突出问题之一。社会适应指的是社会环境发生变化时，个体的观念和行为方式随之变化，以更好地适应社会环境的过程（林崇德等，2003）。一般意义上的社会适应主要表现为心理适应和社会文化生活适应两大方面，本研究依据以往研究成果，将社会适应界定为社会（城市生活）适应和学校（人际关系和学习成绩）适应两大方面。

**1. 流动儿童的社会适应水平不高**

胡韬（2007）从人际友好、活动参与、学习自主、生活独立、环境满意、人际协调、社会认同、社会活力等八个方面比较流动儿童与城市儿童的社会适应水平差异，结果发现，除了生活独立外，流动儿童在其他各项指标上的得分均低于城市儿童。袁晓娇等（2009）通过对北京流动儿童的调研进一步说明，与当地儿童相比，流动儿童的社会文化适应和心理适应较差。

研究证明，在流动儿童的教育安置方式上，就读于公立学校的流动儿童的社会适应水平要明显高于就读于打工子弟学校的流动儿童，且没有转学经历的流动儿童的社会适应情况更好（王中会等，2016，2014）。说明公立学校的流动儿童社会文化适应更好，有更强的自尊感，且较少产生孤独、抑郁等情绪问题，因此社会适应表现更佳。由于学校性质、同伴群体、条件设施、师资质量等方面的差异，公立学校和打工子弟学校的流动儿童可能形成不同的身份认知，继而积极融入或抵触新环境，说明流动儿童的学习适应比心理适应更为稳定（范兴华等，2009）。

多项研究（陈晓军等，2017；杨明，2018）表明流动儿童社会适应存在显著的性别差异，且女生的社会适应状况要显著优于男生。流动儿童社会适应也存在显著的年级差异,且随着年级的升高,流动儿童的社会适应水平也会提升。王中会等(2016)的研究表明,高年级流动儿童的适应水平显著高于低年级流动儿童。具体来说,流动儿童在人际友好、活动参与、学习自主、环境满意、社会认同、人际协调及社会适应总分上均存在显著的年级差异(胡韬等,2012)。马诗浩等(2019)的研究进一步说明,流动儿童在人际友好、活动参与和社会活力方面的适应程度及自我提升均随着时间的推移而有所提升,但就提升速度来说,小学流动儿童的提升速度要快于初中流动儿童。

**2. 流动儿童的人际水平较低**

多项研究(覃娜萍,2020;黎心培,2021)表明,流动儿童普遍存在同伴交往能力不足的问题,主要表现为在认知上存在认知偏差,在情绪上存在交往障碍,在行为上缺乏主动性。杨佳丽(2020)的研究也说明,流动儿童在人际交往时常常会因为语言、家庭、价值观等方面的差异而产生矛盾,由此导致缺乏归属感、缺乏朋辈支持和人际交往障碍等方面的问题。

鲍传友和刘畅(2015)的研究表明,流动儿童在人际关系和环境适应上的水平较低,不如非流动儿童,主要体现在课堂互动少和课余时间融入水平低上,且在性别、年级和学校等方面存在差异。尹星和刘正奎(2013)的研究说明,男生的人际关系得分要高于女生,且年龄较大的流动儿童的人际关系优于年龄较小的流动儿童。谢尹安等(2007)的研究还说明校际的流动儿童师生关系也存在差异,小学阶段公立学校的师生关系优于打工子弟学校,而初中阶段则相反,半数以上的师生关系处于疏远平淡型和紧密矛盾型的状态,仅有少数处于亲密和谐型的状态。

**3. 流动儿童学业问题凸显**

研究者发现,流动儿童的学习适应问题主要表现在学习成绩差、学习自信心不足、学习习惯不好、学习焦虑和考试焦虑等方面。一项调查发现,流动儿童对自己的学习情况进行评价时,有44.4%的儿童认为自己的学习成绩不好,有41.2%的儿童认为自己的学习能力不强,有半数以上的流动儿童或多或少地存在考试焦虑(曾守锤,2009)。可以说,流动儿童学业问题比较突出。

(1)学业成绩较差,存在偏科现象。詹创民(2020)的研究表明,与非流动儿童相比，流动儿童的学习成绩较差；也有研究发现，流动儿童的学习成绩分布呈"橄榄型"，即成绩较好的很少，中等的占了大多数，但也存在一部分较差的，总体情况不尽如人意（冯金兰，2011）。此外，有研究发现，流动儿童的偏科现象十分普遍，尤其在语文、数学和英语上差异显著，不仅低于平均水平，还远低于城市常住儿童的总体平均水平（谢小红，2013），表现为语文成绩较好，数学成绩次之，英语成绩较差，且在英语的学习上出现了群体性的困难（李佳晨，2021）。

（2）学业自我效能感较低。汪朵等（2012）的研究表明，与城市本地儿童相比，流动儿童对于学习成绩的自我评价较低，对于学业的期望也较低，体现为对最高学历的追求较低。吴萍萍（2019）的调查也发现，相比本市儿童，流动儿童的学业自我效能感较低。由此可见，流动儿童对自己的学习情况评价较低，学习能力和自信心不足，从而导致他们对学习的要求降低，影响了学业成绩。

（3）学习策略和动机缺乏，容易产生厌学情绪。研究者认为，对学生学业成就的考察不应仅从学习成绩上来看，还应包括学习潜力、学习策略、学习习惯、学习动机以及课外学习情况等方面。因此，谢小红（2013）的研究发现，在流动儿童的学习策略方面，缺乏学习规划和整合，较少采用良好的学习策略；大部分流动儿童没有养成良好的学习习惯，缺乏强烈的学习动机，学习的主动性和积极性也较低。赵杨虹（2019）的研究也进一步表明，流动儿童的学习注意力较不集中，学习效率较低；且学习积极性不高，更容易出现厌学情绪。

尽管流动使流动儿童获得了更好的教育资源，但相较于城市常住儿童而言，其学业表现仍有待提升，研究者和教育实践者应关注流动儿童的学习动机、学习效能以及学习习惯的问题，积极探索提升流动儿童学习积极性和改善其学习习惯的有效策略，努力缩小流动儿童和城市常住儿童的差距，促进流动儿童的学业适应，提升其学业成就水平。

**（二）社会适应的影响因素**

了解流动儿童社会适应的影响机制是提升其社会适应水平的前提，流动儿童社会适应的影响因素包括个体因素、家庭因素、学校因素和社会支持四大因素。

**1. 个体因素**

个体的人格特质、认知水平、社会认同、学习习惯、人际交往能力等是影响流动儿童社会适应的重要因素。第一，人格特质的作用。流动儿童的积极人格特质是促进其良好社会适应的重要保护性因素。朱丹等（2013）的研究说明，流动儿童的大五人格与同伴关系的弹性发展息息相关，外倾性和宜人性的人格能够预测心理弹性的高低，是影响流动儿童同伴关系的重要因素。自我控制品质正向预测流动儿童的社会适应水平（陈晓军等，2017；王景芝等，2019）；希望、乐观、自尊、自我效能和心理韧性等与社会文化适应存在显著的正相关关系（杨明，2018）。其中，心理韧性对流动儿童的社会适应具有正向的预测作用（王中会等，2016）。除此之外，积极的人格特质也是获得良好学业成绩的关键，Caprara等（2011）认为，人格特质和自我效能感能够正向预测流动儿童的学业成绩。

第二，认知水平的作用。张梅等（2011）认为，青少年的社会认知复杂性与其同伴关系和人际交往能力之间存在显著的正相关关系，较高的社会认知复杂性能够获得较多的同伴接纳和较少的同伴拒绝，且能正向预测个人的人际交往能力，增强社会适应。刘杨等（2012）的研究认为，歧视会负向影响流动儿童的城市适应情况，并且会通过增加流动儿童的社会身份冲突负向预测其城市适应，流动儿童的歧视知觉与城市适应呈显著的负相关，并且会通过影响流动儿童的社会支持和认同整合来影响其城市适应（张岩等，2017）。王元等（2020）的研究也说明，流动儿童的身份认同整合显著预测了其学校适应水平。

第三，社会认同的作用。王中会等（2016，2014）的研究表明，社会认同对流动儿童的学校适应和文化适应具有预测作用。李思南等（2016）的研究发现，流动儿童的城市身份认同能够正向预测其同伴关系，并且能够通过自尊进一步正向影响同伴关系。刘杨等（2012）的研究进一步表明，"农村人"身份认同有利于推动流动儿童的城市适应进程，但流动儿童对"农村人"身份认同感较为模糊；一项针对北京流动儿童的研究也证明，流动儿童的老家认同对其城市适应具有积极的预测作用，而北京认同则会对城市适应产生消极的影响（王中会等，2016）。Wang等（2019）的研究表明，流动儿童自我感知的社会认同与其学业成绩显著相关，积极的社会认同观念促进了流动儿童的自我效能感、学习成绩与同伴关系的发展，改善了流动儿童的在校表现。

**2. 家庭因素**

家庭是影响流动儿童社会适应的关键因素，主要表现为家庭亲密关系、父母教养方式等。杨明（2018）的研究表明，流动儿童的家庭亲密度与社会文化适应之间存在显著的正相关关系，家庭亲密度能够正向预测流动儿童的社会文化适应水平，也能通过预测流动儿童的积极心理资本从而影响其社会文化适应水平。不仅如此，家庭亲密度能够预测流动儿童的亲子关系，家庭亲密度较高的流动儿童拥有更好的亲子关系，感受到的孤独也就较少（刘秋芬等，2018）。亲子依恋关系能够影响儿童的友谊质量和社交焦虑水平，有安全型依恋关系的儿童往往能在社交中有更好的行为表现，亲子依恋、家庭功能均对流动儿童的社会适应具有显著的预测作用（曾天德等，2020）。流动儿童感知到的父母的支持能够对其社会适应产生正向的影响，也能通过影响其积极的心理品质影响其社会适应水平（谭千保、龚琳涵，2017）。家庭教养方式既对流动儿童的社会适应有直接影响，又通过人格和自尊对其产生间接的影响。一般来说，采用积极教养方式的父母对孩子比较民主，亲子关系良好，更能理解和支持儿童，有助于儿童形成安全感和亲社会行为，从而促进其社会适应。

家庭因素是影响流动儿童学校适应和学业适应的重要因素，其中，家庭文化资本和经济地位、家庭情感因素和亲子沟通质量等影响最大。研究表明，家庭文化资本和经济条件对流动儿童的学业发展具有显著的作用（曾守锤等，2013；莫文静等，2018），其中家庭收入和父母受教育水平直接预测了流动儿童的学业成绩水平（张云运等，2016）。然而，目前流动儿童的家庭文化资本和经济条件不容乐观，可能将进一步加剧对流动儿童学业成就和学校适应的负面影响。父母情感温暖、父母的理解与支持以及对子女的教育期盼等积极情感支持对提升流动儿童的学业成绩、增强其学习适应能力等均有显著的促进作用。蔺秀云等（2009b）的研究发现，父母期望值越高、教育投入越多，流动儿童的学业成绩就会越好。亲子沟通也是影响流动儿童学业成绩的关键，赵景辉（2017）的研究表明，亲子沟通质量越高，子女学业成绩越好。此外，家庭的流动性和不稳定性，会对流动儿童的学习适应和学业成就造成不利影响。

**3. 学校因素**

胡韬、郭成（2013）的研究表明，学校因素能够直接影响流动儿童的社会适应情况。师生关系是其中的重要方面，研究表明，流动儿童感知到的教师关注能够影响流动儿童积极的社会适应（张庆鹏、孙元，2018），师生关系能够通过调节亲子关系影响流动儿童的社会适应水平（李燕芳等，2014）。除此之外，对流动儿童早期社会适应能力的研究发现，接受过良好的托幼机构教育的流动儿童的社会适应能力能够获得更好的发展（王晓芬、周会，2013）。

学校的客观资源和情感资源都是影响流动儿童学业适应和学业成就的重要因素。从学校的客观资源来看，就读学校的环境特征是影响流动儿童学业成就的主要因素，现有研究普遍表明，相比农民工子弟学校，公立学校的教育资源更优质，更有利于提升流动儿童的学习乐观水平，更有利于流动儿童能力与素质的全面发展，也更有利于流动儿童学习成绩的提升，从而促进教育公平的实现（王静，2008）。从学校的情感支持情况来看，学校支持对学生的学业成绩有直接影响，刘在花（2017）的研究发现，学生感知到较多的来自学校的支持，是提升学生在校幸福感的关键，而学校幸福感的感知也是预测学生学习成绩的关键因素。教师作为学生在校的主要情感支持和知识权威对象，教师的自主支持能够增加学生的积极情绪，从而提升流动儿童的学业成绩（张文艳，2017）。

除此之外，流动儿童的师生关系与学习成绩息息相关，一方面，良好的师生关系有助于调动儿童学习的积极性和主动性，提升学业成就；另一方面，学习成绩又会对师生关系产生正向影响。符太胜、王桂娟（2012）的研究表明，在班集体中，成绩好的流动儿童会得到教师更多的关注，与教师的关系要好于成绩较差的流动儿童。因此，构建和谐良好师生关系，是提升流动儿童学业成就、促进其社会适应的关键因素。

**4. 社会支持**

从社会支持来看，董佳等（2019）的研究表明，流动儿童社会支持与城市适应之间存在显著的正相关关系，且能够通过影响流动儿童的希望感正向预测流动儿童的城市适应水平；反之，社会排斥则对流动儿童的学适应起到负向的预测作用，但如果流动儿童拥有坚毅的品质，则会减弱这一作用（雷婷婷等，2019）。从社会客观条件来看，徐延辉、李志滨（2021）的研究表明，居住空间会影响流动儿童的社会适应，就居住区位来说，居住在城区的流动儿童的社会适应优于居住在郊区的流动儿童；就居住的环境来说，居住品质较好的流动儿童的社会适应水平也较高。

综上所述，考察流动儿童社会适应的影响因素，不仅需要考虑其个人层面的因素，还需考虑家庭和学校层面的支持性因素，在此基础上应关注流动儿童的积极心理品质与认同感的培养，创建民主安全的家庭关系和包容友好的学校社会环境，从而全方位、高水平地促进流动儿童的社会适应与融入。

### 三 流动儿童心理融入的研究

流动儿童的社会融入程度主要体现在教育融入、文化融入和心理融入三个维度。伏干（2016）的研究表明，社会融入的指标包括心理认同、身份认同、文化认同以及语言趋同四个维度；杨茂庆等（2020）将社会融入分为文化规则融入、社会交往融入、教育融入、家庭支持和心理融入五个方面。Ward 和 Kennedy（1999）将心理融入概括为在新的文化环境下的良好心理健康和满意度，流动儿童在进入新环境后，会面临来自教育、文化、社会等各方面的压力，良好的心理融入能帮其保持心理健康，形成正确的压力应对方式，及时调整心态，积极融入主流社会，并在适应社会的过程中学会化解冲突，实现合作分享，最终获得个人的社会身份认同和归属感（杨茂庆、杨依博，2015）。由此可见，心理融入是成功融入社会的重要基础，体现着流动儿童社会融入的最终目的和最高水平。

**（一）流动儿童心理融入状况**

从有关流动儿童心理融入的研究成果来看，流动儿童心理融入的特点主要体现在如下三个方面。

**1. 心理融入水平较低**

心理融入指"对自己过去生活环境以及现在产生的变化有一个正确、连贯的认识"，但对于流动儿童而言，他们的社会认同感、归属感和自我意识水平都较低，且对于自己的地域身份认同矛盾而混乱（崔丽娟等，2009），从整体上说，流动儿童的心理融入状况仍不容乐观。贾爱宾等

(2020)的研究也表明,流动儿童的心理融入水平普遍较低,有限的外部环境和难以满足的内部心理需求是制约其心理融入水平的主要因素。

**2. 自身社会身份认同模糊**

白文飞和徐玲(2009)对北京市流动儿童社会融合的身份认同问题研究结果显示,流动儿童自我身份认同在城里人和农村人两种身份之间挣扎、徘徊,成为游离于城市和农村之间的双重边缘人。刘杨和方晓义(2011)采用自我标签的方式对流动儿童的社会身份认同状况进行了评定,结果显示415名被试中,共有79.52%的流动儿童认为自己是老家人,11.08%的流动儿童认为自己是北京人,7.71%的流动儿童身份模糊,其余1.69%没有作答。由此可见,从农村流入城市的儿童在社会身份认同上具有双重性或模糊性。稳定身份感的建立,即社会身份认同对于儿童心理发展和教育融入具有重要意义,流动儿童对自身社会身份认同能有效地促进他们的城市适应,会影响他们融入城区生活的状况和心理健康方面的发展。这是流动儿童心理融入问题的关键所在。艾丽菲拉·阿克帕尔(2019)的研究表明,许多流动儿童感到城市儿童歧视他们,感到自己各方面的条件都不如城市儿童,因此产生较强的自卑感和较大的压力,自我接纳水平和自我认同感都较低。

**3. 城市归属感和生活满意度较低**

流动儿童的城市身份融入指数较低,即表示"不清楚自己是哪里人"和"还是农村人"的占比较高,城市生活有障碍,但他们又希望自己可以长期生活在城市(黄洁莹、卫利珍,2017),在这样的矛盾与冲突之下,他们一方面渴望融入,另一方面又存在诸多的障碍,造成他们生活满意度较低,对于城市生活难以真正达到心理融入状态。

城市融入意识和融入主动性的缺乏导致他们难以真正产生环境的归属感(孙慧、丘俊超,2014;李小琴,2017)。尽管有些流动儿童有较强的社会交往欲望,倾向于与当地居民交友,也渴望获得社会的接纳和城市的融入与适应,但同龄朋友的缺失、家庭教育和经济的缺乏造成他们的生活环境不容乐观,进而影响了他们的生活满意度和心理融入。

综上可知,当前流动儿童的心理融入情况仍不容乐观,在保障他们生活条件的基础上,应多关注他们的心理融入情况,减少当地居民对他们的偏见与歧视,提升他们的生活满意度和城市归属感。

### (二) 流动儿童心理融入的影响因素

流动儿童的心理融入受个体因素、家校因素和社会因素的影响，包括心理资本、家庭结构、经济地位、社区支持以及适宜的社交机会、有意义的活动参与等。

**1. 个体因素**

个体因素包括人格特点、认知偏差、情感反应和行为方式等方面。其中，流动儿童的心理资本、自我效能感对其心理融入水平产生正向的影响。在认知偏差方面，受刻板印象的影响，流动儿童在与城市儿童的交往中已经有了外群体对自己看法的推测，又由于缺少接触，不了解彼此也不重视彼此的看法，导致了较低的交往质量（邹荣等，2011）。江琦等（2011）发现流动儿童的同伴关系与歧视知觉呈负相关。在情感障碍上，刘成斌和吴新慧（2007）指出大部分流动儿童以城市儿童为参照，从而在心理上产生自卑感，进而导致人际交往趋向封闭。不仅如此，流动儿童做好积极的文化融入准备、对学业抱有较高的期待，且保持身心健康处于良好状态，能够对其心理融入产生积极的作用（谢超香、刘玲，2018）。

**2. 家校因素**

从家庭的层面来说，家庭经济条件是流动儿童幸福指数的重要指标，同时影响着流动儿童社会心理融入的方式与速度。但流动儿童家庭收入较低导致其家庭生活处于贫困状态，2010年，流动儿童的贫困率为30%，家庭的贫困影响了流动儿童接受教育的时间和质量，继而影响到流动儿童的学业成就和学校心理融入状况。所以，改变命运，走出贫穷生活并积极融入社会，成为流动儿童面临的巨大挑战（杨茂庆、杨依博，2015）。不当的家庭教养方式和不足的亲子沟通也是流动儿童社会融入的制约性因素。从学校的层面来说，和谐的师生关系和良好的同伴交往是促进流动儿童社会融入的保护性因素（杨茂庆等，2020）。因此，改善流动儿童家庭的经济条件，提高流动儿童家庭的家长素质，提高学校教育教学水平以及搭建良好的流动儿童和本地儿童的互动平台是提升流动儿童心理融入水平的有效路径。

**3. 社会因素**

社会因素是影响流动儿童心理融入的主要因素，在现有研究中被广泛探讨。胡维芳（2018）的研究表明，社会层面的融入对流动人口的心理融入存在显著的影响。从社会制度的层面来说，一项针对加拿大流动儿童的研究表明，制度障碍导致的社会服务缺失是造成流动儿童产生适应障碍和城市融入问题的主要原因（杨茂庆、王远，2016），就我国的制度来说，居住证制度能够显著提升流动人口的融入意愿和身份认同等方面的心理融入水平，且健康档案和健康教育等基本公共服务可及性也能够正向影响流动儿童的心理融入水平（梁土坤，2020）。从社会发展的层面来说，城市经济的快速发展能够提升流动人口的心理融入水平，但是跨省流动方式会对流动人口的心理融入产生抑制性作用（曾通刚等，2022）；除此之外，心理融入水平还与流入城市的规模和社会公共服务水平有关，流动人口的心理融入在不同区域的异质性十分明显（胡逸群等，2022）。从社会交往的层面来说，外来流动人口与当地市民的社会交往总体水平较低，工具型职业交往和礼节型生活交往较多，而亲密型生活交往较少，这对流动人口的心理融入产生负向的影响（田北海、耿宇瀚，2013）。

综上所述，流动儿童心理融入的影响机制应从个体层面、家庭层面、学校层面和社会层面综合考虑，只有内外机制共同提升，才能保障流动儿童的生活质量和心理健康，从而提升他们的城市心理融入水平。

## 第二节　流动儿童教育融入的相关研究

### 一　流动儿童教育融入状况

流动儿童的教育融入是其城市社会融入的重要内容（杨茂庆、黎智慧，2016）。主要是探讨流动儿童正常入学前后接受教育的过程中能否拥有平等的教育资源与教育机会，能否被接纳与融入，能否享受教育成果的状况（刘雅晶，2014）。教育融入包括教育起点融入、教育过程融入、教育结果融入、社会资本融入、文化和心理融入五个层面的基本内容（徐丽敏，2009）。下面将从这五个层面探讨流动儿童教育融入的特点。

#### （一）教育起点融入不在同一水平

当前流动儿童就学主要有三条路径：就读于全日制公办学校、进入收费较高的民办私立学校和进入民工子弟学校（陈丽丽，2007）。但由于其家庭经济条件较差、公立学校收纳水平有限等原因，他们并不能享受到等同于城市普通儿童的教育待遇，在校也表现出更多的问题行为和较差的同伴关系。张翼和许传新（2012）的研究也表明，流动儿童存在进入城市公立学校的强烈愿望，但事实上并没有真正融入城市公立学校。由此可见，从"同一起跑线"上出发对于流动儿童来说还有一定差距，实现教育公平仍存在很大的前进空间。

**（二）教育过程融入困境较多**

目前来看，许多城市中小学对流动儿童抱有狭隘的认识，心怀偏见与"放任"思想，使得部分流动儿童在学校教育过程中处于"边缘化"的地位（邱兴，2007），由此导致了流动儿童在教育过程融入中陷入了行为习惯融入难和心理安全建设难的困境（陆艳，2017）。但流动儿童又存在强烈的扎根城市的意愿，希望通过"读书改变命运"，因此他们发展出"处境不利—压力—适应不良"和"处境不利—心理弹性—适应良好"两种应对模式来应对教育过程中的矛盾和冲突（何玲，2017）。

**（三）教育结果融入存在升学困难**

流动儿童在教育结果上的难以融入集中体现在义务教育阶段结束后的升学考试上，如何顺利升入高中和大学仍是其教育结果融入的主要问题（曹俊怀，2013）。一项对流动儿童教育融入现状的深度调查结果表明，流动儿童的学习成绩不良现象普遍存在，且学校缺乏强有力的辅导教育措施（蔡亚平，2017）。因此，流动儿童的学习成绩问题导致的升学困难仍是现下流动儿童教育结果融入的主要问题。

**（四）社会资本融入存在困难**

能否积累丰富的社会资本是流动儿童能否最终融入城市的重要决定性因素，但目前流动儿童与城市儿童的社会交往较为缺乏，人际关系仍然存在较大问题（徐丽敏，2009）。另外，流动儿童的家庭文化资本不足，体现为具体化文化资本、客观化文化资本和体制化文化资本的贫乏，是流动儿童教育融入的一大制约因素（郭长伟，2012）。

**（五）文化和心理融入明显滞后**

研究表明，受到等级意识和较低身份认同的影响，流动儿童的社会关系融入状况较差,在文化融入上呈现主动介入和被动接纳的矛盾,心理融入也十分不足,在教育过程中处于"边缘人"的角色(王倩,2016)。具体表现为流动儿童在课堂表现和教师评价中均弱于城市儿童,且感知到了较多的歧视,导致学校满意度较低(谢勇,2017)。

综上所述,流动儿童在教育融入的五个层面均存在融入困难的现象,因此,在政策层面,应完善"两为主"政策,着力促进教育公平;在社会层面,提升社会的接纳水平,减少歧视;在家庭层面,帮扶弱势家庭,促进家庭教育;在学校层面,完善教育体系和课程安排,促进成绩提升。从而进一步帮助流动儿童享受平等的教育资源,融入城市生活和教育,获得较好的教育成果。

## 二 教育融入的影响因素

流动儿童教育融入主要受到社会环境、学校环境和家庭环境的三重影响(陈国华,2017),因此,探讨流动儿童教育融入的影响机制可从政策因素、社会因素、学校因素和家庭因素四个方面展开,现梳理如下。

### (一)政策因素

改革开放以来,我国的流动儿童教育政策经历了政策探索期、政策加速期和政策攻坚期三个阶段(和学新、李平平,2014),相应政策的颁布对促进流动儿童的教育融入产生了正面的影响,但随着我国城镇化进程的加速推进,教育保障问题仍然是影响流动儿童教育融入的难题(王香兰、赵蔚蔚,2015)。其中,户籍制度、收费标准、教育资源配置、平等教育权利等是影响流动儿童教育融入的主要原因(李玉英等,2005)。因此,从包容性发展的角度,完善流动儿童"学前—义务—升学"的教育制度和社会支持系统,是促进流动儿童教育融入的主要目标(孙文中,2015)。具体包括深化户籍制度改革、促进流动儿童入学机会均等、改革升学考试制度等(徐丽敏,2009),从而促进流动儿童实现教育融入。

### (二)社会因素

社会因素包括社会经济层面的影响和社会文化层面的影响。在社会经济层面,徐丽敏(2009)的研究表明,从社会因素来说,户籍制度和城乡二元社会政策是流动儿童教育融入问题的核心,其产生的问题阻碍了流动儿童的教育融入；从经济因素来说，我国农村劳动力转移的不彻底和不充分导致流动人口子女社会地位弱化，从而影响他们的教育融入。在社会文化层面，社会文化的平等、承认、尊重是教育融入的基础，包容差异是教育融入的核心，能力建设是教育融入的必然（王倩，2016）。因此社会因素是影响流动儿童教育融入的关键因素。

### （三）学校因素

杨奎臣等（2020）的研究表明，学校教师支持能够显著正向影响流动儿童的学校适应水平，从而促进他们的教育融入。孙嫱（2018）的研究也说明，学校通过改善教育设施和师资条件、灵活考核和专设机构等途径可以有效促进流动儿童的心理融入，同时通过加强儿童的均衡编班、结对帮扶、加强沟通、开展相关培训等方式可以进一步营造良好的教育融入环境。因此，学校是流动儿童教育融入的承担者，教师是流动儿童教育融入的支持者（张翼、许传新，2012），二者应共同作用，完善硬件设施，营造良好的人文环境，从而共同促进流动儿童的教育融入。

### （四）家庭因素

大量研究表明，父母受教育程度、父母职业稳定性和收入状况是流动儿童教育融入的重要影响因素（庄西真、李政，2015；李春茂，2019）。除了家庭社会经济地位的影响之外，家庭教育也是影响流动儿童教育融入的重要因素（于海波、陈留定，2019），通过科学的家庭教育，培养流动儿童自强不息的意识和坚忍不拔的个性品质，是流动儿童融入学校的重要路径（李申申，2004）。

## 第三节 流动儿童心理与教育的相关理论

### 一 心理健康的相关理论

#### （一）马斯洛需要层次理论

马斯洛需要层次理论认为人类的需要由低到高主要包括生理需要、安全需要、归属与爱的需要、尊重需要和自我实现的需要，当需要得不到满足时，就会产生身心问题。一项对昆明市流动儿童的生存状况的调查表明，流动儿童的生存状况堪忧，由于营养健康状况较差，其生理需要得不到满足；由于个人卫生习惯较差，且被拐卖的概率高，其安全需要得不到满足；由于身份认同、家庭教育和人际交往存在问题，其归属与爱的需要得不到满足；由于歧视知觉和学校融入问题，其尊重需要得不到满足；由于学习条件较差与就业创业的机遇较少，其自我实现的需要也得不到满足（梁庆、张重洁，2013），因此他们更容易产生生理和心理上的问题，也更需要社会和家庭给予他们更多的尊重、爱与关怀。

（二）追求目标压力理论

流动人口在流动前会对流动后的学习、生活和工作产生期待，但流动后的生活充满了各种各样的压力源，当期待与现实生活间存在差距时，期待得不到满足，就会导致心理问题的产生，从而影响其社会融入的进程（Williams & Berry，1991）。流动儿童在流动前从父母口中或从媒体信息中对城市生活有了自己的憧憬和想象，忽略了现实生活和学习可能带来的压力，流动后由于学习压力的骤增、人际关系的协调、生活方式和生活习惯的改变以及文化的差异等各方面原因，发现与当初的设想有所出入而遭受打击，失落感增强，因此也更容易产生心理健康问题。

（三）社会认同理论

1986 年，Tajfel 和 Turner 提出社会认同理论，将个人的社会认同作为自我概念的重要组成部分，社会认同是全体社会成员共同拥有的价值取向、信仰方向以及行动取向，是社会团体内聚力的重要表现，由内化、认同和比较三个基本的历程组成（Tajfel & Turner，1986）。王中会等（2014）对流动儿童进行为期两年的追踪调查后发现，流动儿童的农村归类和自我否定有所上升，加之与城市孩子的自我比较，影响了其对城市的认同感和适应水平，从而影响了其心理健康的发展。

（四）家庭系统理论

1978 年，Murray Bowen 首次提出家庭系统理论，即家庭中每个成员都是一个独立的个体，但家庭成员之间是相互作用的，因此要完整地了解个体，必须将个体放在完整的家庭系统下进行考察（Bowen，1978）。家庭系统理论包括自我分化、三角关系、核心家庭的情感过程、家庭映射过程、情感中断、代际传递过程、出生顺序和社会化情感过程八大核心概念。当前流动人口的迁移呈现了"家庭化"的流动趋势，流动儿童的数量激增（卓然，2016），因此将流动儿童的发展问题和人际交往状况放在整个家庭系统的背景下考量是科学合理的。研究表明，亲子关系、同伴关系和师生关系是儿童在家校生活中最基本的三重亲密关系，然而流动儿童三重亲密关系均较弱，呈弱亲密关系模式，这与流动儿童个体的低自我分化水平，以及较差的家庭情感和家庭氛围有关，也与态度、信念和价值观代际传递的错位有关（杨丽芳、董永贵，2022）。因此，家庭系统理论启示我们在探讨流动儿童的人际关系时，应考虑家庭系统的构成和家庭功能情况，方能了解流动儿童人际关系的形成特点和问题原因所在，以便更好地帮助他们改善人际关系。

## 二 社会适应的相关理论

### （一）文化冲击理论

"文化冲击"（culture shock）这一概念最早由 Oberg 提出，指个体离开熟悉的文化环境进入另一文化环境中时所经历的各种矛盾的过程，最终达到文化适应。文化冲击的过程分为四个阶段：蜜月期、敌对期、恢复期和适应期（Oberg，1960）。从积极的意义来说，文化冲击能够使个体更好地融入异质文化，从而正确认识自我与世界的关系；从消极的意义来说，不完整的文化冲击经历可能会使个体长期处于消极被动的处境之中（李冬燕，2014）。流动儿童在流动的过程中，必不可少地会经历文化环境的变更，受到不同文化的冲击，然后逐渐走向适应。这一理论或可以支持流动儿童在社会文化适应中的过程与倾向。

### （二）城市适应过程理论

刘杨等（2008）通过质性研究对流动儿童的城市适应情况进行探讨发现，流动儿童的城市适应过程呈现三种类型，即 U 型、J 型和水平线型。流动儿童的城市适应发展分为四个阶段：兴奋与好奇、震惊与抗拒、探索与顺应、整合与融入。这四个阶段与文化冲击理论的四个阶段一一对应，但相比文化冲击理论，城市适应过程理论以流动儿童作为探讨对象，更加精确地反映了流动儿童社会适应的过程。另外，对中国儿童群体进行研究也使得该理论对国内流动儿童的城市适应过程有更为清晰的阐述，其理论成果也就更加符合中国的国情与现实，更适用于后续研究者对流动儿童社会适应过程进行进一步的探讨。

### （三）适应阶段动力说

韩国心理学家 Kim（1979）从动态的角度，分析了个体在异文化情境中的行为表现。Kim 认为个体向另一文化的个体学习和发展的过程是一个长期积累的过程，呈螺旋式向前推进，表现为"压力—调整—前进"的动态过程，即个体克服和调整压力，像弹簧一样不断去适应异文化的过程。流动儿童在社会适应的过程中，经历来自各方的压力，如人际压力、学业压力、家庭压力和生存压力等，其能否克服压力，不断调整和改善自我，是其能否融入现下生活环境的关键，其乐观、希望、坚毅、心理韧性等积极心理品质是应对压力、不断前进的心理动力来源。该理论成果详细地阐述了流动儿童在社会适应过程中的压力应对过程和方式，为培养流动儿童积极的心理机制和应对方式提供了理论依据。

### （四）社会排斥理论

社会排斥指"社会脆弱群体，由于自身生理心理因素、社会政策及制度安排等原因而被推至社会结构的边缘地位的机制和过程"（王中会等，2016）。从社会排斥的视角来说，当前的流动儿童群体存在许多教育问题，如制度排斥造成部分流动儿童"上不了学"；经济排斥造成部分流动儿童"上不起学"；文化排斥造成部分流动儿童"上不好学"（高政，2011），这就体现在流动儿童的歧视知觉、学业成就、人际适应和心理健康等问题上，启示我们可从社会排斥的视角加强政策上的支持和文化上的引导，完善社会层面的支持机制，从而改善流动儿童身心健康状况。

上述理论分别从社会适应过程、社会适应阶段和社会排斥的视角对个体的社会适应发展进行了阐述，能够对流动儿童的社会适应提供理论性支持，但当前针对流动儿童，尤其是流动儿童社会适应的理论还未形成完整的理论体系，仍需通过大量的研究进行论证和探讨。

## 三　学业成绩的相关理论

### （一）学业情绪理论

学业情绪是指学生在学习过程中体验到的情绪，包括与学业学习、课堂教学和学业成就有关的情绪。学业情绪理论包含学业情绪的认知－动机理论（Pekrun，1992）和控制－价值理论（Pekrun et al.，2002）。首先是学业情绪的认知－动机理论，包括认知资源、学习动机、学习策略和自我调整学习三个机制。Pekrun指出，正向激发学业情绪有利于学业成就，而正向抑制学业情绪可能会不利于现下的学业成就，但却可能会有利于长久的学业成就；负向激发学业情绪可能会因降低了内在学习动机而损害学业成就，也可能会因提升了外部动力而有利于学业成就，但负向抑制学业情绪可能会不利于学业成就。其次是控制－价值理论，在学业成就方面，学习者根据学习结果进行归因，形成能力与控制的评估，从而促进相关情绪的长期发展。徐冬英（2017）对流动儿童学业情绪的进一步调查发现，流动儿童的学业情绪能够正向预测其学业适应性，从而影响其学业成就。刘在花（2020）的研究也说明，流动儿童学业情绪对学习投入具有显著的影响，学习投入程度是他们取得良好学业成绩的关键所在。目前，流动儿童在学习生活中体验到的学业情绪较为积极，而积极低唤醒和积极高唤醒的学业情绪均能够正向预测他们的学业成绩，其中，失望、平静、高兴和无助这四种情绪对其学业成绩的影响是最大的（张富杰，2018）。因此，启示教育实践者们在关注成绩时，更应在日常的课堂课余学习生活中多关注流动儿童的学业情绪，减弱他们学习时的无助感和失落感，增加他们对待学习的积极情绪，从而使他们更加具有学习的内在动力，进而科学有效地提升他们的学业成绩。

### （二）成就目标理论

成就目标即"成就行为的目的"，是"能力信念、成败归因和情感三者的整合模式"（裴元庆、杨长君，2008）。其结构的演化经历了单因素、二分法、三分法和多分法四个过程（周小兰等，2017）。现在学者们普遍较为接受的是多分法的理论结构框架，即2×2的四分理论结构框架，将"趋近－回避"纳入成就目标理论标准，即趋向成功和避免失败。若个体以自我为标准，则更多以自我能力的发展作为成就目标；若个体以他人为标准，则更多以成绩的高低作为成就目标。不论是哪种标准，都包含趋向成功和避免失败两种导向，由此构成成就目标理论的四分理论结构框架（Elliot & Mcgregor，2001），即包括掌握趋向、掌握回避、表现趋向和表现回避四个部分的内容（Chen & Zhang, 2011）。研究发现，成就目标 2×2 的理论框架适用于流动儿童的研究，且成就目标能够预测流动儿童的学业成绩（顾倩，2018）。进一步研究发现，个人定向成就动机能够显著正向预测流动儿童的语文、数学和英语成绩，其中表现趋向目标能够正向预测流动儿童的语文和数学成绩（李金泽，2016）。由此可见，帮助流动儿童形成积极的成就目标能够让他们确定学习的方向，进而制订行之有效的学习计划，从而稳步提升他们的学业成绩。

### 四　心理发展的相关理论

#### （一）生态系统理论

1979 年，Bronfenbrenner 提出生态系统理论（参见第一章第三节），该理论强调在对个体的心理和行为问题进行研究时，要考虑其所处的生态系统，个体与各个子系统的互动过程影响个体的身心发展水平。这就启示我们在探讨流动儿童的心理问题时，不仅要关注个体内部系统的稳定与发展，也要关注环境对他们的作用。周晓春等（2020）的研究表明，生态资产因素可以正向影响流动儿童的抗逆力，其中"家长支持"、"与老师关系"和"寻求心理亲近"有显著的作用；范丽娟和陈树强（2018）的研究也支持了生态系统因素对流动儿童成长的作用，如学校系统中的"同学关系"、家庭系统中的"情感质量"和"父母支持"均能够正向预测流动儿童的自我效能感。因此，提升流动儿童的心理融入水平，应当促进其个体系统的积极发展，也要维持其中观和宏观系统的稳定可靠，如完善相关的制度保障，减少社会歧视，增加适当的教育投入和提倡科学的家庭教育等。

#### （二）社会群体化理论

1983 年，Maccoby 和 Martin 首次提出，"父母对孩子社会化的影响是微乎其微的"，针对这样的论断，Harris（1995）证实了父母对孩子的社会化发展不存在长期的影响，进而提出社会群体化理论，他认为，儿童的社会化指的是儿童适应环境并且被环境所接受的过程，是儿童通过模仿与学习成为有明确行为、言语、恰当的信念和态度的社会成员的过程。这一理论包含两个部分的基本内容：一是儿童同伴群体及群体现象，即群体中的友好、敌对、对比、同化和异化五种现象；二是儿童同伴群体中的社会化和社会文化传递机制，即社会文化不是由父母传递的，而是由儿童同伴群体传递的，且儿童同伴群体是其社会化发展的主要场所（陈会昌、叶子，1997）。对于流动儿童而言，他们的同伴群体往往存在同伴群体缺乏、流动性强、文化背景差异大等特点，而这样的特点恰恰反映了社会群体化理论所提出的两大内容的缺乏（吴志明，2012）。因此，对于流动儿童来说，他们更容易产生心理上的孤独感和行为上的不适应，难以真正融入现有的生活环境和同伴群体之中，由此导致其心理融入水平难以提高。

### （三）首属群体理论

首属群体理论最早由社会学家 C. H. Cool 提出，首属群体指的是个体直接生活在其中的、与群体成员存在亲密接触或交往的群体，如家庭、学校、同伴群体等，以群体感情联系作为其运转的动力，是个体社会化的重要来源（何玲，2017）。对于流动儿童而言，家庭和学校是他们最为重要的首属群体，群体中最重要的人际关系包括亲子关系、师生关系和同伴关系三个方面，因此，流动儿童所处的家庭和学校是否能够给予其足够的情感温暖和支持，能否科学有效地推动其社会化进程，是流动儿童能否发展良好的人际关系的重要影响因素。

## 五 教育融入的相关理论

### （一）诺丁斯关怀教育理论

美国关怀伦理学派代表人物内尔·诺丁斯（2017）认为，关怀是一种"人类间的联系或遭遇"，包括关怀者和被关怀者两种角色。关怀的形式可以分为自然关怀和伦理关怀，即不需要伦理参与自发的关怀和必须激发的关怀（Noddings，2002）。诺丁斯将关怀教育理论运用于家庭和学校教育之中，提出学校教育的目标是培养健康的、有能力和有道德的人，即培养学生学会关怀自身和关怀他人。学校可以采用的四种关怀教育的方法为：榜样、对话、实践和认可（刘玲，2016）。对于流动儿童而言，学校、家庭和社会只作为关怀者，对流动儿童的关心是异化的，给流动儿童的身心造成了很大的危害；而流动儿童作为被关怀者，他们对家校社的关怀也处于消极回应的状态（陈油华、张劲松，2021）。诺丁斯关怀教育理论也启示了流动儿童的教育融入问题，即学校教育应树立教师的榜样作用，处理好与流动儿童内心的关系；而家庭教育应加强父母与流动儿童的对话，提升流动儿童的自尊和自信水平（石中英、余清臣，2005）。通过关怀教育，增强流动儿童融入社会、融入教育、融入学校的意愿，从而促进对流动儿童的教育与培养。

### （二）教育公平理论

教育公平是"社会公平价值在教育领域的延伸和体现"，指的是"教育基本权利的平等和非基本权利的比例平等"（施丽红，2007）。在西方的教育公平理论中遵循两种观点：其一，以功能论学派为代表，认为教育有助于缩小社会不平等，促进社会公平；其二，以冲突论学派为代表，认为教育反映资本主义制度固有的不平等结构，加剧社会不平等。二者争论的核心在于未厘清"平等"的真正内涵，即平等是哪方面的平等这样的一个问题。当前的教育不平等主要表现在：不同社会群体在各级教育的入学率上的不平等；同一社群个体在发挥潜能机会上的不平等；学习能力相同的个体在抱负上的差异的不平等；不同社会阶层群体在经济、文化、社会环境上的不平等（翁文艳，2000）。对于流动儿童来说，他们身上最主要反映的是入学率的不平等和经济文化水平的不平等，根源在于政府管理力度的不足、学校对教育融入的理解不深、家长对教育融入的认知不高和社会各界对教育融入的参与不够（张晓峰，2020）等方面。因此，家庭、学校和社会是促进流动儿童教育融入，达到教育公平的主要力量，应从政策、社会、家庭和学校层面出发，共同探索保障流动儿童教育基本权利和非基本权利的有效途径。

### （三）治理理论

从政治学角度出发，治理是指"官方的或民间的公共管理组织在一个既定的范围内运用公共权威维持秩序，满足公众的需要"，目的在于通过各种制度的引导，"最大限度地增进公共利益"（俞可平，2002）。具体将治理理论应用于流动儿童教育融入的问题，应从两个方面着手探讨：一是政府的治理，流入地政府对流动儿童教育问题的治理是解决流动儿童教育融入问题的切入点所在；二是学校的治理，即通过学校管理水平的提升来解决流动儿童在校学习和生活中所面临的融入问题（张晓峰，2020）。这也体现了"两为主"政策的科学性。因此，治理理论启示研究者们积极落实"两为主"政策，将流动儿童教育融入问题的落脚点放在更为宏观的政策问题和学校层面的治理水平上。

综上所述，流动儿童的教育融入问题应从国家和社会层面把握前进方向，为他们提供制度保障；在保障流动儿童基本权利的前提下，在学校层面，提升管理水平，为他们的教育融入质量保驾护航；在人文关怀层面，家校合力共同促进流动儿童的心理健康发展，以达到促进流动儿童教育融入，促进教育公平的最终目的。

# 第三章 城区流动儿童心理测量工具的编制

城区流动儿童的社会适应和教育融入水平与其内在心理品质和能力，如心理社会能力、社会适应能力和自我控制能力等有密切关系，相关研究表明，这三种心理品质和能力对城区流动儿童的社会适应和教育融入有着正向预测作用。为进一步探索城区流动儿童的社会适应和教育融入的影响因素及其内在的作用机制，本章研究的重点将围绕心理社会能力、社会适应性和自我管理能力三种能力进行文献梳理，界定操作性定义，并依据心理学相关理论和前人研究成果，分别对三种能力的构成要素进行理论建构，通过初始问卷编制、项目分析、探索性因子分析和验证性因子分析等程序，编制相应的量表，并进行相关实证测量，为城区流动儿童心理测量及教育研究提供工具补充和实证依据。

## 第一节 心理社会能力问卷编制及信效度研究

心理社会能力是一个人在与他人、社会和环境的相互关系中表现出适当的、正确的行为的能力，是一个人保持良好的心理状态，并且有效地处理日常生活中的各种需要和挑战的能力。心理社会能力与积极行为相关，是一种重要的积极心理品质，是个体自我发展及适应社会生活的基本保障（张彦君，2021）。可见，心理社会能力对于城区流动儿童来说是尤为重要的，不仅关系到他们当下的身心健康与社会适应，而且关系到他们能否顺利完成从童年期向青春期的过渡。

有研究表明，城区流动儿童的心理社会能力发展比较慢，其主要原因有两个方面：一是心理年龄特点，6～15周岁是儿童身心正处于快速发展的重要阶段，他们的自我意识发展尚未成熟或尚未形成清晰的自我认识，严重影响到他们在应对城市日常生活事件时的认知和判断，容易产生心理与行为问题，从而也阻碍了他们心理社会能力的发展；二是"流动"特点，与非流动儿童相比，他们在心理发展上面临比其他同龄儿童更多的挑战和压力，容易产生生活、学习、情感与交往上的问题和挫折。这些问题无疑会给他们的社会融入和心理健康带来较大影响。因此，帮助城区流动儿童学会表达自我、理解他人、调控自我的情绪、积极应对日常生活中的各种挑战与挫折，提高心理社会能力，促进社会适应与教育融入，成为家庭教育和学校教育的重要内容和任务。

目前由于缺乏对少年儿童心理社会能力的系统研究，也没有研发出考察少年儿童心理社会能力的评估工具，人们在儿童教育实践中难以及时、客观、准确地了解少年儿童心理社会能力的发展状况，也不能为学校开展针对性的团体训练和干预提供科学依据。因此，以中小学生实际情况为基础，编制一份适用于我国的少年儿童心理社会能力量表很有必要。

本研究在相关文献综述、个案访谈以及问卷调查基础上，根据相关的心理社会能力理论，提出少年儿童心理社会能力构想模型，然后检验并修正模型，在此基础上开发符合测量学标准的少年儿童心理社会能力评估工具，旨在为促进城区流动儿童的心理社会能力发展提供有效工具，也为每个儿童享有公平而有质量的教育提供有力保障。

## 一 问卷维度的设定

### （一）研究目的

通过文献研究、访谈及开放式问卷调查来研究少年儿童心理社会能力的结构及维度，编制一个具有本土化特色的少年儿童心理社会能力测量工具；对编制的量表进行信度、效度检验，为了解和促进城区流动儿童心理社会能力发展提供可靠的测评工具。

### （二）研究程序

**1. 文献研究**

心理社会能力是个体在同他人、社会和环境的相互作用关系中表现出良好的适应性和积极的行为的能力。具有良好心理社会能力的个体不仅能有效地处理日常生活中的各种需要和挑战，还能够保持良好的心态。国内学者倾向于将心理社会能力看成个体在不同的社会环境中与他人进行有效交往和对社会发展变化具有良好适应的心理素质与能力（林崇德等，1999）。心理社会能力是一种重要的心理品质，是个体自我发展、身心健康以及适应生活的基本保障。周凯、叶广俊（2001）的研究表明青少年心理社会能力与危险行为的发生有着密切的关系。国外关于预防青少年违法犯罪的研究表明，通过干预青少年的心理社会能力能够有效地预防青少年各种有害健康的危险行为的发生（Botvin et al.，1984；Errecart et al.，1991）。12岁、13~17岁、18岁是青少年人格发展的关键时期，在这个特殊的发展阶段，他们不仅需要学会学习、发展智力，更为重要的是发展情感和心理社会能力，学会处理日常生活中的人际问题，学会表达自我理解他人，学会调控自我的情绪和积极应对日常生活中的各种挑战与挫折。帮助少年儿童调控内在的心理过程和适应外界社会环境，塑造健康人格，是有效预防青少年走上违法犯罪道路的关键。

世界卫生组织认为，心理社会能力具体包含同理能力、调节情绪能力、自我认识能力、人际关系能力、缓解压力能力、问题解决能力、决策能力和批判性思维能力等（UNICEF & WHO，2002）。Tyler（1978）认为，心理社会能力包括良好的自我评价能力、与他人建立良好信任的能力以及积极的应对方式三个方面。Lani（2004）在精神卫生治疗领域改善个体心理社会能力研究中使用控制源、应对能力和自我效能来评价个体的心理社会能力。20世纪80年代，加拿大学者沃里斯、布拉斯韦尔和莱斯特（Van Voorhis et al.，2009）对心理社会能力中的认知技能进行研究并将其发展起来，提出自我控制能力、批判性推理能力、社会观点采择能力和人际问题解决能力等相关概念。有研究者对未成年人的行为进行研究，发现未成年人的不良行为会导致违法犯罪行为的产生，其中最主要的原因是缺乏自我控制和认知能力（Bishop & Decker，2000）。国内学者在中国青少年自杀研究中提出心理社会能力包括问题解决能力、真诚交流能力、获取社会支持、情绪控制能力和感受力等方面（费立鹏，2004）。不同的学者对心理社会能力结构的界定存在一定差异，但不难发现其共同点。心理社会能力的结构主要分为两个方面，一方面是对内的自省能力，另一方面是对环境的应对能力。基于上述文献，我们认为，心理社会能力是一种帮助个体维持良好心态的行为能力，主要包括个体自我感知、情绪控制、人际交往、问题应对、自我效能及获取社会支持等能力。

**2. 访谈及开放式问卷调查**

参考已有的文献综述及专家意见，利用自编少年儿童心理社会能力开放式问卷进行调查，并与少年儿童及其老师、家长进行自由访谈，深入了解影响少年儿童心理社会能力的因素。

**（三）问卷的维度构想**

根据前人的研究成果，并结合相关专家的意见和文献综述内容，初步构建少年儿童心理社会能力的十个维度，即自我觉察、自我评价、自我控制、科学思考、社会应对、沟通协调、表达自我、自我效能感、团队意识和情绪调节，并以此为理论基础进行问卷编制。维度命名及操作性定义如下。

自我觉察：个体了解、反省自己在情绪、行为、想法和人际关系等方面的状况、变化及发生的原因。

自我评价：个体对自己思想、愿望、行为和个性特点进行判断和评价。

自我控制：个体自主调节行为，并使其与个人价值和社会期望相匹配的能力。

科学思考：个体形成并运用科学思维对客观世界进行认识与分析。

社会应对：个体面对问题决策时的处理能力与心理弹性。

沟通协调：个体在日常学习生活中处理好与同学、家长及老师之间各种关系的能力。

表达自我：个体可以不受环境影响遵从自我内心、不从众的程度。

自我效能感：个体对自身利用所拥有的技能去完成某项工作的自信程度。

团队意识：个体能够积极配合整体进行工作。

情绪调节：个体觉察与理解自己和他人的情绪，对自己的情绪通过一定的方法调控，并表现出来的过程。

## 二 初测问卷的编制与数据分析

### （一）研究目的

通过文献综述、问卷调查和专家评审，初步形成少年儿童心理社会能力量表。

### （二）研究程序

**1. 初测问卷的编制**

（1）测试材料。根据确定的维度，结合已有的文献资料、开放式问卷调查结果及自由访谈内容，编制初始量表项目。项目编制完成后请专家进行评阅，考察项目内容及项目表达是否恰当。筛选题目的基本要求为题项表述清晰、无明显含义重复的题项，并对难以理解或有歧义的项目进行修改。经过筛选分析保留165个项目作为少年儿童心理社会能力量表的原始材料。

（2）计分标准。所有条目均采用随机排列方式，采用李克特5点量表表示，"非常不符合""比较不符合""不确定""比较符合""非常符合"依次计为1分、2分、3分、4分、5分，得分越高表明心理社会能力越强，该因素影响越大，反向计分题则相反。

**2. 初测问卷的施测**

（1）被试选取：采用随机分层抽样方法抽取被试。样本包括东南沿海地区四个城市的城乡普通中学、重点中学和中心小学各5所学校，参加调查的学生有1000名，共回收1000份问卷，有效问卷为858份，有效率为85.8%。其中，男生436人，女生422人，初中生478人，小学生380人，年龄为10~16岁。

（2）研究工具：少年儿童心理社会能力量表初测问卷。

（3）数据处理。采用SPSS 16.0和EQS 6.1软件进行数据处理，并对量表各题进行项目分析和探索性因子分析。

### （三）项目分析和探索性因子分析

**1. 项目分析**

本研究初测问卷的165道题目中有4道题标准差小于0.9，故删除。与总分关系数低于0.3的共有65个题项。所有题项在高低分组上差异检验显著（$p<0.05$），说明各题项的鉴别力良好。因此，经项目分析后保留96道题目。

**2. 探索性因子分析**

以858名被试对96道题目的评分结果的标准分为变量，进行探索性因子分析，分析结果显示，KMO指标为0.913，Bartlett's球形检验卡方值为2.693（$p<0.001$），表明研究取样充足，变量间具有共同因子存在，适合进行探索性因子分析。根据题目筛选标准，先后共删除了65个题项，余下31个题项，抽取了5个共同因子，可解释总变异的53.41%。

第一个因子包含11道题，反映个体"善于表达与沟通""释放心理能量""缓解压抑情绪""具有一定组织能力、协调性与判断力"，故命名为"沟通协调"。

第二个因子包括7道题，反映个体"合理分配时间""克服不良习惯""知错能改""稳定情绪""自我反省错误""换位思考"，故命名为"自我调控"。

第三个因子包括5道题，反映个体"编写故事""幻想生命""合理想象"，故命名为"科学想象"。

第四个因子包括4道题，反映个体"自我表露""掩饰感觉"，故命名为"自我防御"。

第五个因子包括4道题，反映个体"完整行动力""发散思维""勇于应对挫折"，故命名为"社会应对"。

量表内部区分度检验。按照心理测量理论，测验各维度与总量表应该具有较高的相关，各维度之间应该具有中等程度的相关。

## 三　正式问卷施测与信效度检验

**（一）研究目的**

进行大样本的施测，然后检验问卷的信效度，用以证明问卷是否符合心理测量学标准。

**（二）研究方法**

本研究采用交叉实证的方法，在提取可能的因子结构结果后，再用第二个样本对正式量表的31道题进行验证。随机抽取253名初中生和247名小学生进行量表测试,收回有效问卷468份,有效率为93.6%。采用SPSS 16.0软件进行数据管理和相关分析,并用EQS 6.1进行验证性因子分析,对模型进行拟合验证。

### (三)信度与效度检验

**1. 内部一致性信度检验**

本研究对该量表及其五个维度分别计算了Cronbach's α系数。如表3-1所示,少年儿童心理社会能力量表的Cronbach's α系数为0.827,五个维度的系数值在0.563~0.848,总体表明该量表题项的内部一致性良好。

表3-1 少年儿童心理社会能力量表及其各维度的内部一致性信度($n=468$)

| 总量表 | 沟通协调 | 自我调控 | 科学想象 | 社会应对 | 自我防御 |
| --- | --- | --- | --- | --- | --- |
| 0.827 | 0.848 | 0.732 | 0.643 | 0.565 | 0.563 |

**2. 分半信度检验**

本研究用Spearman-Brown公式 $[r_{xx}=2r_{hh}/(1+r_{hh})]$ 校正,得到量表的分半信度,结果如表3-2所示,分半信度都在0.6及以上,说明此问卷具有较好的信度,可信度和稳定性较好。

表3-2 少年儿童心理社会能力量表的分半信度($n=468$)

| 总量表 | 沟通协调 | 自我调控 | 科学想象 | 社会应对 | 自我防御 |
| --- | --- | --- | --- | --- | --- |
| 0.879 | 0.848 | 0.727 | 0.600 | 0.601 | 0.654 |

**3. 内容效度检验**

该量表的理论构想的提出是基于大量相关文献资料及专家的意见,量表各维度的设定是以对少年儿童进行开放式问卷调查以及对专家进行访谈为基础而确定的。各维度中项目的表述75%以上来自开放式问卷,少部分题目借鉴相关量表的一些提法。在样本取样上,兼顾了年龄、文化程度和生长地(城镇、农村)等影响少年儿童心理发展的因素,采用整群抽样进行,基于以上考虑,该量表的内容效度是有保证的。

**4. 结构效度检验**

按照心理测量理论,测验各维度与总量表应该具有较高的相关,各维度之间应该具有中等程度的相关。本测验各维度相关如表3-3所示。

表 3-3 各维度之间以及各维度与总量表的相关（r）

| 维度 | 沟通协调 | 自我调控 | 科学想象 | 自我防御 | 社会应对 | 总分 |
|---|---|---|---|---|---|---|
| 沟通协调 | 1.00 | | | | | 0.75*** |
| 自我调控 | 0.41*** | 1.00 | | | | 0.67*** |
| 科学想象 | 0.19** | 0.18** | 1.00 | | | 0.45*** |
| 自我防御 | -2.55*** | -0.13** | -0.17** | 1.00 | | -0.22** |
| 社会应对 | 0.38*** | 0.39*** | 0.14** | -0.18** | 1.00 | 0.58*** |

注：* $p<0.05$，** $p<0.01$，*** $p<0.001$。

**5. 验证性因子分析结果**

在评价模型拟合情况时，根据探索性因子分析结果，构建出量表的模型，然后选用 EQS 6.1 统计软件的协方差法，对少年儿童心理社会能力量表结构进行验证性因子分析，结果如表 3-4 所示。

表 3-4 少年儿童心理社会能力量表验证性因子分析结果（$n=468$）

| $\chi^2/df$ | RMSEA | CFI | IFI | AGFI | RMR | GFI |
|---|---|---|---|---|---|---|
| 2.70 | 0.048 | 0.857 | 0.869 | 0.874 | 0.057 | 0.892 |

由表 3-4 可以看出，各拟合指数均达到了良好的标准，该模型与数据拟合良好，说明该量表的 5 个维度结构是比较理想的。内部一致性信度 Cronbach's α 系数为 0.827，五个维度的 Cronbach's α 系数值在 0.563~0.848，分半信度都在 0.6 及以上。总体表明该量表具有较好的信度，可信度和稳定性较好。

## 四 讨论与结论

### （一）讨论

**1. 少年儿童心理社会能力量表的结构和内容**

心理社会能力作为正确反映个体自我认知以及个体与他人、社会环境关系并做出积极适应的能力，受到越来越多的研究者关注。有研究表明，心理社会能力与积极行为相关（Madjar, Bachner, & Kushnir, 2012），与积极心理品质如自信、乐观、坚忍、希望等密切相关，这些品质可以通过交互作用协同激发儿童有效的社会适应行为，对促进城区流动儿童心理发

49

展和社会适应具有重要作用。由于少年儿童正处于自我意识高速发展的时期，因此心理社会能力较强的个体其自我意识发展较为成熟，能够对自我有更为客观和正确的评价，能够更加良好地适应周围环境的变化，面对各种突发事件具有良好的应对能力。本研究通过探索性因子分析、验证性因子分析，得出影响少年儿童心理社会能力的五个因子：沟通协调、自我调控、科学想象、社会应对、自我防御。这五个因子与少年儿童心理健康的内容和青少年自我意识的发展变化、良好的行为表现有着较高的相容度。沟通协调能力较强的个体能够较好地处理自我的人际关系，促进自身心理健康发展（顾敏敏，2012），较之沟通协调能力差的个体能更好地从周围人中获取社会支持的力量，善于聆听他人，能够在日常生活中换位思考，遇事能够学会采用积极的方式去应对，提高抗挫折能力。同样，客观的自我评价能力意味着不过分自大，也不盲目自卑，能够较好地融入集体（黎建斌、聂衍刚，2010）。当个体拥有正确的自我评价能力时，能较好地在学习及工作生活中设定有效目标，并通过良好的自控能力，阶段性地取得成功，因此其自我效能感会比同龄青少年更强。少年儿童的科学想象能力较强，创造性思维能力也较强，对客观事物有着好奇心，兴趣爱好广泛。当一个少年儿童表现出来的自我防御较强时，说明其在日常生活中掩饰性较强，不愿意暴露内心的想法，这不仅会影响其人际交往情况，还会使其内心不断积累负性能量，长久积累后会引发心理问题，从而得出其自我防御越弱，心理社会能力越强。总体而言，少年儿童心理社会能力量表的结构良好，各维度能较好地体现出少年儿童心理社会能力的内涵。

**2. 少年儿童心理社会能力量表的编制方法**

少年儿童心理社会能力的培养是一个多维度、多因素的复杂系统，其结构的复杂性给量表的编制工作带来一定困难。为确保量表的科学性，本研究在严谨的实证研究基础上，严格遵循了心理量表的编制程序。首先，从已有的文献出发，结合现实社会的发展变化，在理论基础上初步构建量表的理论结构。其次，在理论结构的基础上建立量表的双向细目表，并结合问卷调查等方式，收集和编制题项，形成少年儿童心理社会能力的初始问卷。最后，对初始问卷进行初测和重测，对问卷进行项目分析，通过修改和筛选，确定其因子和成分，最终形成正式量表。采用验证性因子分析对其进行拟合度检验，拟合值 $\chi^2/df$ 小于 3，GFI、RMR、RMSEA、CFI 的值符合测量学要求，模型可以接受。量表编制整个过程严格遵循心理测量的基本原则，有效保证了该问卷编制的实际应用价值。

**3. 少年儿童心理社会能力量表信效度**

从信度分析中进一步说明了该量表具有良好的品质。项目分析、内容效度检验也发现，最终量表的 31 个题项均具有良好的区分度，各项目与其所属分量表、总量表之间具有显著相关性。信度分析时发现，五个因子的 Cronbach's α 系数在 0.563~0.848，量表总体的内部一致性信度为 0.827。五个因子的 Sperman-Brown 分半信度也表明该量表具有良好的可应用性。

由此可见，经过多方法、多维度的信效度考察，少年儿童心理社会能力量表稳定可靠，结构基本良好，具有较高的信度和效度，可以作为测量少年儿童心理社会能力的工具。但也要认识到编制一个反映我国少年儿童心理社会能力情况的量表不是一件容易的事情，因为我国少年儿童研究起步较晚，现在仍没有一个完整的系统结构，同时少年儿童心理社会能力是一个多维度、多成分且存在个体差异的心理系统，需要研究者不断通过收集资料加以修订和完善。

**（二）结论**

本研究得到如下结论：少年儿童心理社会能力量表包含 31 个项目，共五个维度，分别为沟通协调、自我调控、科学想象、社会应对和自我防御。该量表编制过程符合测量学标准，具有良好的信效度，可以作为考察少年儿童心理社会能力的工具。

## 第二节　社会适应性问卷编制及信效度研究

城区流动儿童与城市常住儿童处于同一区域文化下，语言、文化等外部环境基本相近，不像跨省、跨市的流动儿童那样要面临文化变迁的影响，但研究发现，城区流动儿童的社会适应性显著低于城市常住儿童（徐琛、曾天德，2017）。为什么生活在相似的文化环境下，城区流动儿童社会适应问题比城市常住儿童多呢？我们认为城区流动儿童的社会适应具有双重适应的特点，他们既要面临身心发展变化过程中的自我适应，又要面临新的学习生活环境的适应，这与城区流动儿童在其流入城市之前受到乡村民俗文化影响而形成的具有一定意义的心理结构有关。可以说，城区流动儿童原有的心理结构特点及其发展水平成为影响他们社会适应性发展的关键因素，也说明了城区流动儿童作为流动儿童的一部分有其自身的特殊性。这也是本研究的逻辑起点和归宿。

虽然国内学者已研发出许多比较成熟的社会适应性测量工具，但从这些量表的研发时间来看，到今天有近20年之久，其针对性、适用性和稳定性在很大程度上被削弱，而且以往的社会适应性定义、社会适应性内容结构有一定局限性，尚未涵盖社会转型发展进程中城区流动儿童这一特殊群体，该群体在社会适应过程中的角色转化、身份认同、城市融入等本质特征还未纳入其中。从这个意义上说，以往的社会适应性量表还不能有效地检测出这一特殊群体社会适应性的本质特征。尽管城区流动儿童也是青少年群体的一部分，但是城区流动儿童作为我国新型城镇化建设进程中从农村流入城市学习、生活的特殊儿童，他们的社会适应过程不同于一般儿童，其境遇或处境变化所带来的心理影响具有独特性。因此，开展针对城区流动儿童的社会适应性心理结构及其测评工具研究显得十分必要和迫切。

从生态心理学的观点来看，城区流动儿童在原居住地生活环境中建立的认知系统、价值观和行为方式具有鲜明的农村民俗文化色彩。由于"流动"，城区流动儿童内外生态系统都发生了较大的变化，尤其是个人、家庭和同伴群体的子生态系统由一种形态向另一种形态转变，在这个转变的过程中，他们不仅要应对"流动"过程中的角色身份、家庭生活、社会环境和教育资源等变化所造成的压力和挑战，而且要完成角色转化、生活习惯改变以及社会融入与适应等，由此产生的社会适应问题也有区别于其他儿童的特性。因此，为了有效诊断和测量城区流动儿童的社会适应性，本研究在大量文献研究的基础上，构建城区流动儿童社会适应性的理论模型，并编制了城区流动儿童社会适应性量表，以期为我国新型城镇化建设过程中城区流动儿童社会适应性的研究提供有效的测量工具。

## 一 问卷维度的设定

### (一) 研究目的

本节通过文献研究、访谈及开放式问卷调查的方式来研究城区流动儿童社会适应性的结构及维度，为后续问卷的编制奠定基础。

### (二) 研究程序

**1. 文献研究**

社会适应性是心理学、社会学研究的重要内容，一直受到国内外学者的关注。但是关于社会适应性目前还没有统一的定义，根据文献梳理，国内比较有代表性的观点是将社会适应性定义为一种心理素质或心理能力，如陈建文和黄希庭（2004）认为社会适应性是指人们适应社会所需要的心理素质；郑日昌（1999）认为适应性就是心理适应能力，即个体在与周围环境相互作用、与周围人们相互交往过程中，以一定的行为积极地反作用于周围环境而获得平衡的心理能力；张大均和江琦（2006）认为适应性因素是指个体在社会化过程中，改变自身或环境，使自身和环境协调的能力，它是认知因素和个性因素在各种社会环境中的综合反映，是个体生存和发展的必要心理素质之一。社会适应性作为个体的一种核心的心理适应能力，在个体适应新的环境的过程中起到关键的作用，对个体的生活、学习、心理健康等各方面都有非常大的影响。有研究表明，城区流动儿童在城市的学习生活、生理和心理发育将受到其社会适应情况的影响（唐贵忠等，2007）。然而，进城务工农民工子女的主观幸福感和自尊与城市少年儿童相比显著偏低，流动儿童的心理健康水平也显著低于城区常住儿童（陈玉凤等，2012）。

Ward 和 Kennedy（1999）的研究表明，社会适应包括心理适应和社会文化适应两个层面的内容。前者指的是在新的文化环境下的心理健康或生活满意度，后者指的是学习新的社会技能以实现与新文化的互动、处理日常生活难题和有效地完成任务（曾守锤，2009）。而国内的刘杨等（2008）在 Ward 等人的研究基础上通过深度访谈，发现可以将流动儿童城市适应标准归纳为心理适应与社会文化适应两个层面，心理适应包括心境和个性两个维度，社会文化适应包括人际关系、适应环境、外显行为、内隐观念、语言和学习六个维度。

以往问卷大多是基于对青少年群体或流动儿童群体的研究，提出的社会适应性标准和编制的社会适应性问卷，不一定能够适用于在同一区域文化内流动的儿童，即城区流动儿童。城区流动儿童和城市常住儿童生活在同一区域文化下，其语言、文化等外部环境基本相同，不像跨省、跨市的流动儿童那样要面临文化差异的影响，所以城区流动儿童的社会适应及心理结构具有不同于一般流动儿童的特点，这是很值得探究的课题。

**2. 访谈及开放式问卷调查**

为了使理论模型更具有真实合理性，本研究对城区流动儿童比例比较高的漳州两所学校的 19 名中小学生和 5 位教师进行了半结构式访谈（访谈提纲详见附录 2）。最后通过对 24 份访谈录音的文字整理得出集体融入维度。

**（三）问卷的维度构想**

本研究通过两种途径进行城区流动儿童社会适应性模型的理论建构。一是通过对相关文献的分析整理得到一些有价值的资料，根据流动儿童城市适应标准中心理适应的心境和个性两个维度的内涵提取出情绪状态、生活满意度和自我接纳这三点，从社会文化适应中提取了人际关系、学习适应这两点，纳入城区流动儿童社会适应性的理论模型中；二是通过对来自城区流动儿童学校的 19 名城区流动儿童和 5 位教师进行访谈，对音频进行文字转译整理得到集体融入维度。最终形成城区流动儿童社会适应性的理论模型，包含六个维度，分别是人际关系、学习适应、集体融入、生活满意度、情绪状态和自我接纳。

## 二　初测问卷的编制与数据分析

**（一）研究目的**

编制城区流动儿童社会适应性量表初测问卷，通过项目分析删减项目，初步形成城区流动儿童社会适应性量表。

**（二）研究程序**

**1. 题目来源**

本研究采用文献分析法、个案访谈法编制城区流动儿童社会适应性量表初测问卷。收集整理的具体题项主要有以下几个来源：一是依据社会适应理论模型编制一部分题目；二是根据开放式问卷和与教师、城区流动儿童访谈结果分析编写题目；三是参考已被广泛使用的其他社会适应性问卷的相似度高的项目；四是对部分被试进行个别访谈，对表述不清、难以理解或有歧义的题项进行修订。最后形成了由 74 个围绕上述六个维度的陈述句子组成的初测问卷。

**2. 计分标准**

初测问卷采用李克特 5 点量表形式，从"非常不符合"到"非常符合"，依次计为 1～5 分。每个维度对应的题项的分数相加即得到因子分，各维度因子分相加得到总分，总分越高表示社会适应程度越高。

**3. 初测问卷的施测**

为初步考察自编问卷的结构和检验每个项目的质量，进行了小规模预试。初测采用随机分层抽样法，对福建省沿海城市 6 所中小学校进行施测，有效被试共 548 人，其中男生 332 人，女生 216 人，年龄范围为 9～17 岁，平均年龄为 11.81 岁。

**（三）项目分析**

采用区分法和题总相关法来进行项目分析，将 548 个被试的城区流动儿童社会适应性量表初测问卷总分按照从小到大排序，按照前 27% 和后 27% 分成低分组和高分组，对低分组和高分组进行独立样本 $t$ 检验，做了题项与总分的相关，并依据以下标准，删除共同度低（低于 0.4）、因子载荷值小（小于 0.35）、决断值（CR）未达 0.01 的显著性水平和题总相关小于 0.30 的题目，共删除 45 个题目，最后形成由 29 个题目组成的城区流动儿童社会适应性量表（见表 3-5）。

表 3-5　城区流动儿童社会适应性量表区分度分析

| 题项 | 题总相关 | $t$ | 题项 | 题总相关 | $t$ | 题项 | 题总相关 | $t$ |
| --- | --- | --- | --- | --- | --- | --- | --- | --- |
| 1 | 0.449** | 10.378** | 6 | 0.569** | 13.856** | 11 | 0.382** | 8.630** |
| 2 | 0.440** | 9.993** | 7 | 0.541** | 13.950** | 12 | 0.478** | 10.754** |
| 3 | 0.648** | 17.781** | 8 | 0.566** | 15.820** | 13 | 0.392** | 9.083** |
| 4 | 0.553** | 14.806** | 9 | 0.650** | 16.107** | 14 | 0.478** | 10.951** |
| 5 | 0.512** | 13.308** | 10 | 0.571** | 14.997** | 15 | 0.497** | 11.568** |

续表

| 题项 | 题总相关 | $t$ | 题项 | 题总相关 | $t$ | 题项 | 题总相关 | $t$ |
|---|---|---|---|---|---|---|---|---|
| 16 | 0.599** | 15.682** | 21 | 0.612** | 16.447** | 26 | 0.659** | 19.162** |
| 17 | 0.644** | 18.819** | 22 | 0.544** | 13.018** | 27 | 0.666** | 17.900** |
| 18 | 0.447** | 10.694** | 23 | 0.626** | 16.837** | 28 | 0.539** | 13.043** |
| 19 | 0.632** | 19.136** | 24 | 0.603** | 16.794** | 29 | 0.628** | 18.227** |
| 20 | 0.601** | 15.926** | 25 | 0.582** | 15.839** | | | |

注：* $p<0.05$，** $p<0.01$，下同。

## 三 正式问卷测量、因素分析与信效度检验

### （一）研究目的

对问卷进行大样本的施测，因素分析用以确定项目合理性，通过分析问卷的信效度来判断正式问卷是否符合心理测量学标准。

### （二）研究方法

**1. 被试、施测程序及统计工具**

本研究正式施测采用随机分层抽样法，向福建泉州的某两所中学共发放问卷1000份，共回收问卷922份，经过筛选得到城区流动儿童的有效问卷525份，有效率为56.9%。其中男生322人，女生203人，年龄范围为10~16岁，平均年龄为12.41岁；五年级123名，六年级47名，七年级239名，八年级116名。为修正量表的理论模型，确定正式量表的结构，采用SPSS 19.0和Amos 21.0软件进行探索性和验证性因子分析。

**2. 维度结构的确定**

探索性因子分析：经初步分析，量表的六个维度的KMO值为0.924，大于0.9，Bartlett's球形检验的卡方值为22132.431（$df=5151$，$p<0.001$），均达到要求，表明六个分量表均适合进行因子分析（见表3-6）。

表3-6 探索性因子分析KMO值和Bartlett's球形检验

| 取样适当量数 | 近似卡方分布 | $df$ | $Sig.$ |
|---|---|---|---|
| 0.924 | 22132.431 | 5151 | 0.000 |

然后采用主成分分析法、斜交旋转法，依据理论模型抽取共同因子进行探索性因子分析，并依据上文中提到的标准删除4个题项，最后形成包含25道

题的正式问卷。依据因子分析结果将人际关系与自我接纳两个维度合并为一个维度，对剩余的 25 道题目又一次进行了探索性因子分析，并进行取样适当性的检验，结果表明 KMO 的值为 0.934，大于 0.9，因此适合做因子分析。

根据陡阶检验和碎石图（见图 3-1），5 个维度的独立性非常明显，故应先抽取 5 个维度，这 5 个维度可以解释城区流动儿童社会适应性总变异量的 54.928%。5 个维度的特征值、方差贡献率、因子构成以及各项目共同度如表 3-7 所示。

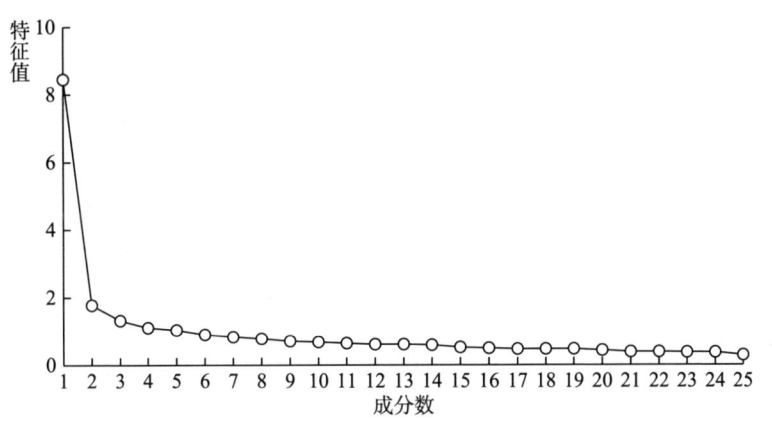

图 3-1 因子分析碎石图

表 3-7 城区流动儿童社会适应性量表探索性因子分析（旋转后）结果

| 题项 | 因子1 | 因子2 | 因子3 | 因子4 | 因子5 | 共同度 |
| --- | --- | --- | --- | --- | --- | --- |
| a96 | 0.726 | | | | | 0.564 |
| a95 | 0.717 | | | | | 0.560 |
| a97 | 0.676 | | | | | 0.558 |
| a100 | 0.683 | | | | | 0.493 |
| a101 | 0.667 | | | | | 0.537 |
| a12 | 0.685 | | | | | 0.532 |
| a11 | 0.691 | | | | | 0.628 |
| a26 | 0.671 | | | | | 0.497 |
| a57 | | 0.757 | | | | 0.598 |
| a99 | | 0.730 | | | | 0.555 |
| a29 | | 0.663 | | | | 0.571 |
| a65 | | 0.667 | | | | 0.520 |

续表

| 题项 | 因子1 | 因子2 | 因子3 | 因子4 | 因子5 | 共同度 |
|---|---|---|---|---|---|---|
| a93 | | 0.647 | | | | 0.495 |
| a79 | | 0.606 | | | | 0.463 |
| a2 | | | 0.793 | | | 0.651 |
| a30 | | | 0.746 | | | 0.643 |
| a16 | | | 0.717 | | | 0.570 |
| a72 | | | 0.581 | | | 0.463 |
| a36 | | | | 0.776 | | 0.620 |
| a50 | | | | 0.727 | | 0.564 |
| a22 | | | | 0.639 | | 0.538 |
| a78 | | | | 0.590 | | 0.554 |
| a24 | | | | | 0.727 | 0.589 |
| a10 | | | | | 0.691 | 0.484 |
| a52 | | | | | 0.714 | 0.516 |
| 特征值 | 8.467 | 1.782 | 1.317 | 1.118 | 1.048 | |
| 方差贡献率（%） | 33.867 | 7.127 | 5.269 | 4.473 | 4.192 | |
| 累计方差贡献率（%） | 33.867 | 40.994 | 46.263 | 50.736 | 54.928 | |

因子1包含8个题目，主要描述城区流动儿童学习态度、学习能力和学习习惯，主要跟学习有关，因此命名为学习适应。

因子2包含6个题目，主要描述城区流动儿童个体和谐的两个方面：对内有自信心，喜欢自己，接纳自己，肯定自己的价值；对外表现出有和谐的人际关系，愿意跟别人交往，在朋友同学中很受欢迎，因此命名为人际与自我和谐。

因子3包括4个题目，主要描述城区流动儿童是否愿意参与并配合班级的日常组织管理工作，富有集体荣誉感，积极参与班级的日常活动，因此命名为集体融入。

因子4包含4个题目，主要描述城区流动儿童日常感受到的情绪，自己的心境状态，因此命名为情绪状态。

因子5包括3个题目，主要描述城区流动儿童对当前的生活状态的满意程度，因此命名为生活满意度。

## （三）城区流动儿童社会适应性量表的信效度检验

**1. 信度检验**

（1）内部一致性信度：用 Cronbach's α 系数来估计其内部一致性信度，结果显示，总量表及学习适应、人际与自我和谐、集体融入、情绪状态和生活满意度的 Cronbach's α 系数分别为 0.918、0.862、0.814、0.727、0.728、0.601。说明该量表的内部一致性信度良好（见表 3-8）。

（2）分半信度：采用 Spearman-Brown 公式进行分半信度估计，所得分半信度系数为 0.876（$p<0.05$），五个维度的分半信度也在 0.580~0.845，说明量表的分半信度也是良好的（见表 3-8）。

表 3-8 城区流动儿童社会适应性量表的信度系数（$n=525$）

| 维度 | Cronbach'α 系数 | Spearman-Brown 分半信度 |
| --- | --- | --- |
| 学习适应 | 0.862 | 0.845 |
| 人际与自我和谐 | 0.814 | 0.751 |
| 集体融入 | 0.727 | 0.708 |
| 情绪状态 | 0.728 | 0.734 |
| 生活满意度 | 0.601 | 0.580 |
| 总量表 | 0.918 | 0.876 |

**2. 效度检验**

（1）量表的内容效度：本研究依据国内青少年社会适应的相关文献、个案访谈记录、心理学教授以及 12 名心理学专业研究生的修改意见，编制量表的维度和各项题目。然后请 30 名城区流动儿童进行试测，收集城区流动儿童对初测题目的反馈意见，对初测问卷进行修改，确保量表有较好的内容效度。

（2）量表的结构效度：通过检验城区流动儿童社会适应性量表中总量表与各维度之间的相关，发现其两两之间的相关均达到了显著性水平，符合心理统计与测量学的要求，各维度与总量表之间的相关系数在 0.712~0.849 范围内。各个维度之间的相关系数在 0.365~0.738，表明量表具有良好的结构效度（见表 3-9）。

表3-9 城区流动儿童社会适应性量表各维度与总量表的相关

| 维度 | 学习适应 | 人际与自我和谐 | 情绪状态 | 集体融入 | 生活满意度 | 总量表 |
|---|---|---|---|---|---|---|
| 学习适应 | 1 | | | | | |
| 人际与自我和谐 | 0.738** | 1 | | | | |
| 情绪状态 | 0.460** | 0.575** | 1 | | | |
| 集体融入 | 0.566** | 0.578** | 0.389** | 1 | | |
| 生活满意度 | 0.447** | 0.510** | 0.509** | 0.365** | 1 | |
| 总量表 | 0.787** | 0.849** | 0.740** | 0.712** | 0.712** | 1 |

（3）量表的外部效度：采用效标效度来验证问卷的外部效度，效标为《流动少年儿童社会适应量表》（胡韬，2007），该量表由胡韬编制而成，由人际友好、学习自主、环境满意、活动参与、生活独立、社会活力、人际协调和社会认同等八个维度构成，共48道题。八个维度的Cronbach's α系数范围在0.656~0.806，总量表的Cronbach's α系数是0.921，重测信度为0.907，内部一致性系数在0.722~0.890，符合心理统计与测量学要求。结果显示，城区流动儿童社会适应性量表各维度及总量表与《流动少年儿童社会适应量表》的各个维度的相关均是显著的，说明量表的外部效度良好（见表3-10）。

表3-10 城区流动儿童社会适应性量表各维度及总量表的效度系数

| 效标 | 学习适应 | 人际与自我和谐 | 情绪状态 | 集体融入 | 生活满意度 | 总量表 |
|---|---|---|---|---|---|---|
| 人际友好 | 0.631** | 0.797** | 0.531** | 0.591** | 0.499** | 0.767** |
| 活动参与 | 0.648** | 0.676** | 0.474** | 0.727** | 0.436** | 0.739** |
| 生活独立 | 0.564** | 0.542** | 0.386** | 0.476** | 0.377** | 0.579** |
| 学习自主 | 0.804** | 0.709** | 0.468** | 0.560** | 0.464** | 0.749** |
| 人际协调 | 0.650** | 0.677** | 0.494** | 0.595** | 0.425** | 0.724** |
| 社会认同 | 0.511** | 0.589** | 0.442** | 0.491** | 0.470** | 0.629** |
| 社会活力 | 0.555** | 0.642** | 0.559** | 0.517** | 0.471** | 0.684** |
| 环境满意 | 0.644** | 0.654** | 0.489** | 0.546** | 0.563** | 0.732** |

## 3. 量表的验证性因子分析

通过 Amos 软件可以进行验证性因子分析来验证量表结构维度的构想效度。验证性因子分析结果显示，本研究的模型主要拟合指数分别为：$\chi^2/df = 2.288$，$GFI = 0.921$，$CFI = 0.925$，$RMSEA = 0.049$（见表 3-11 和图 3-2）。从以上结果看出，城区流动儿童社会适应性量表的整体拟合度良好，说明此量表具有较高的构想效度，可以用于今后的研究测评工作。

表 3-11　城区流动儿童社会适应性量表验证性因子分析结果（$n = 525$）

| 样本 | $\chi^2/df$ | CFI | GFI | RMSEA | NNFI |
|---|---|---|---|---|---|
| 549 | 2.288 | 0.925 | 0.921 | 0.049 | 0.875 |

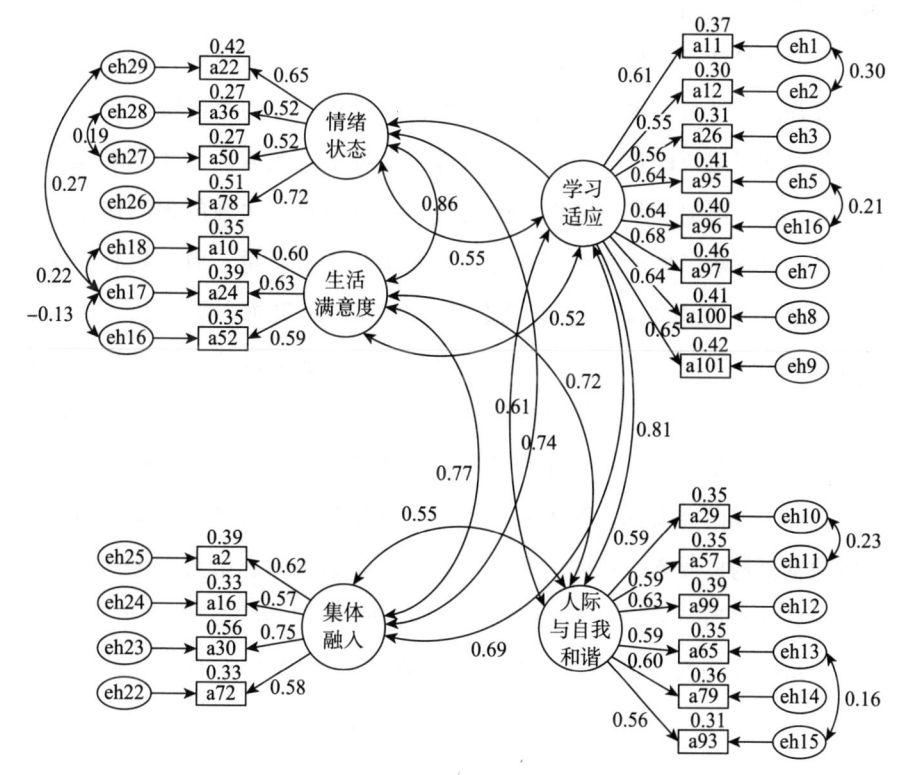

图 3-2　城区流动儿童社会适应性模型

## 四 讨论与结论

### （一）讨论

**1. 城区流动儿童社会适应性的结构**

综合理论分析与实证数据检验，城区流动儿童社会适应性由学习适应、人际与自我和谐、集体融入、情绪状态和生活满意度五个因子构成。该量表五个因子基本揭示了城区流动儿童的学习、人际、自我、生活和城市融入等方面的能力特征。

学习适应是儿童学习社会化中一个重要的个体特征，包括学习态度、学习习惯和学习能力三个相互独立但又相互关联的要素，是儿童社会适应发展中的一个非常重要的指标。有些研究将学习动机作为学习适应的一项重要因素，但本研究结果显示，学习动机并没有被纳入学习适应结构中来，这可能与学习动机本身是一个相对不够稳定的因素有关，同时也说明了学习态度、学习习惯和学习能力这些相对比较稳定的个性特征能较好地反映儿童学习适应的特征。对于从农村流入城市的城区流动儿童来说，学习态度、学习习惯和学习能力对他们的学习适应具有很强的预测作用。它们不仅直接影响了城区流动儿童的学习效果和学习质量，而且能有效提升城区流动儿童在学习活动中的社会建构能力（赵笑梅、陈英和，2007）。本研究认为学习态度、学习习惯和学习能力是构成城区流动儿童学习适应的重要因素。因子分析的结果也证明，这三者的确可归为学习适应维度。

人际和谐是儿童社会人际和谐的重要特征，也是促进儿童社会适应的重要条件。本研究发现，除了人际和谐，自我和谐也是城区流动儿童社会适应的重要构成要素，说明了儿童社会适应中的人际和谐与个体的自我和谐之间有着密切关系。有研究表明，自我和谐与生活应激、生活满意度、人际关系困扰等均有显著相关关系（桑青松等，2007）。自我和谐恰恰反映了城区流动儿童自身所处的城区环境与自己内心的感受达到的一种和谐状态，即自我内部的协调一致以及自我与经验之间的协调（Rogers，1959）。由此提示自我和谐对促进城区流动儿童人际和谐及社会适应具有十分重要的意义，这是本研究的一个新发现。因子分析的结果证明，这二者可以整合为人际与自我和谐维度。

集体融入作为社会适应性的一个因子,最能真实体现城区流动儿童城市融入及社会适应的本质特征。集体融入所反映的是城区流动儿童在新环境中通过角色转化、角色认同,以及积极参与新班级集体活动,来获得较强的归属感和稳定感,感受到班集体的良好氛围和乐趣等。可以说,集体融入是城区流动儿童城市融入的前提和基础,也是促进个体社会化,增强社会适应能力的重要条件。有研究表明,流动儿童的心理健康与集体融入和城市融入的程度有着密切关系,流动儿童城市归属感和自信心均低于本地非流动儿童,而焦虑度和自责度均高于本地非流动儿童(朱冬梅,2017)。本研究结果也与邓思扬(2016)的研究结果基本一致。由此启示我们应格外关注城区流动儿童集体融入的特点,采取有效的措施和方法帮助城区流动儿童从观念和行为上快速融入班集体,建立良好的人际关系以获得安全感和归属感,这不仅有利于培养城区流动儿童对所处环境的积极态度,还有助于其发展健全的自我概念和人格,进而促进其良好社会适应。

情绪状态因子反映的是城区流动儿童在城市融入过程中由于环境变迁、生活习惯改变、人际关系和各种应激事件等所引发的正负性情绪体验,以及对负性情绪有效调适的心理状态。本研究结果显示,情绪状态可以作为评价城区流动儿童社会适应是否良好的一项指标,它反映的是城区流动儿童在城市融入进程中对社会环境持有的认知和态度。由于农村和城市的文化、生活方式和个人行为模式的差异,城区流动儿童的不良情绪状态往往比城市常住儿童多且严重。与城市常住儿童相比,城区流动儿童处于相对不利的处境,经常会遇到学习和交往的压力,以及城市社会融入进程中的应激事件,包括是否被城市居民包容、接纳和认同,身份认同危机和歧视应对等,由此容易引发诸如焦虑、恐惧、自卑、抑郁、孤独等不良情绪状态。因此,本研究将情绪状态及其相关因素进行综合讨论,有助于城区流动儿童情绪心理研究的推进,预测其社会适应性的发展。

生活满意度因子反映的是城区流动儿童在家庭、朋友、学校、生活环境、自我等方面的满意度,是个体依据内化的社会标准对其生活质量的总体认知评价。但由于家庭因素、生活环境的变化影响了城区流动儿童的自我认知和情绪体验,其自我满意度评价降低。有研究表明,城区流动儿童与城市常住儿童在总体的生活满意度上不存在显著差异,但其在家庭、生活满意度和自我各个方面得分都显著低于城市常住儿童（王道阳、王梦，2015），说明城区流动儿童进入城区后，感受自我成长所需要的物质条件和情感支持缺失。可见，生活满意度可以作为衡量城区流动儿童主观幸福感和社会适应性的关键指标。

**2. 城区流动儿童社会适应性量表信效度的多维考察**

本研究在城区流动儿童社会适应性的理论建构和题项编制过程中参考了大量相关文献以及个案访谈的资料，并在正式施测前做了试测，保障了研究过程的严谨性和规范性，提升了研究结果的科学性与合理性。经过项目分析、探索性因子分析对题目的筛选，最终筛选出了学习适应、人际与自我和谐、集体融入、情绪状态和生活满意度5个维度，共25道题，5个共同因子的累计方差贡献率为54.928%，探索性因子分析的各项指标符合心理统计与测量学要求，说明量表的结构效度很好。

城区流动儿童社会适应性量表的总量表与各维度之间、各维度两两之间的相关以及总量表和各维度与胡韬的《流动少年儿童社会适应量表》的相关进一步说明，此量表具有良好的结构效度和外部效度。对城区流动儿童社会适应性量表的总量表与各维度的内部一致性信度（Cronbach's α系数）和分半信度的考察也发现，城区流动儿童社会适应性量表具有良好的内部一致性信度（Cronbach's α系数）和分半信度。最后，通过验证性因子分析的结果我们也可以看到，其各项拟合指标均符合心理统计学要求，说明城区流动儿童社会适应性模型还是很理想的，拟合指数比较高，具有良好的构想效度。因此综合上述结果，我们认为城区流动儿童社会适应性量表信度和效度良好。

城区流动儿童社会适应性量表考虑到了城区流动儿童与城市常住儿童在社会适应性内容方面的差异，即城区流动儿童与城市常住儿童处于同一区域文化下，语言、文化等外部环境基本相同，仅仅会因为受到不同于城市文化的乡村民俗文化影响而形成不一样的心理结构，进而影响到其社会适应性，因此我们在城区流动儿童社会适应性的理论模型中没有加入语言、文化等方面的因素，但是加入了其他社会适应性量表没有的集体融入、人际与自我和谐这两个维度，在一定程度上扩展了城区流动儿童社会适应性的涵盖层面，反映了城区流动儿童社会适应性的本质特征。

## （二）结论

本研究结果显示，在新型城镇化的背景下，城区流动儿童社会适应性的结构包含学习适应、人际与自我和谐、集体融入、情绪状态和生活满意度五个维度，所编制量表的信度及效度良好，整体模型的拟合度比较高，符合心理测量学要求，可以作为研究城区流动儿童社会适应性的有效工具。

## 第三节　自我管理问卷编制及信效度研究

随着素质教育的深入，学生的自我管理能力越来越被现代教育关注与重视，具备自我管理能力不仅是学生核心素养提出的要求，更是城区流动儿童这一特殊群体获得学业成就与个性健康发展的需要。可以说，自我管理能力是城区流动儿童适应社会和成就自我的一种必备积极心理品质和关键能力。作为身处人生发展重要阶段的城区流动儿童，他们来到城市学习生活势必会遇到许多问题与挑战，不再像在乡村学习生活那样单纯和宁静。在生活中，他们既可享受到多姿多彩的生活，又要经得起外界各种诱惑和挑战；在学习中，学校管理更严，学习要求更高，同伴竞争更激烈，学业压力更大。因此，迫切需要他们拥有独立、自主、自尊、自控、自治和坚持等强大的心理品质，而自我管理能力则是其中一种必备的关键能力。

自我管理能力是个体能够正确地认识自我，并整合自身资源，使用一系列认知策略与技能，调节自身认知和行为，实现对环境的适应，以得到更好的发展的能力，也是个体能够良好地参与学习、工作和社会活动的重要技能。在国内，对自我管理能力的研究仍处于萌芽阶段，研究的范围比较狭窄，研究对象大部分是大学生，或是有学习障碍的儿童，研究方法主要是定性的分析方法，研究的内容多为自我管理能力的定义、影响因素等，但是这些研究结果也大都处于假设阶段，需要后续研究的验证。然而，专门针对流动儿童这一特殊群体的自我管理能力的研究仍十分鲜见。少年儿童还处于心智发展阶段，新课程改革后学校教育更加注重学生自我管理能力的培养，流动儿童由于其本身生活环境与生活状态的多变性，受到外界因素影响较多，更加凸显了自我管理能力在其学习生活中的重要性。

本研究在相关文献综述、个案访谈和问卷调查的基础上，根据相关的自我管理理论研究，提出少年儿童自我管理能力构想模型，经过检验和修正模型后，在其基础上开发符合心理测量学标准的少年儿童自我管理能力评估工具。

## 一 问卷维度的设定

### （一）研究目的

通过文献研究、访谈及开放式问卷调查来研究少年儿童自我管理能力的结构及维度，为后续量表的编制奠定基础。

### （二）研究程序

**1. 文献研究**

回顾国内外自我管理方面已有的研究文献，发现不同研究者对于自我管理能力的定义有所不同，而关于自我管理能力的测量工具多是针对成年人或大学生的，关于少年儿童自我管理能力的测量工具较少，存在针对性差、模型不够理想等问题。

有关自我管理能力的定义详见第一章第三节。关于自我管理能力的结构，大部分学者基本认同自我管理能力是多维度的，但具体包括哪些维度以及各个维度的具体内涵还没有一致的结果。Mischel（1973）认为自我管理的过程包括个人目标、目标实现策略、行为结果监控和行为图式。Dalton 等（1999）将自我管理能力的结构分为个人目标设定、自我监控、自我记录与评价、自我加强和自我追踪。Tangney 等（2004）编制的自我控制量表，共有 36 题，维度划分为思想控制、情绪控制、冲动控制、行为规范以及习惯改正。Mezo（2009）编制的自我控制与自我管理量表（SCMS），共有 16 道题目，分为三个维度，分别是自我监控、自我评估和自我强化。贺小格（2004）编制的大学生自我管理量表，共有 60 道题目，构建了一个自我管理的二阶模型，其两大因子为资源自我开发和工作品质自我管理，其中资源自我开发这一潜变量又分为思想表达、资源运用、知识学习、人际公关、趋势需要、自我表现以及身心健康七个方面，而工作品质自我管理这一潜变量又分为目标计划、研究思考、自我控制、观念意识、工作态度以及自我效能六个方面。陈永进等（2008）编制的青少年自我管理量表，由37个项目构成，将青少年自我管理归为七个维度，分别为自我管理认知、自我效能、情绪控制、自我和谐性、计划性、表现性以及行为控制。

**2. 访谈及开放式问卷调查**

对10名福建省内教育名师进行访谈，访谈内容如："少年儿童自我管理的具体行为有哪些"；"应该如何制定自己的目标"；"情绪稳定的表现有哪些"；等等（见附录4）。整理访谈内容，结果发现，教师所评定的少年儿童自我管理能力的结构主要包括：时间管理、目标管理、学习注意力、情绪管理和行为控制等。与前人文献分析的结果相比较，开放式问卷调查结果在分类合并后与文献研究的结果基本相同。

### （三）问卷的维度构想

针对之前的相关研究，以及各位专家的意见和分析，根据少年儿童自我管理能力的定义，在已有文献调查研究的基础上，结合国内外相关的量表和问卷，拟定出自我管理能力的六个维度，分别为自我认知、自我接纳、时间管理、目标管理、情绪调控和行为调控，并请有关专家对这些维度进行评阅，最后初步构建了少年儿童自我管理量表的基本维度。

具体来说，六个维度具体情况如下。①自我认知：个体通过经验和对经验的理解形成的对自己各方面的主观知觉。②自我接纳：个体总体上对自己的自我接纳程度。③时间管理：个体在运用时间方式上所表现出来的心理和行为特征。④目标管理：个体设定一个努力想要完成的标准，并通过一系列认知与行为调节的过程达成这一标准所表现出的能力。⑤情绪调控：个体觉察与理解自己和他人的情绪，对自己的情绪通过一定的方法进行调控，并表现出来的过程。⑥行为调控：个体调控自己的行为，以符合社会期望的能力，包括对自己行为的计划和控制。

## 二 编制初测问卷与初测

### （一）研究目的

编制少年儿童自我管理量表初测问卷，通过项目分析和因子分析删减项目，初步形成少年儿童自我管理量表。

## （二）研究程序

**1. 初测问卷的编制**

（1）题目来源。根据访谈所得资料，编制初测题目。初测问卷题项的主要来源包括：①根据文献研究所得出的理论维度，和访谈调查的结果，为每个维度编写题目；②从现有的问卷或量表中，选取与本研究需要测量的内容相符合的条目，并根据需要对条目进行有方向的修改。

（2）计分标准。编制的少年儿童自我管理量表初测问卷共包括80个题目，所有题目随机编排，量表采用李克特5点计分方式，"非常不符合""比较不符合""不确定""比较符合""非常符合"按顺序以1~5分计分。每个维度按归类题目的分数相加得到维度分，反向计分题按相反分数计分。各维度分相加得到总分，总分越高表示少年儿童的自我管理能力越强。

（3）专家意见。将80道题目交由2名心理学教师和6名心理学研究生审阅，删除测查内容相同的题目和有明显倾向性的题目，修改有歧义的表述。选取10名初中生作为预测的被试进行施测，检查问卷的具体项目中有哪些措辞不准确、难以被理解，或理解可能存在问题的项目；同时主试也可以熟悉测验流程，提前对测验中可能出现的问题做好准备。

**2. 初测问卷的施测**

（1）被试：向福建省内中小学发放问卷640份，其中泉州市双阳小学220份，泉州市开发区实验学校100份，泉州市双阳中学200份，漳州立人学校120份，共回收问卷639份，其中，有效问卷612份，有效率95.8%。其中，男生297人，女生315人，初中生288人，小学生324人，年龄范围为9~15岁。

（2）测量工具：少年儿童自我管理量表初测问卷。

（3）施测程序：在各班级自习课时间，以团体施测的方式统一发放问卷进行施测，由心理学研究生作为主试向被试宣读统一的规范的指导语。问卷采用匿名的形式客观答题，不设时间限制，选出最符合自己情况的答案为止。被试被告知答案没有好坏对错之分，结果仅做研究使用，若遇到理解不了的题目，可举手示意提问。最后由主试统一回收、封装问卷。

（4）数据处理：采用SPSS 22.0统计软件对初测数据进行统计分析，包括项目分析及探索性因子分析。

## (三) 项目分析与探索性因子分析

### 1. 项目分析

项目分析删除题项依据的标准有两个。①临界比率法：题项的临界比率值可以判定题项的鉴别力。根据这一标准，删除 5 个题目。②题总相关法：将每个题目与总分做相关得出鉴别力指数，鉴别力指数越大，题目的鉴别力越高，反之越低。根据该标准，将鉴别力小于 0.3 的 13 个题项删除。

### 2. 探索性因子分析

本研究以 612 名城区流动儿童被试的问卷作为数据源，用 Bartlett's 球形检验来验证是否适宜进行探索性因子分析。结果表明 Bartlett's 球形检验的检验值为 10259.882（$df=1711$），$p<0.001$，KMO 值为 0.917，适合做因子分析。通过主成分分析法抽取其共同因子，采用正交旋转法进行探索性因子分析。因子分析后，按以下标准来筛选题目。①共同度小于 0.3 的题项：共同度说明题目对共同因子的贡献度，共同度的值越大，表明题目对共同因子的贡献度越高。②因子载荷值小于 0.4 的项目：项目的因子载荷值说明题目和因子间紧密的程度，因子载荷值越大，表明其相关程度越高。③因子载荷值较大且占两个以上因子载荷的题项。④虽然因子特征根大于 1 却只包含不到三个题数的维度。⑤归类不当的题目。根据项目筛选的标准，最后剩余 58 个题项，构成少年儿童自我管理量表正式问卷。

为确保剩余项目的因子以及结构不变，再次对剩余的项目进行探索性因子分析，并进行取样适当性的检验，结果 Bartlett's 球形检验的检验值为 18692.849（$df=1653$），$p<0.001$，KMO 值为 0.938。探索性因子分析采用主成分分析法提取共同因子，求得因子载荷矩阵，采用方差极大法求得旋转因子载荷矩阵，并根据以下标准确定因子数目：①因子的特征值大于 1；②因子必须符合陡阶检验；③碎石图拐点；④每个因子至少包含 4 个题目。

根据因子分析的结果，我们共提取了 6 个共同因子，共解释总变异的 55.584%。各个维度的特征值、方差贡献率、各维度的项目构建如表 3-12 所示。

因子 1 包含 12 个题目，主要描述的是个体通过经验和对经验的理解形成的对自己各方面的主观知觉，因此将这个因子命名为自我认知。

因子 2 包含 11 个题目，主要描述的是个体设定一个努力想要完成的标准，并通过一系列认知与行为调节的过程达成这一标准所表现出的能力，因此将这个因子命名为目标管理。

因子3包含10个题目，主要描述的是个体在运用时间方式上所表现出的心理和行为特征，是一种人格特征，因此将这个因子命名为时间管理。

因子4包含8个题目，主要描述的是个体总体上对自己的自我接纳程度，因此将这个因子命名为自我接纳。

因子5包含8个题目，主要描述的是个体调控自己的行为以符合社会期望，包括对行为的计划、控制，因此将这个因子命名为行为调控。

因子6包含9个题目，主要描述的是个体觉察自己和他人的情绪，进而采用一定的方法对自己的情绪进行理解、调控和运用，最后表现出来的过程，因此将这个因子命名为情绪调控。

表3-12 少年儿童自我管理量表探索性因子分析（旋转后）结果

| 自我认知 | | | 目标管理 | | | 时间管理 | | | 自我接纳 | | | 行为调控 | | | 情绪调控 | | |
|---|---|---|---|---|---|---|---|---|---|---|---|---|---|---|---|---|---|
| 题号 | 因子载荷值 | 项目共同度 | 题号 | 因子载荷值 | 项目共同度 | 题号 | 因子载荷值 | 项目共同度 | 题号 | 因子载荷值 | 项目共同度 | 题号 | 因子载荷值 | 项目共同度 | 题号 | 因子载荷值 | 项目共同度 |
| 1 | 0.69 | 0.51 | 4 | 0.68 | 0.50 | 3 | 0.71 | 0.65 | 2 | 0.74 | 0.65 | 6 | 0.76 | 0.67 | 5 | 0.73 | 0.64 |
| 7 | 0.69 | 0.51 | 11 | 0.61 | 0.42 | 10 | 0.71 | 0.55 | 8 | 0.74 | 0.59 | 13 | 0.76 | 0.66 | 21 | 0.60 | 0.40 |
| 9 | 0.70 | 0.53 | 19 | 0.74 | 0.56 | 35 | 0.69 | 0.57 | 16 | 0.70 | 0.55 | 23 | 0.74 | 0.67 | 38 | 0.67 | 0.50 |
| 14 | 0.66 | 0.46 | 20 | 0.67 | 0.49 | 36 | 0.68 | 0.54 | 17 | 0.72 | 0.64 | 24 | 0.72 | 0.55 | 39 | 0.69 | 0.52 |
| 25 | 0.63 | 0.50 | 29 | 0.69 | 0.58 | 43 | 0.72 | 0.58 | 27 | 0.74 | 0.65 | 31 | 0.71 | 0.54 | 46 | 0.68 | 0.48 |
| 26 | 0.69 | 0.51 | 37 | 0.70 | 0.51 | 55 | 0.72 | 0.64 | 48 | 0.77 | 0.63 | 40 | 0.72 | 0.65 | 57 | 0.71 | 0.61 |
| 32 | 0.70 | 0.52 | 45 | 0.61 | 0.40 | 67 | 0.75 | 0.63 | 53 | 0.76 | 0.67 | 59 | 0.78 | 0.66 | 58 | 0.72 | 0.54 |
| 33 | 0.69 | 0.50 | 56 | 0.72 | 0.53 | 68 | 0.64 | 0.43 | 66 | 0.72 | 0.61 | 63 | 0.72 | 0.58 | 70 | 0.72 | 0.61 |
| 52 | 0.62 | 0.49 | 61 | 0.71 | 0.54 | 75 | 0.73 | 0.57 | | | | | | | 80 | 0.69 | 0.58 |
| 64 | 0.68 | 0.53 | 69 | 0.67 | 0.46 | 75 | 0.73 | 0.57 | | | | | | | | | |
| 65 | 0.75 | 0.61 | 76 | 0.75 | 0.62 | | | | | | | | | | | | |
| 79 | 0.72 | 0.54 | | | | | | | | | | | | | | | |
| 特征值 | 6.048 | | 特征值 | 5.620 | | 特征值 | 5.465 | | 特征值 | 5.293 | | 特征值 | 4.921 | | 特征值 | 4.892 | |
| 方差贡献率（%） | 10.428 | | 方差贡献率（%） | 9.689 | | 方差贡献率（%） | 9.423 | | 方差贡献率（%） | 9.126 | | 方差贡献率（%） | 8.484 | | 方差贡献率（%） | 8.434 | |

## 三 正式问卷施测与信效度检验

### (一) 研究目的

进行大样本的施测,通过分析量表的信效度来判断少年儿童自我管理量表正式问卷是否符合心理测量学的标准。

### (二) 研究方法

**1. 研究对象**

向福建省内少年儿童发放问卷700份,其中泉州市双阳小学220份,泉州市开发区实验学校160份,泉州市双阳中学200份,漳州立人学校120份,共回收问卷652份,其中有效问卷602份,有效率为92.3%。其中男生311人,女生291人,年龄范围为9~16岁,平均年龄为12.29岁。

**2. 测量工具**

少年儿童自我管理量表正式问卷。

**3. 施测程序**

在各班级自习课时间,以团体施测的方式统一发放问卷进行施测,由心理学研究生作为主试向被试宣读统一的规范的指导语。问卷采用匿名的形式客观答题,不设时间限制,选出最符合自己情况的答案为止。被试被告知答案没有好坏对错之分,结果仅做研究使用,若遇到理解不了的题目,可举手示意提问。最后由主试统一回收、封装问卷。

**4. 数据分析**

采用 SPSS 22.0 和 Mplus 7.4 进行正式问卷的信效度检验及验证性因子分析。

### (三) 信效度检验

**1. 少年儿童自我管理量表的信度检验**

采用如下的方法测量其信度。①内部一致性信度:使用 Cronbach'α 系数计算各维度与总量表的同质性来检验内部所有题目的一致性;②分半信度:计算各维度与总量表的分半间的相关系数。量表信度系数如表3-13所示。

表 3 – 13　量表的信度系数

| 维度 | Cronbach'α 系数 | Spearman-Brown 分半信度 |
| --- | --- | --- |
| 自我认知 | 0.906 | 0.908 |
| 目标管理 | 0.898 | 0.890 |
| 时间管理 | 0.906 | 0.906 |
| 自我接纳 | 0.914 | 0.918 |
| 行为调控 | 0.911 | 0.912 |
| 情绪调控 | 0.888 | 0.886 |
| 总量表 | 0.939 | 0.823 |

**2. 少年儿童自我管理量表的效度检验**

（1）内容效度。本量表的编制符合心理学量表编制的程序和原则，在以往理论研究的基础上，通过访谈、开放式问卷调查等方法，建构了少年儿童自我管理能力理论模型，确定了初始条目池，再请有关专家评定量表是否遵照所建构的少年儿童自我管理能力理论模型来确定内容范围，测验的题目是否能测出少年儿童自我管理能力的水平，编制的题目是否具有代表性，语句是否通顺、有歧义，表达是否清晰，是否容易被低年级的少年儿童所理解，题目是否保持适当的比例，最终确定初测问卷。之后使用初测问卷施测，统计数据后进行项目分析和探索性因子分析，删除不恰当的项目，再修改和调整剩下的项目，最终编制出正式问卷，从而有效地保证了量表具有良好的内容效度。

（2）结构效度。根据心理测量理论，量表的各个维度之间应该具有中等程度的相关。如果相关太高，说明维度之间有重合，有些维度可能没有必要；如果相关太低，说明测量的是一些完全不同的心理品质。要想使测验有满意的信效度，项目和测验的相关在 0.3 ~ 0.8，项目间的组间相关在 0.1 ~ 0.6 较好。从表 3 – 14 中可以看出，各维度之间的相关系数在 0.198 ~ 0.480，均在参考范围内。各维度与总量表之间的相关系数在 0.559 ~ 0.696，均在参考范围内。各维度与总量表之间的相关高于各维度之间的相关，说明各维度之间既有一定的独立性，又反映了相应的归属性，可以同时测出同一心理特征，即少年儿童自我管理能力。由上述分析可知，本量表的结构效度良好。

表 3-14　少年儿童自我管理量表各维度和总量表的相关矩阵

| 维度 | 自我认知 | 目标管理 | 时间管理 | 行为调控 | 自我接纳 | 情绪调控 | 总量表 |
|---|---|---|---|---|---|---|---|
| 自我认知 | 1 | | | | | | |
| 目标管理 | 0.281** | 1 | | | | | |
| 时间管理 | 0.301** | 0.312** | 1 | | | | |
| 行为调控 | 0.251** | 0.211** | 0.338** | 1 | | | |
| 自我接纳 | 0.245** | 0.294** | 0.336** | 0.480** | 1 | | |
| 情绪调控 | 0.198** | 0.246** | 0.369** | 0.383** | 0.352** | 1 | |
| 总量表 | 0.559** | 0.573** | 0.670** | 0.696** | 0.678** | 0.638** | 1 |

注：* $p<0.05$；** $p<0.01$；*** $p<0.001$。下同。

（3）外部效度。本研究选用效标效度来验证量表的外部效度，所采用的效标为韦炜（2008）编制的《青少年独立能力量表》。《青少年独立能力量表》采用李克特5点量表法，从"完全不符合"到"完全符合"分别计为1分到5分，得分越高表明独立能力程度越高，问卷分为反思性目标能力、自主行动能力、自我调控能力和反思性责任承担能力四个维度。《青少年独立能力量表》的内部一致性系数为0.88，各维度的同质性信度在0.6574~0.8322。少年儿童自我管理量表各维度及总量表的效度系数如表3-15所示。

表 3-15　少年儿童自我管理量表各维度及总量表的效度系数

| 效标 | 自我认知 | 目标管理 | 时间管理 | 行为调控 | 自我接纳 | 情绪调控 | 总量表 |
|---|---|---|---|---|---|---|---|
| 反思性目标能力 | 0.421** | 0.420** | 0.477** | 0.448** | 0.493** | 0.385** | 0.687** |
| 自主行动能力 | 0.115** | 0.132** | 0.194** | 0.201** | 0.134** | 0.260** | 0.236** |
| 自我调控能力 | 0.207** | 0.217** | 0.222** | 0.281** | 0.272** | 0.292** | 0.348** |
| 反思性责任承担能力 | 0.347** | 0.322** | 0.396** | 0.406** | 0.413** | 0.343** | 0.585** |
| 总量表 | 0.560** | 0.576** | 0.670** | 0.695** | 0.677** | 0.636** | 0.547** |

### 3. 少年儿童自我管理量表的验证性因子分析

验证性因子分析是在探索性因子分析的基础上进行的，采用验证性因子分析，通过 Amos 软件来验证量表的整体结构效度及模型的拟合度。如表 3-16 及图 3-3 所示，各项拟合度符合标准要求，即说明此量表的构想效度良好。

表 3-16　少年儿童自我管理量表验证性因子分析结果

| 样本 | $\chi^2/df$ | CFI | TLI | RMSEA |
|---|---|---|---|---|
| 602 | 1.99 | 0.912 | 0.908 | 0.041 |

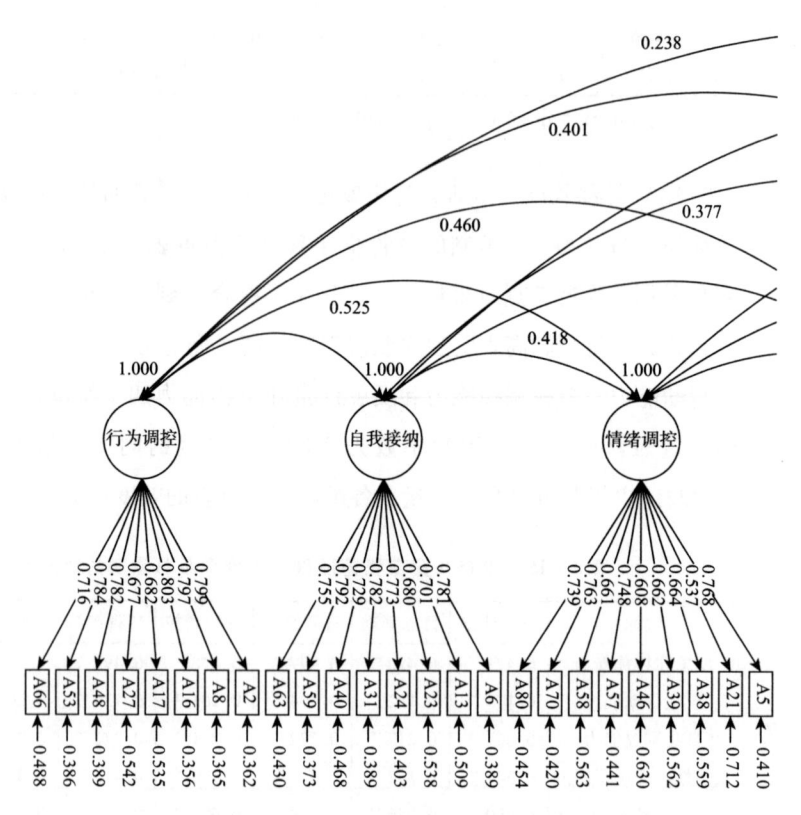

图 3-3　少年儿童自我管理能力的验证性因子分析模型

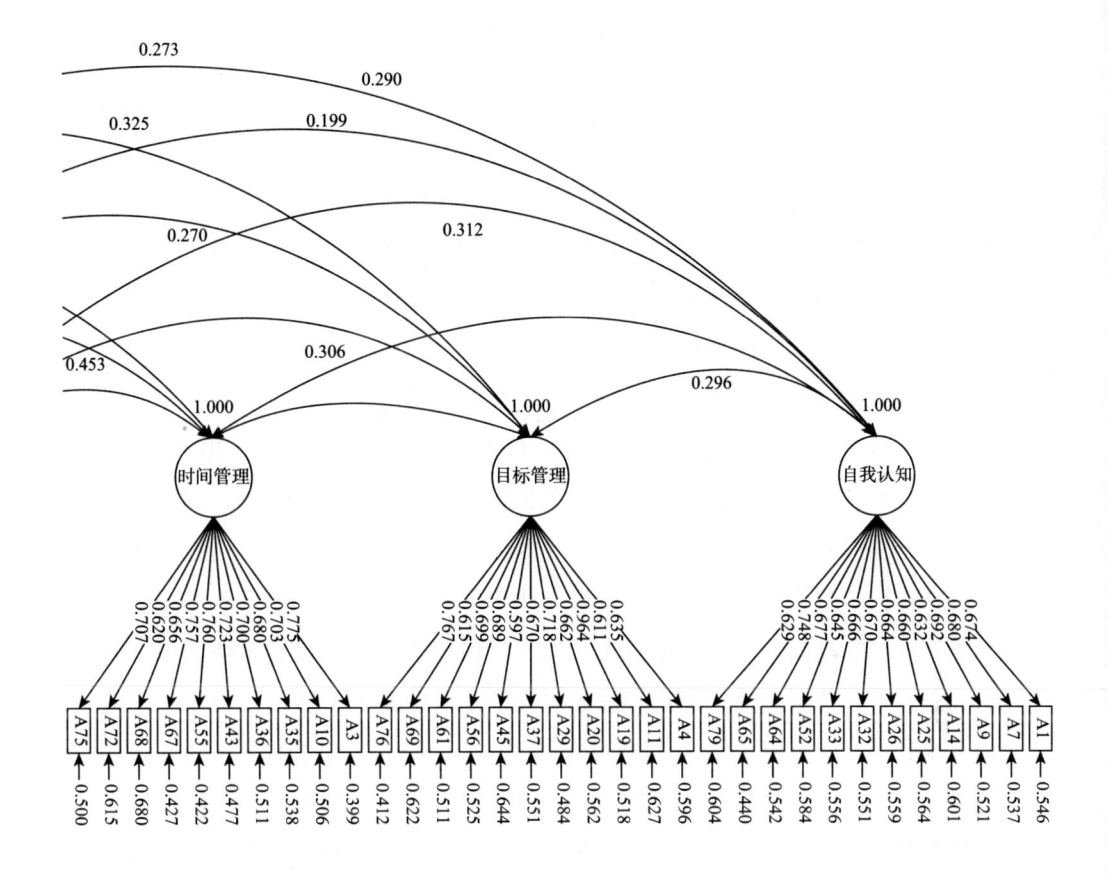

第三章 城区流动儿童心理测量工具的编制

## 四 讨论与结论

### （一）讨论
**1. 少年儿童自我管理量表内容和结构**

明确自我管理的概念是构建少年儿童自我管理量表的基础。通过回顾有关自我管理的研究成果发现，自我管理是在正确认识自我的情况下，运用一系列认知和行动策略，控制、调节自己的行为和认识，以适应环境，实现自我发展的能力（孙晓敏、薛刚，2008）。从已有的测验工具总结出，自我管理包含目标、行为、情绪情感和自我评估等共同属性（Tangney et al.，2004；Mezo，2009），结合对资深教师及未成年学生的访谈和相关心理学专家意见，本研究确定少年儿童自我管理量表包含自我认知、自我接纳、目标管理、时间管理、情绪调控和行为调控六个维度。可以看到，少年儿童由于处在独特的认知和心理发展阶段，其自我管理能力的内涵虽然与成年人类似，但也有独特的方面（张国礼等，2009；Unsworth & Mason，2016）。

自我认知和自我接纳是少年儿童自我管理能力的重要基础，涵盖了未成年个体对自己生理、心理及社会等方面的主观知觉和自我在这些方面的接纳程度，用于衡量未成年个体对自我概念的认知和态度的发展水平。埃里克森的心理社会发展理论认为，到成年前即青春期阶段，个体的主要任务是获得自我同一性，确定自我意识和形成自我角色。因此，对于一个健康成长的少年儿童，在走向成年的过程中，其对自我的认识应该逐渐明确、稳固，如自己是一个怎样的人，与他人比起来，具有哪些普遍的属性和有哪些独特的方面。而自我接纳的青少年表现为能够采取积极的态度接受自身的一切特征，包括认同自身的积极条件和价值、正视自己的缺点和不足（陈红艳，2009），表现为不骄不躁、不卑不亢。研究表明，学业、非学业自我概念即自我认知水平与中学生的学业倦怠问题关系显著，具有高学业、非学业自我概念的中学生在学习上都表现出明显较低的情绪耗竭、去个性化和低成就感问题（罗云等，2016）。中学生的自我接纳不仅影响个体心理健康水平，还与其在同伴交往中的人际关系有关（李晓东等，2002；陈英敏等，2017）。因此，自我认知和自我接纳能够作为少年儿童自我管理能力的因素，影响自我发展和身心健康水平。

目标管理和时间管理是少年儿童实现自我管理的基本途径。目标管理为个体确定了所要达到的标准和达到目的的过程，时间管理通过考察少年儿童的时间使用方式衡量相关行为是否被有效执行以实现目标。对于少年儿童来说，只有先确定了目标，个体才能更好地去实施相应的日常或学习活动，而目标管理的过程是在确定总体目标后，通过将目标进行分解、细化，执行一系列认知和行为活动逐一实现阶段性的任务，最终达成总体目标的过程。洛克的目标设置理论认为，确定目标能够提高主体的动机水平，设置难度适中、明确的目标会激励个体的行动执行（Locke & Latham，1990）。需要注意的是，对处于中小学阶段的少年儿童来说，虽然他们不是自主选择进入学校学习这个目标，但学生在学校环境下能够自行确定自身的学习目标，因此学生之间会表现出自我目标管理上的差异。青少年对日常时间的有效管理则有助于减少时间浪费、提高行为效率。相关研究表明，中学生的时间管理自我监控与学业成绩正相关（张锋等，2016），且小学阶段的学生就表现出时间管理倾向特征与学业拖延行为显著负相关（郑治国等，2018）。

情绪调控和行为调控是维持少年儿童自我管理的有效保障。青春期是青少年性格发展变化剧烈的时期，这个时期的孩子容易感受到生理、心理、人际关系和学习等多种压力来源（张芳华等，2021），情绪波动大的特点容易引起青少年各式各样的情绪困扰和其他问题。因此，情绪调控的问题也是少年儿童自我管理、调节的重要因素。行为调控则关注的是青少年对行为的调节和控制。青少年的思维逐渐从具体形象思维过渡到抽象逻辑思维，尤其对于青春期学生，其思维具有发散性、活跃性和追求新鲜事物等特点。一方面，中学阶段的学生思维开阔有助于从各学科和生活各方面习得知识、探索未知领域；另一方面，过度追求认知和思维上的新鲜感、刺激感也可能导致学生沉迷于学业之外的内容，表现出网络成瘾、游戏成瘾等问题，需要学生进行自主调控（罗金晶等，2017）。随着青少年逐步向成年水平迈进，家庭和学校对青少年个体的行为控制逐步减少，需要青少年自主对自己的行为负责，学会自行规范个人的日常学习活动，将自己的精力集中在重要任务上。

综上，自我认知和自我接纳分别测验了少年儿童自我概念的认知水平和情感评价成分，是少年儿童自我管理的基础；目标管理保证了少年儿童所要实现目标及其过程的合理性；时间管理则关系到目标或阶段性任务能否及时、有效地完成；情绪调控和行为调控则评价少年儿童在情绪和行为出现偏差时的自我修正能力，它们共同决定了少年儿童的自我管理水平。

**2. 少年儿童自我管理量表心理测量学特征**

本研究通过回顾国内外自我管理相关理论文献及其测量工具，结合对资深教师及学生的访谈、相关心理学专家的意见，编制了适用于少年儿童心理发展特点的自我管理量表，包含自我认知、自我接纳、目标管理、时间管理、情绪调控和行为调控六个维度。通过项目分析及探索性因子分析，删除了部分语义难以理解、鉴别度差、贡献度低和维度归属不佳的题目，最终筛选出涵盖少年儿童生活、学习、情绪、行为等与自我管理相关的各个方面，共58道题目。各题项在所属的维度上均有较高的项目共同度，所有题目累计方差贡献率为55.584%，可认为本研究提取的共同因子合理，各因子具有较好的聚合性。信度分析结果显示，量表内部一致性信度为0.939，分半信度为0.823，各分量表也有较高的信度。效度分析的结果显示，少年儿童自我管理六因素模型的拟合指标良好，表明模型具有较好的结构效度，同时，以《青少年独立能力量表》（韦炜，2008）为效标，结果表明本量表具有良好的外部效度。

综上所述，本研究编制的少年儿童自我管理量表分为六个维度，量表的信效度水平均较好地达到了心理测量学标准，能够作为了解少年儿童自我管理能力的可靠测量工具。

**（二）结论**

少年儿童自我管理量表包含自我认知、自我接纳、目标管理、时间管理、情绪调控和行为调控六个维度，共58个项目。经检验，量表具有较好的信度及效度，各项指标符合心理测量学要求，可以全面、准确地衡量少年儿童的自我管理能力。

# 第四章　城区流动儿童社会适应及相关因素研究

社会适应是指在个体或群体与社会环境的交互过程中，不断地学习或改变自身的认知系统与行为模式，以达到与环境平衡的一种心理状态，它是衡量个体或群体心理健康的重要指标之一。心理学家利兰认为，社会适应的一个重要层面是心理适应，它包含个体对新的生活环境中的社会文化、价值观念、生活方式等方面的适应与认同。良好的社会适应是儿童青少年心理健康和健全人格形成的重要基础，更是青少年社会化的重要标志之一。

随着我国新型城镇化进程的不断加快，大量农业富余劳动力涌入城市，城镇化水平显著提升，城乡人口结构和数量也发生变化，大批农村儿童随同他们的父母来到城市生活学习，改变了原有的学习环境和生活方式。由此出现了一个备受学界关注的特殊群体，即"城区流动儿童"。大量的城区流动儿童跟随父母进入城市生活，他们所面临的社会适应问题越来越凸显，具体表现为：一是城区流动儿童是随父母举家从农村或乡镇迁移流入本地城市，属于在本区域内流动，他们所处的自然条件和文化环境前后变化不大，但他们与城区常住儿童在风俗习惯、生活观念、行为方式上存在一定的差异；二是城区流动儿童的身份地位、家庭经济状况和教育资源等方面前后发生较大改变；三是转学会造成学习衔接的困难和人际适应的障碍，让城区流动儿童产生心理弱势的感觉；四是城区流动儿童面临自身认知与观念系统的调整和协调的过程，并主动构建起与城市生活学习相适应的有效心理行为模式。从上述四个特征看，城区流动儿童依然还要面对举家流动所带来的身份转换、学习资源的整合和新的同伴（人际）关系的建立等方面的压力和挑战，需要他们具有主动性和开放性的心态，积极调整自己的行为模式以适应新环境的心理社会能力，否则就容易产生城市（社会）适应方面的问题，从而影响城区流动儿童的健康成长。因此，了解和掌握城区流动儿童的社会适应现状和基本特点，揭示他们社会适应的相关影响因素，探索促进城区流动儿童社会适应的方法和路径，对于促进他们更好地融入城市生活，维护和增进心理健康具有十分重要的意义。

## 第一节 城区流动儿童社会适应的基本特征

### 一 研究目的

城区流动儿童作为同一个区（县）行政区域内流动的特殊群体，他们原居住地（乡村或乡镇）的自然条件、社会文化环境、风俗习惯、生活方式与城区没有较大变化，他们是否存在因家庭变迁造成的学习生活的生态系统和内外部资源的变化问题，进而影响他们在城区学习生活的适应？他们的社会适应与城区常住儿童相比具有哪些特征？通过对这些问题和特征的探究，帮助人们了解城区流动儿童社会适应的基本特点，从理论上提出促进城区流动儿童社会适应的方法和策略，以期为教育工作者开展城区流动儿童教育提供有效的依据。

### 二 研究方法

（一）研究工具

采用自编的城区流动儿童社会适应性量表。该量表包括学习适应、人际与自我和谐、集体融入、情绪状态、生活满意度五个维度，共25道题目，采用李克特5点量表形式，从"非常不符合"到"非常符合"，依次计为1~5分。总量表及学习适应、人际与自我和谐、集体融入、情绪状态和生活满意度的 Cronbach's α 系数分别为 0.918、0.862、0.814、0.727、0.728、0.601。五个维度的分半信度也在 0.580~0.845。

（二）数据收集

**1. 问卷发布与实施**

本研究样本均来自福建省城镇化率比较高的泉州市。采用上述问卷，将处于义务教育阶段五到八年级的学生作为调查对象，发放问卷1000份，回收问卷922份。经过筛选得到城区流动儿童的有效问卷525份，有效率为56.9%。其中男生322人，女生203人，年龄范围为10~16岁，平均年龄为12.41岁；五年级123名，六年级47名，七年级239名，八年级116名。

**2. 施测过程**

利用班级自习课统一给学生发放纸质版问卷，由班主任及主试共同施测。指导语一致统一，以团体施测的方式进行。所有问卷均采取匿名形式，不设置标准答案，不设置答题时间，并告知被试答案没有好坏对错之分。在被试遇到理解不了的问题时，由主试及班主任对其进行解释。被试填答完毕后当场收回问卷。

**3. 统计方法**

采用SPSS 19.0对收集的数据进行人口学变量上的统计分析及各个变量间的相关分析；采用Amos 22.0对研究模型做回归分析和路径分析。

## 三 城区流动儿童社会适应特征分析

### （一）城区流动儿童社会适应性的总体情况

从学习适应、人际与自我和谐、集体融入、情绪状态、生活满意度这五个维度的原始得分、中位数、前27%百分位数的人数所占比例、后27%百分位数的人数所占比例看，城区流动儿童社会适应性五个维度中的人际与自我和谐、生活满意度两个维度得分均高于各自中位数，学习适应、集体融入、情绪状态三个维度则低于各自中位数（见表4-1）。因此，我们可以看出城区流动儿童的社会适应表现出部分的适应良好和部分的适应不良。从百分位数分布看，平均有30.95%的城区流动儿童社会适应性得分处于前27%百分位数以内，平均有24.03%的城区流动儿童社会适应性得分处于后27%百分位数以内。这说明，大部分城区流动儿童的社会适应处于中等及以上水平；但也有约1/3的城区流动儿童的社会适应处于较低水平。

研究发现，城区流动儿童社会适应性五个维度中位数得分均高于各自理论中值，从整体上讲，大部分的城区流动儿童社会适应状况良好。刘杨等（2008）对城区流动儿童进行了个案访谈，发现大部分达到适应良好的状态；郭良春等（2005）的个案调查研究进一步发现，城区流动儿童能够快速适应新环境，并展现出吃苦的品质、孝敬父母的责任感和对人生积极的态度。但需注意的是，研究发现约 1/3 的城区流动儿童社会适应水平较低，尤其表现在学习适应、集体融入、情绪状态三个方面，因此未来在城区流动儿童的社会适应教育或者心理干预活动中，需着重提升城区流动儿童的学习适应能力，集体融入技巧，以及情绪状态的感受与调节这三个方面。

表 4-1 城区流动儿童社会适应性各维度得分（$n=525$）（$M \pm SD$）

|  | 学习适应 | 人际与自我和谐 | 情绪状态 | 集体融入 | 生活满意度 |
| --- | --- | --- | --- | --- | --- |
| 原始得分 | 3.43±0.75 | 3.68±0.74 | 3.48±0.88 | 3.71±0.79 | 3.73±0.82 |
| 中位数 | 3.44 | 3.67 | 3.50 | 3.75 | 3.67 |
| 前27%百分位数的人数所占比例（%） | 29.52 | 31.05 | 33.90 | 29.90 | 32.19 |
| 后27%百分位数的人数所占比例（%） | 23.81 | 21.71 | 24.38 | 24.00 | 24.57 |

**（二）城区流动儿童社会适应性的人口学特征分析**

**1. 不同性别城区流动儿童社会适应性的差异比较**

对不同性别的城区流动儿童社会适应性进行分析后发现，城区流动儿童社会适应性在各个维度上均不存在性别差异。但是在学习适应、集体融入、生活满意度几个方面，女生的平均得分略高于男生；在人际与自我和谐、情绪状态这两个方面男生的平均得分略高于女生；在社会适应性上，男生和女生平均得分相同（见表 4-2）。说明男生和女生在社会适应方面总体不存在显著差异，但女生在社会适应总分以及学习适应、集体融入、生活满意度维度上的适应水平都略高于男生。该研究结果与张洪菊（2010）、马雪玉等（2021）的研究一致，但与谭千保（2010）、胡韬（2007）的研究结果相反。究其原因，可能有两个方面：第一，在中国传统文化中，对女性的培养更强调温柔、善解人意、乖巧听话等内容，这些特质有利于社会适应水平的提升；第二，这是男生和女生之间的天然人格差异造成的，有研究表明，中学生人格特质当中，女生的宜人性显著高于男生（钮丽丽等，2001），而这一人格特质有利于个体的社会适应。

表4-2 城区流动儿童社会适应性的性别差异比较（$M \pm SD$）

| 变量 | 男（$n=321$） | 女（$n=202$） | $t$ |
| --- | --- | --- | --- |
| 社会适应性 | 21.40±3.66 | 21.40±3.43 | -0.02 |
| 学习适应 | 3.41±0.76 | 3.467±0.73 | -0.76 |
| 人际与自我和谐 | 3.70±0.74 | 3.66±0.73 | 0.62 |
| 情绪状态 | 3.53±0.89 | 3.40±0.86 | 1.54 |
| 集体融入 | 3.68±0.80 | 3.76±0.78 | -1.04 |
| 生活满意度 | 3.73±0.84 | 3.75±0.78 | -0.20 |

注：*** $p<0.001$；** $p<0.01$；* $p<0.05$。下同。

**2. 不同年级城区流动儿童社会适应性的差异比较**

采用单因素方差分析以及事后检验分析考察城区流动儿童社会适应性的年级差异，结果显示（见表4-3），不同年级的城区流动儿童在社会适应性以及学习适应、集体融入、生活满意度三个维度上存在显著差异（$p<0.01$）。六年级城区流动儿童的社会适应性显著高于五年级、七年级和八年级（$p<0.001$）。其中，在学习适应维度上，六年级城区流动儿童的社会适应水平显著高于五年级、七年级和八年级（$p<0.001$）；在集体融入维度上，六年级城区流动儿童的社会适应水平显著高于五年级、七年级（$p<0.01$）；在生活满意度维度上，五年级和六年级城区流动儿童的社会适应水平显著高于七年级和八年级（$p<0.001$）。究其原因，可能与七、八年级学生正处于青春期的身心发展变化过程中以及在学习环境、学习内容、人际关系等方面发生改变有关。提示城区流动儿童从小学阶段升入初中阶段后，校园环境、人际关系的更新和青春期的身心发展变化成为城区流动儿童社会适应状态的重要影响因素。同时，研究也发现，六年级儿童的社会适应水平均显著高于五年级的社会适应水平，与胡韬等（2012）的研究一致。说明在五年级到六年级这一阶段，城区流动儿童的总体社会适应水平以及学习适应水平、集体融入度都有较大幅度的提高，这可能与他们所处的学习生活环境和人际环境相对比较稳定以及不断成熟的心智模式有关。

表4-3 城区流动儿童社会适应性的年级差异比较（$M \pm SD$）

| 变量 | 五年级（A）($n=123$) | 六年级（B）($n=47$) | 七年级（C）($n=239$) | 八年级（D）($n=116$) | F | 事后检验 |
| --- | --- | --- | --- | --- | --- | --- |
| 社会适应性 | 21.58±3.89 | 23.26±3.72 | 20.88±3.35 | 21.47±3.39 | 6.23*** | B>A, B>D, B>C |
| 学习适应 | 3.41±0.77 | 3.91±0.75 | 3.33±0.74 | 3.48±0.67 | 8.59*** | B>A, B>D, B>C |
| 人际与自我和谐 | 3.63±0.83 | 3.91±0.73 | 3.643±0.72 | 3.71±0.64 | 1.97 | |
| 情绪状态 | 3.48±0.96 | 3.60±0.99 | 3.43±0.84 | 3.51±0.82 | 0.57 | |
| 集体融入 | 3.66±0.90 | 4.07±0.69 | 3.64±0.77 | 3.76±0.71 | 4.44** | B>A, B>C |
| 生活满意度 | 3.91±0.84 | 4.03±0.86 | 3.61±0.77 | 3.69±0.83 | 6.19*** | A>D, A>C, B>D, B>C |

**3. 不同进城时间的城区流动儿童社会适应性的差异比较**

结果显示（见表4-4），城区流动儿童社会适应性仅仅在生活满意度维度上存在显著的差异，在其余的维度上没有显著差异。进城时间在4年及以上的城区流动儿童，其生活满意度显著高于进城时间在4年以下的城区流动儿童（$p<0.05$）。说明城区流动儿童进城居住时间越长，其生活的稳定性和安全感越强，个体的社会适应状况尤其在生活满意度方面也越良好。这与刘杨等（2008）的研究结果一致，即适应不良的城区流动儿童其进城时间一般比较短。

表4-4 城区流动儿童社会适应性的进城时间差异比较（$M \pm SD$）

| 变量 | 进城时间≥4年 ($n=448$) | 进城时间<4年 ($n=66$) | t |
| --- | --- | --- | --- |
| 社会适应性 | 21.49±3.67 | 20.81±3.04 | 1.66 |
| 学习适应 | 3.45±0.76 | 3.34±0.66 | 1.12 |
| 人际与自我和谐 | 3.69±0.75 | 3.62±0.68 | 0.73 |
| 情绪状态 | 3.48±0.91 | 3.40±0.69 | 0.96 |
| 集体融入 | 3.73±0.81 | 3.63±0.67 | 0.94 |
| 生活满意度 | 3.76±0.84 | 3.57±0.69 | 2.05* |

**4. 不同搬家次数的城区流动儿童社会适应性的差异比较**

结果显示（见表4-5），搬家次数在3次及以上的城区流动儿童在生活满意度维度上得分显著低于搬家次数在 3 次以下的城区流动儿童（$p<0.05$），在其余的维度上没有显著差异。

研究结果表明，搬家次数可以体现城区流动儿童的流动频率对社会适应的影响。城区流动儿童的流动性越高，搬家次数或者转学次数越多，生活满意度越低，社会适应水平就越低。本研究结论与以往研究一致。蔺秀云等（2009a）的研究发现，流动性高的儿童，意味着他们要经历更多的不稳定的生活环境和学校环境，容易产生社交焦虑、抑郁等心理健康问题。因此今后的城区流动儿童社会适应教育或者心理干预活动可针对其不稳定的生活状态采取相应的干预措施。

表 4-5 城区流动儿童社会适应性的搬家次数差异比较（$M\pm SD$）

| 变量 | 搬家次数≥3 次 ($n=97$) | 搬家次数<3 次 ($n=424$) | t |
| --- | --- | --- | --- |
| 社会适应性 | 20.75±3.82 | 21.52±3.52 | -1.91 |
| 学习适应 | 3.35±0.86 | 3.45±0.72 | -1.12 |
| 人际与自我和谐 | 3.55±0.77 | 3.71±0.73 | -1.89 |
| 情绪状态 | 3.36±0.92 | 3.50±0.87 | -1.45 |
| 集体融入 | 3.68±0.84 | 3.71±0.78 | -0.39 |
| 生活满意度 | 3.57±0.88 | 3.77±0.80 | -2.16* |

## 四 小结

绝大部分城区流动儿童的社会适应处于中等及以上水平，说明绝大多数城区流动儿童在学习适应、人际与自我和谐、情绪状态、集体融入、生活满意度等方面处于良好状态。这一结果可能与他们处于同一个文化区域有关，没有像一般流动儿童那样要面临区域文化差异所带来的冲击和挑战，存在明显的社会适应问题。相比之下，城区流动儿童这样一个群体的社会适应是比较良好的。但也有近 1/3 的城区流动儿童社会适应比较差，表现在学习适应、集体融入、情绪状态三个方面。这主要是因为"流动"使得他们的学习环境、学习方式和同伴关系等发生转变，在这个转变过程中，城区流动儿童会产生来自学习和人际协调等方面的不适应问题，并引发情绪上的困扰。但与一般流动儿童相比，不存在环境满意、社会认同的适应问题，这也是该群体社会适应的新特点。由此提示教育工作者应着重提升城区流动儿童的学习适应能力、集体融入技巧和情绪状态的感受与调节这三个方面。

城区流动儿童社会适应性及其各维度无显著的性别差异，但在年级、进城时间、搬家次数上差异均显著，具体表现为：六年级城区流动儿童的社会适应性及学习适应、集体融入、生活满意度明显好于七、八年级；进城时间越长，其生活满意度越高；搬家次数越多，生活满意度越低，社会适应水平越差。究其原因，依据生态心理学理论，城区流动儿童的内外生态系统发生了较大的变化，尤其是个人、家庭和同伴群体的微系统由一种形态向另一种形态转变，在这个转变的过程中，城区流动儿童必然会产生一些过渡时期的问题和需要，具体表现为对学习适应、集体融入、生活满意度及身份认同等方面的不适应。另外，还与他们的早期社会经验、心理成熟度和应对方式有关，这些因素在一定程度上影响或抑制了他们更好的社会适应。

## 第二节　城区流动儿童社会适应的相关因素

### 一　研究目的

城区流动儿童是在同一个区（县）行政区域内流动的，城区生活学习的自然环境和社会环境，与乡村或乡镇十分相近，尤其体现在气候特点、语言文化、风俗习惯等方面。因此，对城区流动儿童来说，他们的心理健康和社会适应更多的是受到自身内部心理因素的影响。内部心理因素主要包括个体的早期社会经验、人格特质、心理资本、自我效能感、应对方式等，其中，人格特质与心理资本对促进城区流动儿童社会适应起到关键性作用。为有效促进城区流动儿童良好的社会适应，迫切需要挖掘和培养其内在心理系统中的积极心理品质，增强这些心理品质对外部生态系统的调节与整合力量。本研究从积极心理学的视角出发，试图通过实证方法揭示城区流动儿童的社会适应与人格特质和心理资本之间的关系，探明人格特质和心理资本对城区流动儿童社会适应的影响和作用机制，以期为促进城区流动儿童社会适应提供一些课程设计、实践操作的建议。

## 二 研究方法

### （一）研究工具

（1）采用自编的城区流动儿童社会适应性量表。该量表包括学习适应、人际与自我和谐、集体融入、情绪状态、生活满意度五个维度，共25道题目，采用李克特5点量表形式，从"非常不符合"到"非常符合"，依次计为1~5分。总量表及学习适应、人际与自我和谐、集体融入、情绪状态和生活满意度的Cronbach's α系数分别为0.918、0.862、0.814、0.727、0.728、0.601。五个维度的分半信度也在0.580~0.845。

（2）采用Costa和MacCrae（1992）编制的大五人格简式量表（NEO Five-Factor Inventory，NEO-FFI）测量城区流动儿童的人格特质。大五人格简式量表是NEO-PI的简化版，由NEO-PI中在各因子上载荷最大的12个题项构成，共有60个项目，每个项目有5个等级，从"强烈反对"到"非常赞成"。在本研究中，神经质、严谨性、外倾性、宜人性和开放性五个因子的内部一致性信度分别为0.86、0.81、0.77、0.68、0.73。

（3）采用张阔等（2010）编制的积极心理资本问卷（PPQ）测量中学生的心理资本状况。问卷包括自我效能、韧性、乐观和希望四个维度，共26个项目，采用李克特7点量表计分，得分越高，代表心理资本的积极倾向越高，四个维度的Cronbach'α系数分别为0.86、0.83、0.80和0.76。本研究中问卷的Cronbach'α系数为0.90，具有良好的内部一致性。

### （二）数据收集

**1. 问卷发布与实施**

本研究样本均来自福建省城镇化率比较高的泉州市。采用上述问卷，将处于义务教育阶段五到八年级的学生作为调查对象，发放问卷1000份，回收问卷922份。经过筛选得到城区流动儿童的有效问卷525份，有效率为56.9%。其中男生322人，女生203人，年龄范围为10~16岁，平均年龄为12.41岁；五年级123名，六年级47名，七年级239名，八年级116名。

**2. 施测过程**

利用班级自习课统一给学生发放纸质版问卷，由班主任及主试共同施测。指导语一致统一，以团体施测的方式进行。所有问卷均采取匿名形式，不设置标准答案，不设置答题时间，并告知被试答案没有好坏对错之分。在被试遇到理解不了的问题时，由主试及班主任对其进行解释。被试填答完毕后当场收回问卷。

### 3. 统计方法

采用 SPSS 19.0 对收集的数据进行人口学变量上的统计分析及各个变量间的相关分析；采用 Amos 22.0 对研究模型做回归分析和路径分析。

## 三 城区流动儿童社会适应相关因素分析

### （一）城区流动儿童社会适应性与大五人格的相关分析

结果如表 4-6 所示，城区流动儿童社会适应性及五个维度与大五人格各维度均呈显著的正相关（$r = 0.134 \sim 0.597$，$p < 0.01$）。

表 4-6 城区流动儿童社会适应性与大五人格的相关（$r$）

| 变量 | 学习适应 | 人际与自我和谐 | 情绪状态 | 集体融入 | 生活满意度 | 社会适应性 |
| --- | --- | --- | --- | --- | --- | --- |
| 神经质 | 0.176** | 0.256** | 0.193** | 0.202** | 0.151** | 0.274** |
| 外倾性 | 0.174** | 0.210** | 0.134** | 0.182** | 0.187** | 0.220** |
| 开放性 | 0.365** | 0.381** | 0.330** | 0.347** | 0.252** | 0.436** |
| 宜人性 | 0.282** | 0.264** | 0.196** | 0.247** | 0.128** | 0.304** |
| 严谨性 | 0.550** | 0.552** | 0.419** | 0.469** | 0.384** | 0.597** |

注：*** $p < 0.001$；** $p < 0.01$；* $p < 0.05$。下同。

### （二）城区流动儿童社会适应性与积极心理资本的相关分析

结果显示（见表 4-7），城区流动儿童社会适应性及各维度与积极心理资本呈显著的正相关（$r = 0.245 \sim 0.569$，$p < 0.01$）。

表 4-7 城区流动儿童社会适应性与积极心理资本的相关（$r$）

| 变量 | 学习适应 | 人际与自我和谐 | 情绪状态 | 集体融入 | 生活满意度 | 社会适应性 |
| --- | --- | --- | --- | --- | --- | --- |
| 自我效能 | 0.539** | 0.555** | 0.340** | 0.485** | 0.341** | 0.543** |
| 韧性 | 0.245** | 0.312** | 0.359** | 0.248** | 0.300** | 0.339** |
| 希望 | 0.548** | 0.510** | 0.369** | 0.463** | 0.334** | 0.533** |
| 乐观 | 0.449** | 0.549** | 0.432** | 0.461** | 0.413** | 0.569** |

### (三) 城区流动儿童大五人格、积极心理资本之间的相关

结果显示（见表4-8），除了积极心理资本中的韧性与大五人格的严谨性、开放性维度没有显著相关以外，其他的均呈显著相关，其中积极心理资本中的韧性与大五人格中的神经质、外倾性、宜人性呈显著负相关，其他均为正相关。

表4-8 城区流动儿童大五人格与积极心理资本的相关（r）

| 变量 | 神经质 | 外倾性 | 开放性 | 宜人性 | 严谨性 |
| --- | --- | --- | --- | --- | --- |
| 自我效能 | 0.224** | 0.233** | 0.338** | 0.339** | 0.561** |
| 韧性 | -0.265** | -0.269** | -0.079 | -0.213** | 0.050 |
| 希望 | 0.116** | 0.107* | 0.255** | 0.178** | 0.471** |
| 乐观 | 0.253** | 0.245** | 0.412** | 0.318** | 0.517** |

### (四) 城区流动儿童社会适应性与大五人格、积极心理资本的关系的中介效应

依据温忠麟和叶宝娟（2014）的中介效应检验程序，首先对外倾性、严谨性、韧性、乐观做中心化转换。本研究分三步进行回归分析。

首先，检验路径c，以城区流动儿童社会适应性为效标变量，以外倾性、严谨性、韧性、乐观为预测变量做多元回归分析；多元回归分析结果显示（见表4-9），外倾性、严谨性、韧性、乐观均可以显著预测城区流动儿童社会适应性。

表4-9 外倾性、严谨性、韧性、乐观为预测变量做多元回归分析

| 因变量 | 自变量 | β | $R^2$ |
| --- | --- | --- | --- |
| 城区流动儿童社会适应性 | 外倾性 | -0.188*** | 0.380 |
|  | 严谨性 | 0.706*** |  |
|  | 韧性 | 0.206*** | 0.364 |
|  | 乐观 | 0.515*** |  |

其次，依次检验路径a、b、c'，这一部分的检验结果详见表4-10所示的回归权重。大五人格、积极心理资本与城区流动儿童社会适应性的关系模型如图4-1所示，模型的拟合指标如表4-11所示。

从表4-10的结果可以看到，只有外倾性对城区流动儿童社会适应性

的影响不显著,即韧性在外倾性与城区流动儿童社会适应性之间的中介效应中,c′不显著,而a、b、c显著,因此韧性在外倾性与城区流动儿童社会适应性之间起完全中介作用,中介效应占总效应的42.98%。

严谨性通过乐观也可以间接影响城区流动儿童社会适应性,起到部分中介作用,中介效应占总效应的20.72%。

乐观通过韧性可以间接影响城区流动儿童社会适应性,起到部分中介作用,中介效应占总效应的15.26%。

此外,从表4-10中可以看到,大五人格、积极心理资本这些因素对城区流动儿童社会适应性的影响中,大五人格的严谨性影响最大,其次是乐观、韧性。表4-11中的拟合指标也说明大五人格、积极心理资本与城区流动儿童社会适应性的关系模型拟合良好,符合心理统计学要求。

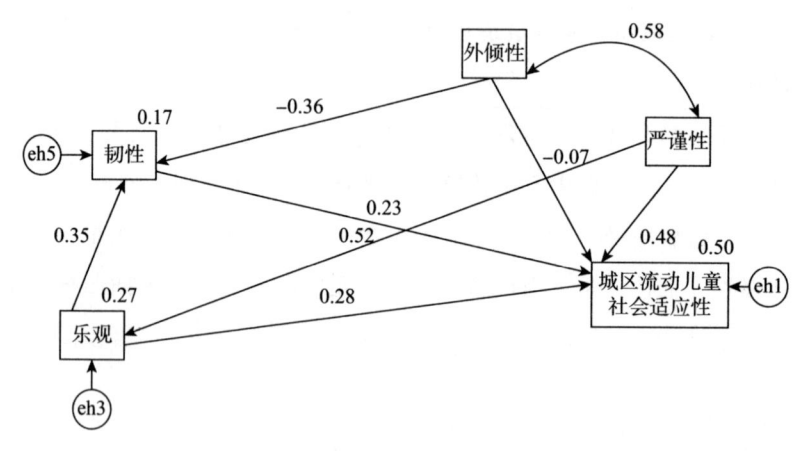

图4-1 大五人格、积极心理资本与城区流动儿童社会适应性的关系模型

表4-10 回归权重

| 路径 | 非标准估计 | 标准误 | 临界比率 | 标准估计 |
| --- | --- | --- | --- | --- |
| 乐观←严谨性 | 1.087 | 0.079 | 1.087 | 0.517*** |
| 韧性←乐观 | 0.290 | 0.035 | 0.290 | 0.347*** |
| 韧性←外倾性 | -0.681 | 0.080 | -0.681 | -0.356*** |
| 城区流动儿童社会适应性←外倾性 | -0.474 | 0.290 | -0.474 | -0.065 |
| 城区流动儿童社会适应性←韧性 | 0.864 | 0.130 | 0.864 | 0.227*** |
| 城区流动儿童社会适应性←乐观 | 0.899 | 0.121 | 0.899 | 0.283*** |
| 城区流动儿童社会适应性←严谨性 | 3.231 | 0.283 | 3.231 | 0.484*** |

表 4-11　城区流动儿童社会适应性因子结构验证性因子分析结果

| 样本 | $\chi^2/df$ | CFI | GFI | RMSEA | NNFI |
| --- | --- | --- | --- | --- | --- |
| 525 | 5.134 | 0.990 | 0.992 | 0.089 | 0.998 |

本研究发现，大五人格、积极心理资本对城区流动儿童社会适应性发展均有显著的直接影响。在人格五大因子中，严谨性因子影响最大，这是因为高严谨性的人格特质表现为不冲动，审慎行事，对自己的能力有信心，做事比较有条理性，喜欢按照规则计划行事，具有较强的责任感，成就动机很强，并具有较强的自律性，因此具有高严谨性的城区流动儿童社会适应性较强。而且人格作为个体心理特征的统一体，具有跨时空的稳定性，持续地影响着个体的内在心理状态以及外在行为表现模式，这可能是在诸多因素当中人格因素对城区流动儿童社会适应性影响最大的原因。但是，值得注意的是，由于人格具有跨时空的稳定性，因此在对城区流动儿童社会适应性进行干预时，不适合从人格角度进行干预。

其次是积极心理资本的乐观和韧性因子。乐观、韧性作为积极心理资本的两个重要因子，是个体在面临困境时最重要的心理资源，而拥有这样的心理资源，可以帮助城区流动儿童从适应不良的困境中走出来，有助于他们社会适应的发展。此外，乐观和韧性属于个体的积极心理品质，可以通过心理健康教育等方式培养，因此从城区流动儿童社会适应性的干预角度来讲，可以通过培养他们积极乐观的心理品质与韧性，来促进城区流动儿童更好地适应社会。

积极心理资本在大五人格对城区流动儿童社会适应性的影响中起中介作用。具体来说，大五人格中的外倾性可以通过积极心理资本中韧性这一维度间接影响城区流动儿童社会适应性，起完全中介效应，中介效应占42.98%；大五人格中的严谨性通过心理资本中乐观这一维度间接影响城区流动儿童社会适应性，起到部分中介作用，中介效应占20.72%。韧性和乐观是个体心理的重要组成部分，是个体在面临困境时最重要的心理资源，具有高韧性和乐观的人，心理弹性较好，可以使自己快速从困境中走出来，更加积极地面对自己的处境。因此城区流动儿童的人格特质一方面直接影响其社会适应性的情况，另一方面通过积极心理资本间接影响社会适应性。

此外，本研究还发现，在积极心理资本的几个维度当中，乐观通过韧性可以间接影响城区流动儿童社会适应性，起到部分中介作用，中介效应占 15.26%。也就是说，乐观可以直接影响城区流动儿童社会适应性，也可以通过韧性间接影响城区流动儿童社会适应性。表明积极心理资本之间不仅可以相互促进、相互影响，还能够通过中介作用，对城区流动儿童社会适应性发挥作用。启示未来在推动城区流动儿童社会适应性发展时，可以侧重于培养儿童乐观向上的心理品质，加强儿童的心理韧性，促进儿童积极心理资本的发展，推动他们更好地适应社会。

### 四 小结

城区流动儿童社会适应性与大五人格、积极心理资本呈显著正相关。

积极心理资本在大五人格与城区流动儿童社会适应性之间起完全中介作用；韧性在乐观与城区流动儿童社会适应性之间起部分中介作用。

在推动城区流动儿童社会适应的教育工作中，应考虑帮助城区流动儿童建立积极心理资本，促进其更好地适应城市生活。

## 第三节　城区流动儿童社会适应的提升对策

### 一　营造包容性校园文化，完善儿童的补偿教育

本研究表明，城区流动儿童的社会适应水平受进城时间、搬家次数等因素的影响。说明城区流动儿童的社会适应受到生活环境稳定与否的影响。由此提示，保障城区流动儿童的生活稳定，对于促进其社会适应是至关重要的。作为流入地的地方政府应给予城区流动家庭一定的政策支持和社会保障，帮助流动家庭在城市中立足，促进进城务工人员就业稳定，完善社会保障制度，增强城区流动儿童对城市生活的融入感和归属感。

学校作为城区流动儿童接受教育的主要场所，应完善教育配套措施，给予城区流动儿童和城市常住儿童相同的教育资源，避免城区流动儿童在

教育上受到不公对待。应积极推动包容性校园文化建设，营造一种平等、尊重、宽容和接纳的校园氛围，让广大的城区流动儿童感受到学校老师和同学的友好与善待，增强学习的自信心，促进师生、生生之间的人际关系和谐，促使城区流动儿童更快更好地适应学校生活。同时，鉴于城区流动儿童的学习能力和学习方式的差异性，学校可以在充分了解城区流动儿童的学习生活习惯的基础上，开展相关学习心理辅导活动，开设补偿性和救助性的学习课程，帮助城区流动儿童顺利融入学校生活，形成良好的学习品质，提升学业能力。

## 二 秉承积极教育理念，培育儿童积极心理品质

研究表明，父母情感温暖能够给孩子带来安全感和情感慰藉，对促进他们良好社会适应具有重要意义。作为家长应倡导温暖型家庭教养理念，给予儿童更多的家庭支持，增强家庭亲密感，进而提升城区流动儿童的自尊水平。首先，要建立一种积极教育的理念，摒弃过去仅关注并刻意去矫正孩子身上的缺点和错误的观念和做法，采取优势视角育人，关注孩子在家庭中的积极表现，发掘并肯定孩子的优势面，全面客观地评价孩子，学会欣赏和悦纳，以积极的态度评价孩子，激发孩子的潜能。其次，要为孩子营造和谐、温暖、健康的学习生活环境，构建和谐亲子关系，鼓励孩子开放自我内心、勇于挑战，从而促进孩子积极人格特质的发展和主观幸福感的获得。最后，家长要在积极人格表现方面做孩子的表率，如夫妻和睦、邻里友好、与人为善，遇事担当负责，遇到困难挫折，保持良好的心态和百折不挠的奋斗精神。此外，家长应换位思考，尤其在孩子失落时，更应站在孩子的立场上感受和理解他们，与孩子共情，产生同理心，并及时给予理解、宽容、鼓励和引导，引导孩子正确归因，以乐观思维方式去解释问题，即形成"乐观的解释风格"，从而促进乐观性格的养成。

学校是儿童健康成长的重要场所，学校的文化氛围、师生关系、教育理念和教师教学风格等都是影响学生社会适应和人格发展的重要因素。第一，教师要为学生树立好榜样，以自身的人格魅力去感染和影响学生心理品质，学会尊重、关爱、欣赏、信任、鼓励学生，走进学生的心理世界，了解和挖掘学生的积极品质，通过教学活动让学生充分展示并强化自身的

优点和长处。第二，创设积极环境，氛围浸染人格。积极的人格特质是在人与人之间的相互交往中发展起来的，所以学校应积极创设轻松愉悦的班级氛围，优化课堂教学，组建兴趣小组，开展课外文体艺术活动和志愿者服务等，通过教育教学交往活动，形成师生、生生之间互相尊重、彼此信赖、相互合作与激励的关系，学生能从教师给予的尊重与理解、接纳与肯定中体验和积累积极情绪，培养自尊、乐观和自信的品质。第三，采用鼓励性的语言对学生进行评价，积极肯定学生的优点和取得的进步，激发他们学习的积极性和创造性，增强学生自信心和成就感。第四，开展积极心理辅导活动，把重点放在培养学生内在积极心理品质和开发学生心理潜能上，如通过心理情景剧、心理活动课和心理拓展训练等团体活动，不仅可以帮助他们释放自我、发现快乐、寻找自信，还可以培养学生的互助、友爱、沟通、协作等能力，这些积极人格品质正是当今社会人才的需求，也是健康人格的本质属性。第五，建立家校共育体系，助力积极人格发展。儿童积极心理品质的发展是一个长期的过程，学校和家长一起为促进学生积极人格发展不懈努力，形成"家校共育"长效机制。教师要与学生家长进行经常性的沟通，一方面可让学生家长认识到家庭温暖对于儿童健康成长的重要性，另一方面让学生感受到来自家庭的温暖。与此同时，教师还可以给学生家长传授正确的教育方法，纠正错误的教育观念，协助家庭制订学生健全人格发展的教育方案。也可以利用家长会，让"优秀"家长分享经验，帮助家长创设良好的家庭教育氛围。

## 三 创设良好的舆论环境，展现城区流动儿童精神面貌

教育行政部门可以构建"国家资助－学校奖助－社会捐助"的长效资助育人体系，鼓励城区流动儿童刻苦学习、立志成才，培养他们奋斗、感恩、自强等多种积极人格，使其树立自强自立、未来可期的积极成才意识。

电视、网络等媒体应充分发挥其作为公众传播媒介的作用，多方挖掘并宣传城区流动儿童健康成长的典型案例和优秀事迹，引导公众以积极的心态看待流动儿童。如学业成绩突出或是积极助人品质，或是有一技之长等，用榜样的力量来激励更多的儿童积极健康成长。一方面，可以激发城

区流动儿童发展自信心、进取心和希望等积极心理品质；另一方面，有利于消除社会对城区流动儿童及其家庭的偏见，从而使大众更加客观平等地看待城区流动儿童，减少"污名化"给城区流动儿童造成的心灵伤害。

社区可以定期组织开展一些能够展现城区流动儿童优势的项目活动，让他们在为集体和他人服务的过程中体会成功的快乐，获得他人的尊重。如与劳动教育相结合，邀请城区流动儿童担任小导师，传授自立生活等相关技能，促进城区常住儿童与城区流动儿童的深入了解，既引导他们和谐共处、优势互补，又进一步培育他们互帮互助、积极看待他人、全面认识自我的优良品质与能力。

### 四　多方协同，共同促进城区流动儿童的成长

推动城区流动儿童社会适应的发展绝不是单一系统可以完成的，需要家庭、学校、社会、政府的共同努力。各系统之间应加强沟通，形成合力，给予城区流动儿童更多的支持。许多进城务工人员文化水平不高，在子女教育上可能有一些不妥之处，这就需要学校对其进行家庭教育辅导，帮助父母转变教育理念，提升家庭教育水平，培养儿童乐观、向上的心理品质；社会与学校需一同推动对流动人员的科普教育，减少流动人员与非流动人员的差异与隔阂，给予流动人员更多心理上的关怀与支持，帮助他们更好地融入城市生活，进而促进儿童良好的社会适应；流入地政府也应做好流动人员的安置工作，给予他们一定政策上的倾斜与帮助，帮助他们获得安定的生活条件，为城区流动儿童的城市生活提供强有力的后盾与保障。

# 第五章 城区流动儿童积极心理品质研究

生态心理学和积极心理学在中国的传播和普及,开阔了各界学者的理论视野,突破了以往研究过于关注外部影响因素的研究局限,侧重从个体内部心理结构体系来探析积极心理品质,比如心理社会能力、自控管理能力、自我效能感、心理弹性等,这些研究成果对深入了解和促进儿童社会适应具有重要的启示作用。

城区流动儿童是在同一个区(县)行政区域内流动的特殊群体,其城区生活学习环境,与乡村或乡镇基本相近,尤其是气候特点、语言文化、风俗习惯等。他们的心理健康和社会适应更多的是受到他们自身内部的积极心理品质的影响,其中心理社会能力和自我管理能力起到关键性作用。这些重要的积极心理品质对于促进城区流动儿童增强内省能力和外部生态系统整合能力具有十分重要的意义,为个体的自我发展及适应社会生活提供基本保障。从这个意义上说,提升城区流动儿童的积极心理品质是促进儿童社会适应与教育融入的有效途径。为此,本研究依据积极心理学理论,就城区流动儿童的心理社会能力和自我管理能力这两种积极心理品质的基本特征进行实证研究,揭示其特点及相关因素,以期为丰富流动儿童积极心理品质的相关研究,为促进解决流动儿童社会适应问题提供切实可行的理论指导。

## 第一节 城区流动儿童心理社会能力的特点

### 一 研究目的

1993年,世界卫生组织(WHO)将心理社会能力定义为一个人在与他人、社会和环境的相互关系中表现出适当的、正确的行为的能力,是一个人保持良好的心理状态,并且有效地处理日常生活中的各种需要和挑战的能力。国内学者倾向于将心理社会能力看成个体在不同的社会环境中与他人进行有效交往,以及良好适应社会发展变化的心理素质和能力(林崇德等,1999),包括自我认知、自我控制、沟通协调、社会应对以及寻求社会支持等方面的能力。心理社会能力与积极行为相关(Madjar et al.,2012),可以通过人际交互作用激发儿童的社会性行为,有效应对来自家庭、同辈群体及其他社会群体的各种冲突与挑战。心理社会能力作为儿童的一种重要的积极心理品质,能够有效协调个体自我认知以及个体与他人、社会环境的关系并做出积极的适应性行为,一直受到学界高度重视。为此,本研究通过实证分析方法对城区流动儿童心理社会能力的基本状况进行研究,旨在揭示其发展的基本特点及相关影响因素,为推进城区流动儿童心理社会能力的教育实践提供有效依据。

## 二 研究方法

**(一)研究工具**

(1)采用自编《少年儿童心理社会能力量表》,该量表共有31个题项,包括五个维度:沟通协调、自我调控、科学想象、社会应对和自我防御。采用1~5级评分,1为"非常不符合",2为"基本不符合",3为"不确定",4为"基本符合",5为"非常符合"。分数越高,说明心理社会能力发展越好。该量表Cronbach's α系数为0.563~0.848,量表总体的内部一致性信度为0.827。本研究中该量表的Cronbach's α系数为0.78。

(2)《童年期心理理论量表》(孙晓军、周宗奎,2011)共18个项目,包括一级、二级、三级错误信念理解任务,意图与情绪识别任务(失言),幽默反语识别任务,模糊信息识别等,难度在0.08~0.82分布。量表采用故事陈述法,每次提问前主试先提出相应记忆控制问题,检测被试注意力是否高度集中,每题1分,计18分,得分越高,表明儿童的心理理论水平越高。在本次测量中Cronbach's α系数为0.83。

(3)《心理弹性量表》(Block & Kremen,1996)共14个题目,4点计分:1表示"根本不适用",2表示"少许适用",3表示"有些适用",

4 表示"非常适用"。0~10 分为较低心理弹性，11~22 分为低心理弹性，23~34 分为中等心理弹性，35~46 分为高心理弹性，47~56 分为较高心理弹性。全部得分越高，表示心理弹性越好。该量表在本研究中的 Cronbach's α 系数为 0.81。

(4)《一般自我效能感量表》(王才康等，2001)，该量表只有一个维度，采用 7 点计分。本次研究的内部一致性系数为 0.86。

## (二) 数据收集

### 1. 问卷发布与实施

采用分层抽样，共发放问卷 1000 份。其中，漳州市实验小学 296 份，漳州实验双语学校 204 份，河南省淮阳实验小学 500 份，共回收问卷 950 份，有效问卷 783 份，有效率为 82.4%。其中，男生 446 人，女生 337 人，年龄为 10.55±2.32 岁。被试中有城区流动儿童 338 人（男生 187 人，女生 151 人；小学三、四、五、六年级人数分别为 51 人、93 人、109 人、85 人；独生与非独生子女人数分别为 79 人、259 人），城区常住儿童 445 人。

### 2. 施测过程

利用班级自习课时间统一发放问卷进行施测，由班主任与心理学研究生作为主试向三年级、四年级、五年级、六年级的被试宣读一致的规范的指导语，以团体施测的方式指导被试填写关于心理弹性、自我效能感与少年儿童心理社会能力的问卷及人口学变量问卷等，以个别施测的方式指导被试进行心理理论数据的收集。除《童年期心理理论量表》采用他评，其他问卷采用匿名的形式进行自评，并告诉被试答案没有好坏对错之分，不限制答题时间，遇到被试理解不了的题目，由所对应的主试向被试解释清楚，直到被试能够准确理解题目并选出最符合自己情况的答案为止。

### 3. 统计方法

本研究采用 SPSS 19.0 统计软件对收集的数据进行人口学变量的描述性统计，采用 Amos 22.0 统计软件进行回归分析和路径分析。

## 三 城区流动儿童心理社会能力特征分析

### (一) 城区流动儿童心理社会能力总体情况

独立样本 $t$ 检验和方差分析结果显示（见表 5-1），城区流动儿童与城区常住儿童的心理社会能力存在显著差异,城区流动儿童的心理社会能力明显低于城区常住儿童,其原因可能是他们融入城市过程中遇到更多生活压力和挑战,以及尚未完全建立稳定的社会支持网络,所获得社会支持的力度相对比较有限,Zea 等(1995)的研究表明社会支持能够有效地预测心理社会能力。城区流动儿童的家庭社会经济地位、价值观、生活方式、交往经验以及角色认知和城市认同感等因素也在一定程度上影响了其心理社会能力的发展,进而给他们融入新环境带来困难。

从微观系统来说,家庭是影响个体心理社会能力的直接因素。Wong 等(2018)研究了在家长参与下,儿童学业成绩与心理社会能力的关系,结果发现以家庭为基础的父母教育参与与儿童的语言能力和社会心理健康发展有积极的关系,以学校为基础的父母参与对儿童的行为产生间接的影响。这些研究发现凸显了儿童教育中父母参与对儿童发展的重要性。城区流动儿童本质上是从农村或乡镇来到本区(县)城市的留守儿童,与父母长期分离,缺乏沟通交流,造成儿童缺乏与人交往交流的技巧与经验,且农村环境较为单一,消息较为闭塞,儿童接触各种心理社会能力相关的行为训练有限;来到城市后,流动儿童将面临前所未有的挑战与压力,无论是心理还是行为都面临一定程度的改变或调整,这个过程需要较长的时间,即使城区流动儿童来到了市区,与城区常住儿童心理发展水平也仍有较大差距,而且他们的父母从农村或者乡镇来到城市,以务农、务工等为主,其家庭收入、文化程度、教育观念等也影响着家庭教育的质量。城区流动儿童与城区常住儿童心理社会能力的差异如表 5-1 所示。

表 5-1 城区流动儿童与城区常住儿童心理社会能力的差异比较

| 变量 | 城区流动儿童($n=338$) | 城区常住儿童($n=445$) | $t$ |
| --- | --- | --- | --- |
| 沟通协调 | 36.19 ± 8.13 | 38.86 ± 8.74 | -4.36*** |
| 自我调控 | 24.88 ± 5.50 | 26.23 ± 5.38 | -3.43*** |
| 科学想象 | 17.39 ± 4.71 | 18.29 ± 4.92 | -2.55* |
| 自我防御 | 13.29 ± 4.02 | 13.62 ± 4.09 | -1.33 |
| 社会应对 | 13.17 ± 3.54 | 13.88 ± 3.68 | -2.71** |
| 心理社会能力 | 104.93 ± 17.94 | 110.88 ± 18.21 | -4.55*** |

注:* $p<0.05$;** $p<0.01$;*** $p<0.001$。下同。

## （二）城区流动儿童心理社会能力人口学特征分析

### 1. 不同性别的城区流动儿童心理社会能力差异比较

独立样本 $t$ 检验的结果显示（见表 5-2），男生心理社会能力的两个维度，即沟通协调、自我调控得分显著低于女生，其他没有显著差异。这可能与男生和女生的生理差异有关，女生发育较早，天生拥有语言优势，比较善于沟通协调，而且心思细腻，对自己与他人的情绪把控能力较强，对自己的要求也相对严格，因此女生在沟通协调、自我调控上的得分要高于男生。但是总体上看，不同性别的城区流动儿童心理社会能力没有显著差异，其原因与男女各自拥有的性别优势有关。

表 5-2 不同性别的城区流动儿童心理社会能力的差异比较

| 变量 | 男 ($n=187$) | 女 ($n=151$) | $t$ |
| --- | --- | --- | --- |
| 沟通协调 | 36.17 ± 8.08 | 36.22 ± 8.22 | 4.039* |
| 自我调控 | 24.69 ± 5.49 | 25.13 ± 5.53 | 4.125* |
| 科学想象 | 17.74 ± 4.77 | 16.98 ± 4.61 | 1.177 |
| 自我防御 | 12.99 ± 3.84 | 13.66 ± 4.21 | 0.302 |
| 社会应对 | 13.34 ± 3.40 | 12.96 ± 3.69 | 0.220 |
| 心理社会能力 | 104.93 ± 17.78 | 104.94 ± 18.19 | 1.660 |

### 2. 不同年级的城区流动儿童心理社会能力的差异比较

方差分析结果显示（见表 5-3），城区流动儿童的沟通协调以及自我调控在年级上存在显著差异，且总体上城区流动儿童心理社会能力总分随着年级的递增而递增。这说明城区流动儿童的心理社会能力随着年级与年龄的增加而不断增强，这可能与个体心理成熟度和学习生活经验有关。

表 5-3 不同年级的城区流动儿童心理社会能力的差异比较

| 变量 | 三年级 ($n=51$) | 四年级 ($n=93$) | 五年级 ($n=109$) | 六年级 ($n=85$) | $F$ |
| --- | --- | --- | --- | --- | --- |
| 沟通协调 | 35.64 ± 7.87 | 35.27 ± 6.98 | 36.26 ± 8.88 | 37.36 ± 8.24 | 3.623* |
| 自我调控 | 24.97 ± 5.68 | 24.27 ± 5.56 | 25.14 ± 5.63 | 24.86 ± 5.16 | 2.778* |
| 科学想象 | 17.28 ± 5.19 | 17.59 ± 4.01 | 17.78 ± 4.58 | 17.02 ± 4.63 | 1.525 |
| 自我防御 | 13.26 ± 3.83 | 14.08 ± 3.56 | 13.30 ± 4.33 | 12.85 ± 4.16 | 0.925 |
| 社会应对 | 12.88 ± 3.69 | 13.43 ± 3.15 | 13.44 ± 3.57 | 13.09 ± 3.53 | 0.307 |
| 心理社会能力 | 104.03 ± 18.23 | 104.65 ± 15.97 | 105.92 ± 18.64 | 105.19 ± 18.14 | 2.522 |

### 3. 独生与非独生的城区流动儿童心理社会能力的差异比较

独立样本 t 检验结果显示（见表 5-4），独生子女的沟通协调、自我调控及心理社会能力的得分显著高于非独生子女，其他维度虽然没达到显著性水平，但是可以发现独生子女的得分普遍略高于非独生子女。这与之前的相关研究结果较为一致。一项关于青少年心理社会能力的人口学因素研究发现（Bhat & Aminabhavi，2015），兄弟姐妹的数量和社会经济地位已经成为影响青少年整体心理社会能力的因素，有两个兄弟姐妹的青少年的心理社会能力较低，且较高阶层的儿童具有更好的心理社会能力。对于多子女家庭来说，他们面临的生活和教育压力较大，父母长期忙于生计，对孩子的教育分身乏术，从而导致家庭教育功能缺失和弱化。相关研究也再次表明城区流动儿童家庭很大程度上存在家长教育意识淡薄、亲子间缺乏沟通、孩子缺少爱和温暖、孩子存在心理与行为偏差等问题（李颖，2019）。这些都是导致城区流动儿童心理社会能力发展相对滞后的关键因素。由此提示政府和社会应从学校、社区和家庭层面多角度介入，为城区流动儿童和青少年提供帮助，努力构建政府为主导，社区为依托，社会组织、社工、心理学志愿者等多元主体共同参与的家庭教育帮扶机制，促进家庭教育功能的发挥，提升城区流动儿童的心理社会能力，从而改善他们的城市适应状况。

表 5-4 独生与非独生的城区流动儿童心理社会能力的差异比较

| 变量 | 独生子女（$n=79$） | 非独生子女（$n=259$） | $t$ |
| --- | --- | --- | --- |
| 沟通协调 | 36.51 ± 7.79 | 36.09 ± 8.24 | 3.843* |
| 自我调控 | 25.48 ± 5.43 | 24.70 ± 5.52 | 6.158* |
| 科学想象 | 17.75 ± 4.69 | 17.29 ± 4.71 | 3.306 |
| 自我防御 | 13.72 ± 4.07 | 13.16 ± 4.00 | 1.850 |
| 社会应对 | 13.53 ± 3.55 | 13.06 ± 3.53 | 2.596 |
| 心理社会能力 | 106.99 ± 15.92 | 104.31 ± 18.49 | 7.758** |

### 4. 不同家庭经济状况的城区流动儿童心理社会能力的差异比较

方差分析结果显示（见表 5-5），家庭经济条件好的儿童其沟通协调、自我调控、社会应对及心理社会能力得分明显高于家庭经济条件差的儿童，且总体上随着家庭经济状况程度的加深而增长。孙艺铭（2020）的研究发现，家庭经济水平较高的家长对家庭投资的程度更高，其中家庭投资包括家里可获得的物质资源、家庭外部获得的资源与活动，还包括父母与子女共同参与的活动，尤其是家庭的情感氛围。由此可以理解为经济条件较好的家庭，家庭氛围较好，对孩子的积极影响更多，因此也促进了儿童的沟通能力、自我控制能力以及社会适应能力等多方面和谐发展。低家庭社会经济地位所导致的经济压力会给家庭带来许多负面影响，如面临婚姻冲突、家庭分裂，这种家庭的父母多采取消极的教养方式，进而会影响儿童身心健康的发展。总而言之，在一般情况下，穷养、富养家庭的孩子在社交能力和性格上有明显的差异，且差异与经济情况存在正相关关系。

表5-5 城区流动儿童心理社会能力在家庭经济状况上的差异比较

| 变量 | 贫困（$n=11$） | 一般（$n=199$） | 较好（$n=113$） | 富有（$n=15$） | F |
| --- | --- | --- | --- | --- | --- |
| 沟通协调 | 31.45±10.31 | 35.57±8.04 | 37.45±7.62 | 38.40±9.85 | 6.105*** |
| 自我调控 | 21.82±7.04 | 24.46±5.64 | 25.64±4.75 | 27.07±6.66 | 6.415*** |
| 科学想象 | 15.64±5.78 | 17.33±4.52 | 17.68±4.87 | 17.47±5.26 | 0.718 |
| 自我防御 | 12.64±4.95 | 13.19±4.01 | 13.69±3.73 | 12.07±5.42 | 1.125 |
| 社会应对 | 13.82±4.05 | 12.73±3.52 | 13.72±3.42 | 14.47±3.56 | 3.610* |
| 心理社会能力 | 95.36±26.32 | 103.28±17.52 | 108.19±16.44 | 109.47±22.96 | 5.837*** |

**5. 不同家庭教养方式的城区流动儿童心理社会能力的差异比较**

多元方差分析结果显示（见表5-6），城区流动儿童的心理社会能力及其沟通协调、自我调控、自我防御在家庭教养方式上存在显著差异。其中，心理社会能力总分和自我调控的得分从高到低依次为：民主型、控制型、放纵型、溺爱型。沟通协调的得分从高到低依次为：民主型、控制型、溺爱型、放纵型。而自我防御的得分从高到低依次为：放纵型、控制型、溺爱型、民主型。因此可以看出，心理社会能力发展的水平受不同的家庭结构和父母教养方式的影响，Daniel T. L. Shek 和 Janet T. Y. Leung（2016）认为家庭教养方式是影响儿童心理社会能力的重要因素，民主型的家庭教养方式最有利于儿童的心理社会能力的培养，可能是由于民主型的家庭教养方式给予儿童更多的家庭支持与情感温暖，当他们面临各种困难时，父母的理解与包容让他们更有信心去挑战自己的极限。而且，家庭成员的语言习惯、生活方式、学习技能、情绪状态和道德规范等方面也发挥着重要的作用。

表 5-6 城区流动儿童心理社会能力在家庭教养方式上的差异比较

| 变量 | 民主型（$n=166$） | 放纵型（$n=18$） | 溺爱型（$n=22$） | 控制型（$n=132$） | $F$ |
|---|---|---|---|---|---|
| 沟通协调 | 37.27±8.26 | 33.83±6.34 | 34.95±7.35 | 35.36±8.19 | 5.007** |
| 自我调控 | 25.69±5.10 | 23.22±5.19 | 21.45±5.49 | 24.67±5.79 | 8.227*** |
| 科学想象 | 17.84±4.66 | 16.11±5.07 | 16.05±3.76 | 17.25±4.82 | 2.272 |
| 自我防御 | 12.84±3.87 | 14.11±4.11 | 13.32±4.70 | 13.73±4.06 | 4.617** |
| 社会应对 | 13.51±3.52 | 11.78±3.93 | 11.64±3.13 | 13.19±3.48 | 2.314 |
| 心理社会能力 | 107.15±17.53 | 99.06±16.26 | 97.41±15.11 | 104.20±18.67 | 4.659** |

## 四 城区流动儿童心理社会能力相关因素分析

### （一）心理社会能力与心理理论、心理弹性、自我效能感相关分析

相关分析结果显示（见表 5-7），心理社会能力与心理理论各维度、心理弹性和自我效能感存在显著正相关关系。这说明了心理理论、心理弹性和自我效能感对城区流动儿童的心理社会能力共同起作用。心理弹性、自我效能感与心理理论存在显著正相关关系，这一结果提示，心理弹性和自我效能感分别对心理理论产生作用。

表 5-7 心理社会能力、心理理论、心理弹性、自我效能感相关矩阵

| 变量 | 1 | 2 | 3 | 4 | 5 | 6 | 7 | 8 | 9 | 10 | 11 | 12 |
|---|---|---|---|---|---|---|---|---|---|---|---|---|
| 1 沟通协调 | | | | | | | | | | | | |
| 2 自我调控 | 0.58** | | | | | | | | | | | |
| 3 科学想象 | 0.36** | 0.38** | | | | | | | | | | |
| 4 自我防御 | 0.01 | 0.15 | 0.34** | | | | | | | | | |
| 5 社会应对 | 0.51** | 0.51** | 0.32** | 0.15 | | | | | | | | |
| 6 心理社会能力 | 0.84** | 0.76** | 0.63** | 0.32** | 0.69** | | | | | | | |
| 7 错误信念 | 0.34** | 0.32** | 0.55** | 0.33** | 0.35** | 0.36** | | | | | | |
| 8 意图情绪 | 0.39** | 0.34** | 0.37** | 0.35** | 0.37** | 0.40** | 0.73** | | | | | |
| 9 幽默反语 | 0.35** | 0.38** | 0.36** | 0.41** | 0.38** | 0.36** | 0.63** | 0.56** | | | | |
| 10 模糊信息 | 0.31** | 0.37* | 0.31** | 0.31** | 0.34** | 0.32** | 0.57** | 0.49** | 0.53** | | | |
| 11 心理弹性 | 0.57** | 0.51** | 0.46** | 0.35** | 0.46** | 0.62** | 0.36** | 0.31** | 0.47** | 0.35** | | |
| 12 自我效能感 | 0.54** | 0.54** | 0.44** | 0.39** | 0.51** | 0.63** | 0.39** | 0.32** | 0.30** | 0.33** | 0.41** | |

## （二）心理理论、心理弹性、自我效能感对心理社会能力的预测作用

为探讨城区流动儿童心理理论、心理弹性、自我效能感对心理社会能力的预测作用，采用多元回归分析，结果显示，城区流动儿童心理理论、心理弹性和自我效能感都进入了回归方程，心理理论、心理弹性与自我效能感对心理社会能力起到较强的预测作用，心理理论、心理弹性和自我效能感能够解释城区流动儿童心理社会能力总变异量的48.8%（见表5-8）。

表5-8 心理理论、心理弹性与自我效能感对心理社会能力的预测作用

| 预测变量 | 因变量 | $\beta$ | $R^2$ | $\Delta R^2$ | $t$ |
| --- | --- | --- | --- | --- | --- |
| 心理理论 |  | 0.261 |  |  | 2.973** |
| 心理弹性 | 心理社会能力 | 0.907 | 0.488 | 0.486 | 10.539*** |
| 自我效能感 |  | 0.873 |  |  | 9.382*** |

## （三）心理理论、心理弹性、自我效能感和心理社会能力的关系模型及中介效应

为进一步探析城区流动儿童心理理论、心理弹性、自我效能感和心理社会能力之间的关系和作用机制，依据相关研究及各变量间关系的分析，提出模型构建假设：①心理理论直接影响心理社会能力；②心理弹性和自我效能感在心理理论与心理社会能力之间起部分中介作用；③心理弹性与自我效能感直接影响心理社会能力。根据上述假设，运用Amos 22.0版软件构建结构方程模型。经模型检验，结果表明：$RMSEA = 0.049$，$\chi^2/df = 2.884$，$CFI = 0.980$，$GFI = 0.976$，$NFI = 0.969$，模型拟合理想。在该模型中，一方面，心理理论、心理弹性、自我效能感直接影响心理社会能力；另一方面，心理理论通过心理弹性与自我效能感间接影响心理社会能力（见图5-1）。这一结果表明心理弹性和自我效能感完全中介心理理论与心理社会能力之间的关系。采用Bootstrap中介效应检验，各变量间路径系数显著，所有因子载荷的$p$值小于0.01，说明城区流动儿童心理社会能力对心理理论、心理弹性与自我效能感的解释都是有意义的。因此，可以得出心理弹性与自我效能感在城区流动儿童心理理论与心理社会能力之间起部分双重中介作用。心理理论对城区流动儿童心理社会能力的直接效应为0.215，中介效应为

0.448，中介效应占总效应的67.6%。

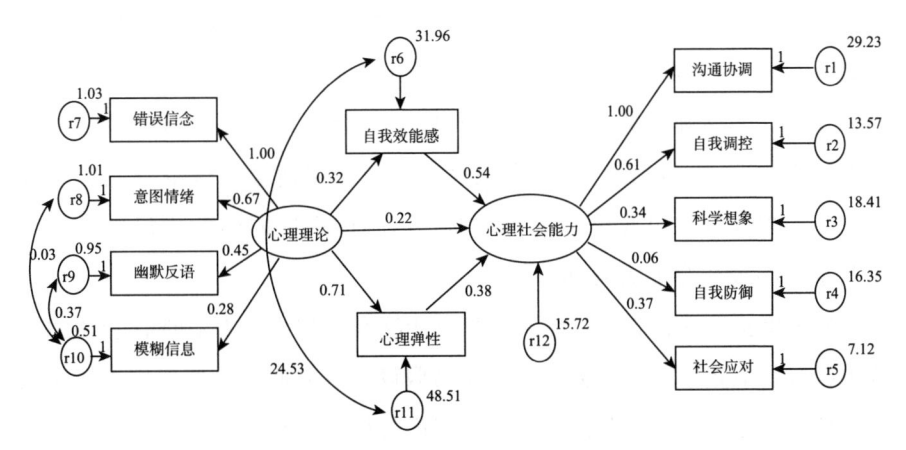

**图5-1　心理弹性和自我效能感对心理理论和心理社会能力的中介作用模型**

心理理论作为社会认知的核心能力之一，其发展水平影响了城区流动儿童能否有效地理解自己和他人的心理状态，并在人际互动中增加良好的社会适应性行为，从而促进心理社会能力发展。本研究证实了心理理论对城区流动儿童心理社会能力有直接的正向预测作用，即心理理论对城区流动儿童的心理社会能力有着直接影响。说明良好的心理理论能够让儿童对同伴的想法、意图、情绪等基本心理状态更敏感，并据此预测和解释同伴的行为，由此获得良好的人际交往，形成良好的人际关系。相反，心理理论水平较低的儿童往往表现出更多的同伴交往问题，这一结果与Slaughter、Dennis和Pritchard（2002）的研究结果一致。可以说，心理理论在促进城区流动儿童与同伴交往互动获得社会性技能发展中起着关键作用。这无疑给广大教育工作者带来深刻的启发和有益的帮助。然而，从人口学分析来看，来自农村的城区流动儿童，其心理理论的获得和发展相比城区常住儿童较为不足与缓慢，其心理理论及各成分发展水平也明显低于城区常住儿童。这可能与他们早期获得社会交流经验不足有着密切关系。由此启示教师和家长，应将提高心理理论水平作为学龄期城区流动儿童社会适应性教育的重要任务。

从相关分析结果中发现，城区流动儿童的心理社会能力与心理理论、心理弹性、自我效能感两两之间存在显著的正相关关系。这一结果再次验证了以往相关的理论（Tyler，1978），也提示了城区流动儿童心理社会能力和心理理论、心理弹性、自我效能感之间具有相互影响、相互作用的关系。多元回归分析结果表明，心理理论、心理弹性和自我效能感对城区流动儿童有非常显著的正向预测力，证实了本研究的假设。说明心理理论、心理弹性和自我效能感对城区流动儿童心理社会能力的发展具有综合影响，启示人们应加强积极心理学应用研究，侧重对儿童心理理论、心理弹性和自我效能感的培养，以整体和协同的方式促进城区流动儿童的心理社会能力发展。

通过检验发现，心理弹性、自我效能感在心理理论对心理社会能力影响中起双重中介作用，证实了本研究的假设。一方面，心理理论直接作用于心理社会能力，即拥有良好的心理理论的城区流动儿童，其心理社会能力更强；另一方面，城区流动儿童心理理论通过心理弹性和自我效能感间接作用于心理社会能力。说明心理理论不仅直接影响儿童心理社会能力发展状况，还可以通过心理弹性和自我效能感间接地影响儿童心理社会能力水平。心理弹性和自我效能感作为积极的心理品质，对于城区流动儿童来说尤为重要，这些积极心理品质可以在城区流动儿童面临应激事件时得以激发并发挥保护作用，不仅可阻碍应激事件或抵消危险性因素对儿童的消极影响，还能有效提升儿童的心理社会能力，增强其应对城市生活压力的能力。这与其他相关研究结果基本一致，即高心理弹性和高自我效能感的儿童能够更充分地利用各种资源，采用更有效的应对方式来解决自己所面对的问题（黄洁等，2014）。

本研究也发现，心理理论与心理弹性和自我效能感有着不同的发展特点，它们对儿童心理社会能力的影响也有差异。心理理论发展到一定阶段时呈现了相对稳定的特质理解能力特点。郑信军（2004）认为"6岁后的儿童不仅能用'愿望－信念'思维模式解释预测行为，而且还和成人一样，发展起了特质理解的心理理论能力，这说明学龄期儿童心理理论发展的质的变化"；"11岁儿童没有明显表现出比9岁儿童更强的特质理解能力，甚至还略有下降"。可见，心理理论作为特质理解能力，其发展通常是一个相对复杂且精细的过程，这一特点无疑告诉我们设计提升或干预方案的思路举措要更加科学、缜密、有效。而心理弹性和自我效能感的发展是动态过程，体现了较强的能动性、整合性和实效性，不仅可以正向预测心理社会能力,而且在心理理论与心理社会能力之间起到双重中介作用。从这一意义上说,提高心理弹性和自我效能感对于促进城区流动儿童心理社会能力的发展,远比提升心理理论来得快捷、有效。这一研究结果是对前人关于心理理论与心理社会能力关系研究的一个补充,也可以为日后城区流动儿童心理社会能力的干预研究提供理论依据。

## 五 小结

城区流动儿童的心理社会能力发展水平明显低于城区常住儿童,但随着年龄的增长、经验的积累以及心理上的趋于成熟而不断获得提升。男生心理社会能力的沟通协调、自我调控维度明显低于女生。

城区流动儿童的家庭结构形态、家庭经济地位和家庭教养方式的多元性是导致城区流动儿童心理社会能力发展相对滞后的关键因素。

心理弹性和自我效能感在心理理论与心理社会能力之间起到了双重中介作用。

心理弹性和自我效能感在促进心理社会能力发展中具有更加主动、灵活和有效的特点,应当成为城区流动儿童心理辅导的重要目标。

## 第二节 城区流动儿童自我管理能力的特点

### 一 研究目的

儿童期是自我管理能力形成的关键时期,是对个体进行行为塑造和能力培养的黄金阶段。城区流动儿童身处人生发展的重要阶段,他们来到城市学习生活势必会遇到许多问题与挑战,不再像在乡村学习生活那样单纯和宁静。在生活中,他们既可享受到多姿多彩的生活,又要经得起外界各种诱惑和挑战;在学习中,学校管理更严,学习要求更高,同伴竞争更激烈,学业压力更大。因此,迫切需要他们拥有强大的自我管理能力。所谓自我管理能力是指个体能够正确地认识自我,并整合自身资源,使用一系列认知策略与技能，调节自身认知和行为，实现对环境的适应并获得较好成长的能力。自我管理能力其实质是心理社会能力结构中自我调控品质的发展与分化，作为个体获得良好发展必备且独立存在的一种能力，它对于促进儿童社会适应具有极为重要的意义。林崇德（2016）认为自我管理能力是学生核心素养的重要组成部分。有研究表明，自我管理能力较强的儿童能够有效认识自我，较好地整合自身所拥有的资源，在城市融入过程中表现出更高的社会适应水平。因此，本研究以城区流动儿童作为研究对象，通过实证研究揭示城区流动儿童自我管理能力的特点，以期能够完善城区流动儿童自我管理能力的理论研究，为促进城区流动儿童心理发展的教育实践提供科学有效的理论依据。

## 二 研究方法

### （一）研究工具

《少年儿童自我管理量表》为自编问卷。问卷包括自我认知、目标管理、时间管理、情绪调控、自我接纳、行为调控六个维度，共58题。采用李克特5点计分法：1~5分分别表示"非常不符合""比较不符合""不确定""比较符合""非常符合"。六个因子内部一致性信度Cronbach's α系数为0.888~0.914，总问卷的Cronbach's α系数为0.939，分半信度为0.823，各分量表也有较高的信度。量表的内容效度、结构效度、外部效度也均符合测量学标准。

### （二）数据收集

**1. 问卷发布与实施**

在福建省内两个城市随机抽取4所学校之后，再从中随机抽取6个班级（小学四到六年级，初中一到三年级），共发放问卷1250份，其中泉州市双阳小学300份，泉州市开发区实验学校350份，泉州市双阳中学320份，漳州立人学校280份，共回收问卷1189份，其中有效问卷995份，有效率为83.7%。其中，城区流动儿童472人，城区常住儿童523人；小学418人，初中577人；男生546人，女生449人；年龄范围为9~16岁，平均年龄为12.30岁（见表5-9）。

表 5 – 9　被试构成情况统计

单位：人

| | | 四年级 | 五年级 | 六年级 | 初一 | 初二 | 初三 | 总计 | |
|---|---|---|---|---|---|---|---|---|---|
| 城区流动儿童 | 男 | 74 | 30 | 13 | 65 | 41 | 40 | 263 | 472 |
| | 女 | 48 | 23 | 6 | 45 | 49 | 38 | 209 | |
| | 合计 | | 194 | | | 278 | | 472 | |
| 城区常住儿童 | 男 | 82 | 30 | 23 | 59 | 50 | 39 | 283 | 523 |
| | 女 | 51 | 29 | 9 | 65 | 41 | 45 | 240 | |
| | 合计 | | 224 | | | 299 | | 523 | |
| 总计 | | | 418 | | | 577 | | 995 | |

**2. 施测过程**

在各班级自习课时间统一发放问卷进行施测，由心理学研究生作为主试向被试宣读统一、规范的指导语，以团体施测的方式指导被试。问卷采用匿名的形式，并告知被试答案没有对错之分，不限制答题时间，遇到难以理解或语义不清的题目，由主试解释清楚，直到被试能够理解题目并选出最符合自己情况的答案为止。最后由主试统一回收问卷。

**3. 统计方法**

采用 SPSS 22.0 对收集的数据进行统计分析，对各变量进行描述性统计，采用 Amos 21.0 统计软件进行中介模型的模型匹配度检验。

## 三　城区流动儿童自我管理能力的特点

### （一）城区流动儿童自我管理能力的基本情况

独立样本 $t$ 检验结果显示（见表 5 – 10），城区流动儿童在自我管理能力及自我认知、目标管理、时间管理、情绪调控、行为调控、自我接纳等六个维度上得分均低于城区常住儿童。可见，相比城区常住儿童，城区流动儿童的自我管理能力发展相对滞后，具体表现在自我认知、目标管理、时间管理、情绪调控、行为调控和自我接纳等六个方面。

表 5-10 城区流动儿童与城区常住儿童在自我管理能力上的差异比较

| 变量 | 城区流动儿童 ($n=472$) M ± SD | M/Item | 城区常住儿童 ($n=523$) M ± SD | M/Item | t |
|---|---|---|---|---|---|
| 自我认知 | 43.16 ± 6.48 | 3.60 | 44.79 ± 7.15 | 3.73 | -3.763*** |
| 目标管理 | 39.12 ± 6.74 | 3.56 | 40.77 ± 7.60 | 3.71 | -3.63*** |
| 时间管理 | 37.22 ± 5.32 | 3.72 | 38.50 ± 5.66 | 3.85 | -3.67*** |
| 情绪调控 | 31.65 ± 5.52 | 3.96 | 32.70 ± 5.80 | 4.09 | -2.90** |
| 行为调控 | 27.42 ± 5.42 | 3.43 | 28.56 ± 6.23 | 3.57 | -3.08** |
| 自我接纳 | 28.83 ± 5.25 | 3.20 | 29.78 ± 5.42 | 3.31 | -2.80** |
| 自我管理能力 | 207.39 ± 27.50 | 3.58 | 215.09 ± 31.16 | 3.71 | -4.14*** |

注：* $p<0.05$；** $p<0.01$；*** $p<0.001$。下同。

从自我认知来说，城区流动儿童因生活环境的多变性，在与特殊环境的相互作用下，形成了独特的自我认知模式。相较于城区常住儿童，城区流动儿童较少受到来自家庭和学校的心理关注，较难有机会进行科学有效的自我探索，且感知到较少的来自家庭和同伴的支持，因此导致了其自我认知程度较低，自我认知的清晰度较差，这一结果与现有研究结果基本一致（赵芳，2011）。

从情绪调控、目标管理和时间管理方面来说，随着时间的推进，城区流动儿童的心理健康状况显著改善，抑郁情绪有所减少，对压力的积极应对能力显著提升（袁晓娇等，2012），感知到的社会支持显著增加，歧视知觉显著降低，孤独感也明显减少（侯舒艨等，2011），这说明城区流动儿童能够较好地调整自己的情绪状态，从而更好地适应学习与生活。同时，他们也认识到自己在各方面与城区常住儿童都存在一定的差距，因此更加注重时间的运用以及目标的制定，以缩小与他人的差距，但与城区常住儿童相比较，他们的自我管理能力仍然存在"先天不足"。

从行为调控的方面来说，城区流动儿童在行为调控上不如城区常住儿童。这说明城区流动儿童行为的自主性、组织性和抑制性等方面还有待提升。这不仅与儿童身心发展不够成熟有关，还与父母的教养方式有关。研究发现，在他们父母的教养方式中，过分干涉、控制和惩罚的频率明显高于城区常住儿童。同时，他们父母因工作忙碌，往往疏于对孩子行为的教育引导，父母忽视的态度及放养型的教养方式，会对儿童自我调控策略的获得和调控能力的发展产生不利影响，甚至会产生消极的自我控制品质。

从自我接纳的方面来说，城区流动儿童经历了从农村到城市的流动，前后生活环境和人际关系发生了变化，导致城区流动儿童产生心理上的不适感，加上自身素质能力，尤其是学业成绩不如城区常住儿童而产生自卑情绪或落差感，进而削弱了自我认同和自我接纳。研究表明，由于特殊的社会和家庭背景，城区流动儿童面临更多的心理压力，是非常容易产生自卑感的弱势群体（何桂宏，2008）。

综合上述观点可知，城区流动儿童的自我管理能力相较于城区常住儿童存在较大的不足，这与其个人的能力发展和教育环境有较大的关系，如何在"先天不足"的情况下进行"后天弥补"，是提升城区流动儿童自我管理能力和自我效能感，促进其社会适应的关键议题。

### （二）城区流动儿童自我管理能力的人口学变量特征

采用独立样本 $t$ 检验，考察城区流动儿童自我管理能力在性别、年级、是否为独生子女、是否来自离异家庭、教养方式和家庭经济状况等六个变量上的差异情况，结果如下所示。

**1. 性别比较**

除了自我接纳存在显著的性别差异，即男生的自我接纳显著高于女生，其他维度和自我管理能力总分不存在显著的性别差异（见表5-11）。城区流动男生的自我接纳程度之所以比女生高，可能与家庭"重男轻女"的教育观念有关，男生往往受到更多的重视，比较容易形成较高水平的自我认同和自我接纳。但是，当他们来到城区学习生活之后，原先的这种优势就会被大大削弱，发现优于自己的人比比皆是（林盈盈等，2013），在农村生活中受到较多的重视和表扬与在城市中受到的打击形成更加强烈的反差，更容易产生较低的自尊，从而导致自我接纳水平降低。总体上看，无论是男生还是女生，他们的自我接纳水平都明显低于城区常住儿童。

表 5-11　城区流动儿童自我管理能力的性别差异

| 变量 | 男（$n=263$）<br>$M \pm SD$ | 女（$n=209$）<br>$M \pm SD$ | $t$ |
|---|---|---|---|
| 自我认知 | 43.25 ± 6.35 | 43.03 ± 6.66 | 0.365 |
| 目标管理 | 39.00 ± 6.49 | 39.26 ± 7.06 | -0.410 |
| 时间管理 | 37.01 ± 5.43 | 37.48 ± 5.18 | -0.946 |
| 情绪调控 | 31.42 ± 5.54 | 31.95 ± 5.51 | -1.038 |
| 行为调控 | 27.20 ± 5.15 | 27.69 ± 5.75 | -0.970 |
| 自我接纳 | 29.41 ± 4.84 | 28.10 ± 5.65 | 2.681** |
| 自我管理能力 | 207.30 ± 26.64 | 207.50 ± 28.61 | -0.080 |

**2. 年级比较**

城区流动儿童自我管理能力存在显著的年级差异（见表5-12），即初中阶段的城区流动儿童在自我管理能力及各个维度上的得分均显著高于小学阶段的城区流动儿童，表明城区流动儿童的自我管理能力随着年龄的增加而提高，即初中阶段的城区流动儿童的自我管理能力普遍高于小学阶段的城区流动儿童，这与儿童的认知能力发展水平有关。小学阶段的儿童认知能力和人格发展刚刚起步，仍存在较大的不稳定性和较多的不完善，由此导致他们的自我认知与接纳、情绪和行为的调控水平较差，且在目标和时间的管理上缺乏经验；而初中阶段的城区流动儿童经过了小学生活能力的培养，顺利升学进入初中，面临更多的学业和生活的压力能够更好地管理和调节自己的时间与目标，且初中阶段的儿童正处于自我同一性的整合

表 5-12　城区流动儿童自我管理能力的年级差异比较

| 变量 | 小学（$n=194$）<br>$M \pm SD$ | 初中（$n=278$）<br>$M \pm SD$ | $t$ |
|---|---|---|---|
| 自我认知 | 42.10 ± 6.40 | 43.89 ± 6.44 | -2.966** |
| 目标管理 | 38.03 ± 6.40 | 39.87 ± 6.89 | -2.939** |
| 时间管理 | 36.02 ± 5.29 | 38.06 ± 5.19 | -4.170** |
| 情绪调控 | 30.77 ± 5.33 | 32.27 ± 5.58 | -2.928** |
| 行为调控 | 26.53 ± 5.34 | 28.03 ± 5.40 | -2.991** |
| 自我接纳 | 28.07 ± 5.07 | 29.36 ± 5.31 | -2.657** |
| 自我管理能力 | 201.52 ± 26.31 | 211.49 ± 27.61 | -3.932*** |

之中，人格发展飞速前进，在自我和情绪的认知上也表现出了较高的水平，因此随着年级的增加，城区流动儿童的自我管理能力也在不断提升。

**3. 独生子女与非独生子女的比较**

表 5-13 显示，在自我管理方面，城区流动儿童中独生子女的自我管理能力及各个维度上的得分均低于非独生子女，且在行为调控这一维度上存在显著差异。一方面，可能是由于城区流动儿童中的独生子女感受到更多来自家庭的关注，得到更多家庭的照顾，但部分家庭过分溺爱和教育失当（唐久来等，1994），导致独生子女娇纵任性，产生更多的问题行为，以致独生子女在自我管理能力上表现不佳，且在行为调控上尤为突出；另一方面，非独生子女的城区流动儿童能够以兄弟姐妹为镜，调整自己的行为，互相监督、互相照顾，倾诉生活学习中遇到的烦恼，因此他们在行为调控上有更加良好的表现。

表 5-13 城区流动儿童自我管理能力在是否为独生子女上的差异比较

| 变量 | 独生子女（$n=142$）<br>$M \pm SD$ | 非独生子女（$n=330$）<br>$M \pm SD$ | $t$ |
| --- | --- | --- | --- |
| 自我认知 | 42.52 ± 6.53 | 43.38 ± 6.46 | -1.167 |
| 目标管理 | 37.80 ± 6.45 | 39.47 ± 6.87 | -2.163 |
| 时间管理 | 36.64 ± 5.47 | 37.41 ± 5.34 | -1.261 |
| 情绪调控 | 31.28 ± 5.23 | 31.72 ± 5.69 | -0.693 |
| 行为调控 | 26.30 ± 5.40 | 27.77 ± 5.42 | -2.393* |
| 自我接纳 | 28.66 ± 5.29 | 28.87 ± 5.28 | -0.339 |
| 自我管理能力 | 203.21 ± 6.58 | 208.62 ± 28.1 | -1.715 |

**4. 是否来自离异家庭比较**

如表 5-14 所示，就自我管理能力而言，来自离异家庭的城区流动儿童的自我管理能力及各个维度的得分均低于来自非离异家庭的城区流动儿童，且在自我管理能力及行为调控维度上存在显著的差异。这与家庭的经济条件、文化资源和社会资源有关。来自离异家庭的城区流动儿童的父亲或母亲一方需要独自承担照顾儿童的责任，还要兼顾工作和生活的压力，在经济上较难给予富足的生活条件，且在文化和社会支持上也较难兼顾资源的协调，这就导致了来自离异家庭的城区流动儿童的自我管理能力培养的缺失、社会歧视知觉感知的增加和自我效能感的减弱。此外，情感的缺失也是主要的原因。来自离异家庭的城区流动儿童跟随父母的其中一方生活，对另一方的情感缺失是无法弥补的；且父母在儿童的教育中扮演不同的角色，任何一方角色的缺失都有可能导致城区流动儿童教育的失衡；加之离异家庭的父亲或母亲仅凭一己之力难以兼顾孩子与工作，从而造成对孩子的疏忽，这也是来自离异家庭的城区流动儿童自我管理能力发展水平较低的原因。

表5-14 是否来自离异家庭的城区流动儿童自我管理能力的差异比较

| 变量 | 离异家庭（$n=33$）$M \pm SD$ | 非离异家庭（$n=439$）$M \pm SD$ | $t$ |
|---|---|---|---|
| 自我认知 | 40.64 ± 8.10 | 43.33 ± 6.35 | -1.786 |
| 目标管理 | 37.33 ± 7.26 | 39.24 ± 6.71 | -1.494 |
| 时间管理 | 35.53 ± 6.18 | 37.33 ± 5.26 | -1.802 |
| 情绪调控 | 30.43 ± 6.74 | 31.72 ± 5.44 | -1.028 |
| 行为调控 | 25.37 ± 5.29 | 27.55 ± 5.43 | -2.139* |
| 自我接纳 | 27.80 ± 5.89 | 28.88 ± 5.21 | -1.087 |
| 自我管理能力 | 197.10 ± 32.76 | 208.06 ± 27.08 | -2.115* |

**5. 不同教养方式比较**

如表5-15所示，就自我管理能力来说，不同教养方式的城区流动儿童在自我认知和时间管理上具有显著差异，事后多重比较结果显示，在自我认知这一维度上，教养方式为民主型的城区流动儿童得分显著高于教养方式为放纵型、溺爱型和控制型的城区流动儿童，且放纵型、溺爱型和控制型三种教养方式间不存在显著差异；在时间管理这一维度上，父母为民主型教养方式的城区流动儿童得分显著高于父母为控制型教养方式的城区流动儿童。民主型的教养方式给了城区流动儿童更多的自主管理的机会，因此他们在时间管理上也会有更好的表现；而且父母营造出的开放、包容和民主的家庭氛围也使城区流动儿童能够积极探索自我、悦纳自我，因此他们自我认知和自我接纳的水平也会更高。

表5-15　不同教养方式的城区流动儿童自我管理能力的差异比较

| 变量 | 民主型<br>($n=258$)<br>$M \pm SD$ | 放纵型<br>($n=28$)<br>$M \pm SD$ | 溺爱型<br>($n=25$)<br>$M \pm SD$ | 控制型<br>($n=161$)<br>$M \pm SD$ | $F$ | LSD |
|---|---|---|---|---|---|---|
| 自我认知 | 44.06 ± 6.25 | 40.80 ± 7.56 | 40.88 ± 5.29 | 42.34 ± 6.56 | 4.632* | 1>2, 1>3, 1>4 |
| 目标管理 | 39.58 ± 6.78 | 37.85 ± 7.55 | 38.42 ± 6.40 | 38.69 ± 6.60 | 1.015 | |
| 时间管理 | 37.95 ± 5.13 | 36.60 ± 6.01 | 35.98 ± 5.80 | 36.33 ± 5.32 | 3.67** | 1>4 |
| 情绪调控 | 32.15 ± 5.48 | 31.92 ± 6.21 | 30.95 ± 5.19 | 30.89 ± 5.49 | 1.843 | |
| 行为调控 | 27.61 ± 5.33 | 27.09 ± 5.58 | 25.09 ± 6.29 | 27.40 ± 5.48 | 1.304 | |
| 自我接纳 | 29.00 ± 5.31 | 28.37 ± 6.06 | 28.72 ± 4.40 | 28.64 ± 5.19 | 0.238 | |
| 自我管理能力 | 210.36 ± 27.24 | 202.63 ± 32.69 | 200.03 ± 24.71 | 204.29 ± 27.10 | 2.430 | |

注：1. 民主型，2. 放纵型，3. 溺爱型，4. 控制型。

### 6. 不同家庭经济状况比较

不同家庭经济状况的城区流动儿童在目标管理、时间管理、情绪调控、自我接纳以及自我管理能力上具有显著差异（见表5-16）。事后多重比较表明，在自我管理能力及目标管理、时间管理、情绪调控和自我接纳维度上的得分，总体上随着家庭经济水平的提高而不断提升。这跟以往研究结果基本一致。对儿童来说，家庭经济状况在多种水平上影响儿童的成长，包括家庭环境和社区的影响。一般认为，家庭经济状况对儿童的健康、认知水平、学业成绩和社会情感发展等产生重要影响。家庭经济条件较好或优越的儿童，拥有的社会资源较多，能够在智力、文体上获得更多的引导和训练。同时，这类家庭中的儿童也拥有自由和独立的发展空间，有更多探索自我和展现自我的机会，外界对其的积极评价也会增多，进而提升了其自我认知和自我控制水平。相反，处于贫穷家庭环境的儿童，较少或难以获得父母热情、积极的回应或有力支持以及有效的监督，很容易形成冲动、暴躁的性格特征，导致他们对自己的情绪和行为不能有效地调节与管理。

表 5–16　不同家庭经济状况的城区流动儿童自我管理能力的差异比较

| 变量 | 贫困（n=11）<br>M±SD | 一般（n=333）<br>M±SD | 较好（n=113）<br>M±SD | 富有（n=6）<br>M±SD | F | LSD |
|---|---|---|---|---|---|---|
| 自我认知 | 43.91±7.54 | 42.68±6.32 | 44.47±6.61 | 44.83±5.78 | 2.39 | |
| 目标管理 | 41.09±7.01 | 38.23±6.78 | 41.18±6.29 | 43.50±5.17 | 6.79** | 2<3 |
| 时间管理 | 36.82±6.01 | 36.78±5.30 | 38.35±5.18 | 38.83±7.25 | 2.64* | 2<3 |
| 情绪调控 | 29.45±5.59 | 31.13±5.59 | 33.31±5.07 | 32.17±3.92 | 5.14** | 2<3 |
| 行为调控 | 27.00±3.11 | 27.96±5.38 | 28.46±5.55 | 29.39±7.88 | 2.341 | |
| 自我接纳 | 29.36±4.23 | 28.35±5.28 | 29.88±5.15 | 30.50±5.24 | 2.68* | 2<3 |
| 自我管理能力 | 204.57±25.81 | 208.17±27.57 | 215.65±26.32 | 219.22±25.63 | 5.41** | 2<3 |

注：1. 贫困，2. 一般，3. 较好，4. 富有。

## 四　小结

城区流动儿童自我管理能力的总体水平及自我认知、目标管理、时间管理、情绪调控、行为调控和自我接纳等六个方面都明显低于城区常住儿童。

城区流动儿童的自我管理能力在性别、年级、是否为独生子女、是否来自离异家庭、教养方式和家庭经济状况等方面存在不同维度的显著差异。

## 第三节　城区流动儿童积极心理品质的培养

### 一　倡导民主型教养方式，促进儿童积极心理品质发展

家庭是儿童生活与学习的第一场所，对儿童成长有着至关重要的影响。家庭环境、家庭功能、教养方式和父母对儿童教育的投入与青少年心理社会能力有着密切关系。本研究表明，家庭教养方式对城区流动儿童心理社会能力的发展有至关重要的作用，其中民主型教养方式最有利于城区流动儿童心理社会能力和自我管理能力的发展。因此，家长应增

强监护人的教育责任意识，转变教育理念，构建良好的家庭环境和亲子沟通，以民主型教养方式养育子女，给予子女爱与温暖。同时，应结合儿童日常学习生活的行为表现及时给予正确引导，帮助儿童学会规范和控制自己的行为，表扬和鼓励儿童更多地表现积极心理品质，增强心理社会能力和自我管理能力；家长应避免拿别人家的孩子和自己的孩子做比较，要善于发现孩子各方面的优点以及进步，多对他们的能力、态度进行表扬，让孩子觉得自己是个不错的孩子，以培养其自信心；要引导孩子正确对待挫折和合理归因，学会自我表扬和积极的自我暗示。此外，可以通过多种渠道有针对性地加强儿童积极心理品质与行为训练，推动城区流动儿童心理社会能力和自我管理能力的发展。

## 二 培养儿童的心理弹性与自我效能感

心理社会能力对于儿童的成长、学习以及个性的养成有着极其重要的意义和价值，但研究发现，城区流动儿童的心理社会能力明显低于城区常住儿童，且心理社会能力与他们的心理理论、心理弹性和自我效能感密切相关。因此学校教师应创造条件，有意识地培养城区流动儿童的心理理论、心理弹性和自我效能感。首先，学校应重视城区流动儿童心理理论的培养，帮助学生了解和使用自己独特的认知模式，组织学生参与知识问答竞赛等有关方面的社交活动，让儿童在人际交往中逐渐增强自己的认知能力，以及更好地把控自己与他人对一些问题的态度等，从而促进儿童心理理论能力的发展。其次，学校教师可以组织城区流动儿童参与社会交往和压力应对的实践活动，让他们在活动中不断积累克服困难和获得成功的真实体验，逐步内化成自己面对问题、处理问题的方法，从而形成较强的自我效能感。研究表明，参与集体活动和良好的人际关系可以有效增强儿童的自我效能感（张华，2004；李东、孙海红，2011）。为此，学校应创造机会让更多的城区流动儿童参与公共关系活动，丰富业余文化生活，接触更多同伴，扩大社会交往面，进而建立良好的人际关系，以获得更有力的社会支持。最后，学校应加强与社会媒体机构的联动，协同做好有关城区流动儿童先进事迹的宣传报道，挖掘和强化他们日常生活中的积极心理品质。同时，还要为城区流动儿童提供包容的成长环境，努力消除对儿童成长不利或危险的因素，让城区流动儿童能够在社会中自信自强地生活。此外，学校还可以为学生开设相关心理辅导课，让学生掌握科学有效的方法策略，减少人生挫折和失败，减轻负性生活事件的影响，从而提升自信心和价值感。

### 三 加强学生的自我教育，促进自我管理能力发展

本研究发现城区流动儿童的自我认知、目标管理、时间管理、情绪调控、行为调控和自我接纳等方面得分明显低于城区常住儿童，说明城区流动儿童自我管理能力不容乐观。然而，儿童阶段正是自我管理能力形成与发展的重要阶段，对于培育学生健康人格具有重要意义。而儿童自我管理能力的形成与自我教育有着密切关系，自我教育能有效地促进自我管理能力发展。因此，家长和教师要充分认识到城区流动儿童的特殊性，增强学生自我教育的意识，经常性地开展学生自我管理活动，可以结合学习任务要求，适时地为他们设定合理的目标，把握发展的总体方向，制定可行的规划，让学生在实践中自我探索和自我反思，逐步形成良好的生活习惯，促进自我管理目标的实现。

每个孩子的潜能是无限的，家长应该把握好教育的机会。第一，学会适时放手，赋予孩子自主权，给孩子信任，可以引导孩子从进行时间管理的训练开始，慢慢放手，让孩子学会独自处理自己的事情。第二，教育孩子采用科学合理的处事方式，对孩子的每次进步及时给予鼓励，让孩子体验成就感，进而提升行为动力。当然，在自我管理的过程中，家长还要帮助孩子设置合理的目标，让孩子在目标达成过程中不断获得成就感。第三，家长从提升自我出发，在职业领域中有所成就，在家庭安排中井然有序，给孩子树立行动的榜样，潜移默化地影响孩子。此外，家长过度保护、溺爱，极容易让孩子失去独立生存能力，长此以往，孩子的自主发展、自我管理的能力就会退化，因此，家长还要及时给予监督和指导，让孩子学会对自己负责。

真正的教育是自我教育，自我管理是自我教育的重要组成部分。在学校集体里，学生不仅仅是受教育者，同时也是教学活动的主体。所以在课堂教学和班级管理活动中要擅长发挥学生的主体性，让学生参与到自我管

理和自我教育的活动中来。首先,要培养学生的主体意识,发挥学生的主体作用。班主任老师应在充分了解学生个性特点的基础上,信任和鼓励学生参与班级管理,让他们参与班级规则的制定、执行和监督,以提高学生的自我约束、自我管理、自我教育和组织合作能力。其次,教师在教学过程中应创建民主平等的课堂环境,让学生能够感受到教师的关心和尊重,使学生以主人翁的心态,积极主动地参与到课堂管理中,不断提升责任感和自律品质。最后,教师可以从教学目标和教学内容出发,从不同的角度、不同的层次以各种方式给学生设置问题并适时追问,以引导学生积极探究,驱动学生独立思考,激发学生的创新思维,让他们在解决问题中体验自我教育的快乐和成果,从而增强他们良好的自我管理能力。

### 四 构建教育帮扶机制,完善相关政策法规

推动城区流动儿童心理社会能力的发展,首先需要从宏观层面入手,推动相关政策的实施落实。政府和社会应从学校、社区和家庭层面多角度介入,为城区流动儿童心理健康发展提供帮助,构建以政府为主导,社区为依托,社会组织、社工、心理学志愿者等多元主体共同参与的教育帮扶机制,促进家庭教育功能的发挥,共同促进城区流动儿童心理社会能力的发展。此外,还应做好流动家庭的安置工作,增强城区流动家庭城市生活的稳定性,给予他们更多政策上的倾斜和帮扶,以整体和协同的方式促进城区流动儿童的心理社会能力发展。

# 第六章 城区流动儿童心理健康及干预实验

随着我国新型城镇化建设不断推进,大量的学龄儿童跟随父母或其他监护人从农村来到城区生活学习,面对生活和学习环境的变化、生活习惯的改变、人际关系的重建、学业压力变大等问题,容易产生自卑、自闭、敏感、畏惧、胆怯、抑郁及学业焦虑等诸多心理健康问题。这些问题对他们当下生活和学习、健康成长以及适应与融入新环境等产生极为不利的影响,同时也会对他们健全人格发展和未来人生产生深远的影响。

以往有关流动儿童心理健康问题的研究,大多是从外部系统去探究,揭示外部系统对他们心理健康的影响,这对于人们更加全面地了解心理健康影响因素,为促进儿童心理健康创设和营造良好的外部环境具有重要的指导意义。但是从城区流动儿童的乡村生活背景来看,他们所形成的学习适应性和自我控制能力对其心理健康具有更大影响。为此,本研究从城区流动儿童内在心理层面探析心理健康及其与学习适应性和自我控制之间的关系,揭示自我控制对学习适应性和心理健康的作用机制,并通过心理课程训练的干预方式来探索其提高城区流动儿童心理健康水平的有效性路径,以期为学校开展城区流动儿童心理健康教育提供理论依据。

## 第一节 城区流动儿童心理健康及相关因素

### 一 研究目的

心理健康指个体内部认知、情感与行为的协调与外部的适应,包括学习、人际和自我方面内外协调的良好状态。学习适应性是一种良好的学习能力，包括学习环境、学习动机、学习自主性和学习策略四方面的内容（胡海沅，2011）。学习适应性反映了学生因为环境改变在学习动机、学习自主性、学习策略方面的适应能力，不仅能直接预测学生的学业成绩（姜能志，2015），还会影响学生的心理发展和心理健康水平（罗峥等，2018），是提高学生的学习适应水平，促进学生健康发展的关键（刘晓陵等，2019）。自我控制是指个体根据社会标准或者自己的意愿有意识地管理、约束和控制自身的情绪情感、认知活动以及行为的能力，分为情绪自控、思维自控、行为自控（王红姣、卢家楣，2004）。自我控制反映了儿童在学习、生活和社会交往活动过程中的情绪、认知及行为上的控制能力，能够直观展现儿童发展的自律程度，不仅对学业成就有决定性的影响，也是影响儿童心理健康的重要因素（周迎楠、毕重增，2017）。可见，心理健康、自我控制与学习适应性之间两两相关，但具体的影响途径在现有研究中尚不明确，需要进一步研究。

本研究目的在于了解城区流动儿童心理健康、学习适应性和自我控制的基本情况，探析城区流动儿童心理健康与学习适应性和自我控制之间的关系，揭示自我控制在学习适应性和心理健康之间的作用机制。

## 二 研究方法

### （一）研究工具

**1.《学生心理健康诊断测验手册》（MHT）**

该手册由周步成于1991年编制，共100个项目，由8个内容量表以及1个效度量表组成，主要测量个体的焦虑情绪，从焦虑情绪所指向的对象和因焦虑情绪而产生的行为两方面测定。题目选项只有"是"与"否"，要求被试根据自己的情况如实做出选择。8个内容量表分别为学习焦虑、孤独倾向、身体症状、对人焦虑、恐怖倾向、自责倾向、过敏倾向和冲动倾向，内容量表的总分即个体的焦虑程度，其反映了个体的心理健康状况。此外，若效度量表总得分高于7分，则测验结果被认为是不可信的。本研究各内容量表、效度量表、全量表的内部一致性系数均符合心理测量学要求。

**2.《学习适应性问卷》**

该问卷由胡海沅于2011年编制，共19道题目，由学习环境、学习动机、学习自主性和学习策略四个测量维度构成。问卷采用李克特 5 点计分，分数越高表明个体学习适应性越良好。学习适应性内部一致性系数为 0.900，分半系数为 0.837，均表明该问卷具有良好的信度。

**3.《自我控制能力问卷》**

该问卷由王红姣和卢家楣于 2004 年编制，共 36 题（其中正向计分 10 题，反向计分 26 题），由情绪自控、思维自控、行为自控三个测量维度构成。问卷采用李克特 5 点计分方式，选项设置由"完全不符合"到"完全符合"，分别计 1~5 分，问卷分数越高，表明个体自我控制能力越强。分半信度法分析得出问卷的同质性信度为 0.922，重测法得出两次测试的相关系数 $r=0.809$，均表明该问卷具有良好的信度。

**（二）数据收集**

**1. 问卷发布与实施**

本研究选取福建省泉州市德化县城区两所义务教育阶段学校中的五年级到九年级学生为调查对象。共发放问卷 1157 份，回收问卷 1157 份，有效问卷 1066 份，有效率为 92.13%。其中城区常住儿童 413 名，城区流动儿童 653 名。在城区流动儿童群体中，五年级 79 名，六年级 135 名，七年级 143 名，八年级 155 名，九年级 141 名；男生 340 名，女生 313 名。

**2. 施测过程**

从泉州市德化县城区中小学中随机各选择一所，采用随机抽样的方式对五年级到九年级的学生进行问卷调查。由主试同班主任进行团体施测，被试在填写问卷前接受统一的指导语。在指导语中强调问卷结果与其学业成绩无关，且不需要填写自己的姓名，减少被试在问卷调查中可能产生的防御心理，以期提高测验结果的可靠性。

**3. 统计方法**

利用 SPSS 对收集的数据进行统计分析，具体为对各变量进行描述性统计、独立样本 $t$ 检验、方差分析及回归分析。用 EQS 进行中介效应模型验证。

## 三 城区流动儿童心理健康基本状况分析

**（一）城区流动儿童心理健康、学习适应性和自我控制的状况**

独立样本 $t$ 检验结果表明（见表 6-1），城区流动儿童的孤独倾向、学习适应性、学习自主性和学习策略与城区常住儿童有显著差异（$p<0.01$）。

表6-1 城区流动儿童和城区常住儿童在三个量表上的差异比较（$M \pm SD$）

| 变量 | 城区流动儿童（$n=653$） | 城区常住儿童（$n=413$） | $t$ |
|---|---|---|---|
| 焦虑程度 | 36.41±13.29 | 36.36±13.34 | 0.07 |
| 学习焦虑 | 8.74±3.18 | 8.61±3.08 | 0.70 |
| 对人焦虑 | 3.80±2.14 | 3.82±2.14 | -0.20 |
| 孤独倾向 | 2.45±2.15 | 2.15±1.98 | 2.31** |
| 自责倾向 | 5.86±2.33 | 5.86±2.20 | 0.01 |
| 过敏倾向 | 5.70±2.08 | 5.75±2.20 | -0.42 |
| 身体症状 | 4.69±2.84 | 4.81±2.89 | -0.67 |
| 恐怖倾向 | 2.88±2.47 | 3.02±2.57 | -0.88 |
| 冲动倾向 | 2.28±2.23 | 2.33±2.20 | -0.34 |
| 学习适应性 | 60.10±13.59 | 62.08±13.99 | -2.29** |
| 学习动机 | 21.96±4.82 | 22.52±4.89 | -1.83 |
| 学习自主性 | 14.19±4.52 | 14.94±4.83 | -2.57** |
| 学习策略 | 16.20±4.11 | 16.81±4.16 | -2.34** |
| 学习环境 | 7.73±2.66 | 7.81±2.82 | -0.47 |
| 自我控制 | 130.23±17.82 | 130.47±19.43 | -0.21 |
| 情绪自控 | 38.20±5.59 | 37.89±5.94 | 0.64 |
| 行为自控 | 57.89±8.61 | 58.08±9.65 | -0.33 |
| 思维自控 | 34.22±5.89 | 34.51±6.25 | -0.75 |

注：* $p<0.05$；** $p<0.01$；*** $p<0.001$。下同。

研究发现，在心理健康方面，城区流动儿童除了孤独倾向显著高于城区常住儿童，其他因子不存在显著差异。这可能与缺乏父母陪伴有关，城区流动儿童由于缺少父母陪伴和情感沟通而感到孤独。作为进入城区学习生活的城区流动儿童，其社交行为在初期阶段可能比较害羞、内向、胆小，朋友比较少，缺乏与朋友的交流，导致他们产生了孤独和寂寞，与城区常住儿童相比，这种孤独感也就显得更加强烈。

城区流动儿童在学习适应性、学习自主性和学习策略上明显不如城区常住儿童。这一结果可能与他们的农村生活学习环境有关，一般来说，绝大多数城区流动儿童父母的文化素质水平、教育能力和家庭经济地位都比较有限，相较城区常住儿童父母对儿童教育的重视和投入往往不足。况且农村的教育资源及相应的软硬件设施与城区教育相比仍有较大差距,尤其在师资力量和教风学风等方面,很大程度上制约了城区流动儿童的学习自主性、学习策略的发展。这种先天教育不足及学校师生关系、教材内容、教学风格和课程作业等方面的新变化,进一步加大了他们在学习衔接与学习适应方面的难度。

城区流动儿童与城区常住儿童在自我控制方面不存在显著差异,这可能与该年龄阶段的群体都处于青春期有关,摆脱约束,寻求独立,情绪不稳与行为冲动是这个时期青少年身心发育成熟的共同的鲜明特点。

### (二) 城区流动儿童心理健康、学习适应性和自我控制的性别差异比较

独立样本 $t$ 检验结果显示(见表6-2),在心理健康方面,除孤独倾向没有显著性别差异外,其他因子性别差异均显著,且除冲动倾向外,女生在焦虑程度和其各因子上的得分均显著高于男生($p<0.05$);在学习适应性方面,除学习环境没有显著性别差异外,女生学习适应性得分和其各因子分均显著高于男生($p<0.05$);在自我控制方面,除情绪自控没有显著性别差异外,女生自我控制总分和其各因子分均高于男生($p<0.05$)。由此可看出,城区流动儿童中男生总体心理健康水平优于女生,而在学习适应性以及自我控制方面女生均优于男生。

表6-2 城区流动儿童心理健康、学习适应性和自我控制的性别差异比较($M \pm SD$)

| 变量 | 男($n=340$) | 女($n=313$) | $t$ |
| --- | --- | --- | --- |
| 焦虑程度 | 34.52±13.57 | 38.47±12.70 | -3.84* |
| 学习焦虑 | 8.45±3.23 | 9.07±3.10 | -2.50* |
| 对人焦虑 | 3.51±2.22 | 4.11±2.02 | -3.61* |
| 孤独倾向 | 2.46±2.17 | 2.44±2.13 | 0.11 |
| 自责倾向 | 5.65±2.36 | 6.09±2.29 | -2.42* |
| 过敏倾向 | 5.47±2.10 | 5.94±2.03 | -2.91* |
| 身体症状 | 4.46±3.03 | 4.95±2.61 | -2.18* |
| 恐怖倾向 | 2.52±2.33 | 3.27±2.56 | -3.94* |
| 冲动倾向 | 3.00±2.17 | 2.60±2.27 | 3.46* |
| 学习适应性 | 58.52±14.17 | 61.83±12.74 | -3.13* |
| 学习动机 | 21.17±5.03 | 22.82±4.43 | -4.45* |
| 学习自主性 | 13.70±4.67 | 14.73±4.30 | -2.94* |

续表

| 变量 | 男（$n=340$） | 女（$n=313$） | $t$ |
|---|---|---|---|
| 学习策略 | 15.87 ± 4.25 | 16.56 ± 3.94 | -2.14* |
| 学习环境 | 7.75 ± 2.61 | 7.71 ± 2.71 | 0.18 |
| 自我控制 | 128.41 ± 17.90 | 132.21 ± 17.56 | -2.73* |
| 情绪自控 | 38.12 ± 5.46 | 38.12 ± 5.74 | 0.02 |
| 行为自控 | 56.59 ± 8.96 | 59.30 ± 8.00 | -4.06* |
| 思维自控 | 33.70 ± 5.90 | 34.80 ± 5.83 | -2.39* |

在心理健康方面，结果显示，除冲动倾向外，男生的总体心理健康水平及其各维度因子（如学习焦虑、对人焦虑、自责倾向、过敏倾向和身体症状等）均优于女生，表明女生普遍体验到更为强烈的焦虑感。这可能与青少年的身心特点有很大关系。处于青春期的女生，与男生相比其自我意识发展相对较为迅速，她们会更在乎外界对自我的评价，渴望得到他人的尊重和认可，为取悦他人或被社会认可经常会隐藏自己真实的想法和意愿，存在较多的情绪压抑。这种内心冲突或刻意的自我掩饰无疑给女生造成更多、更强烈的学习焦虑、人际敏感、自责倾向和躯体症状等体验。但是在孤独倾向因子上男女生无显著差异，这说明孤独感是城区流动儿童普遍存在的一种心理困惑。

在学习适应性方面，除学习环境不存在性别差异外，其他因子均存在显著的性别差异，女生的学习适应性优于男生。这说明学习环境的变化是城区流动儿童共同的境遇，无论男生女生都要重新适应和调整学习模式，所以在学习环境感知上没有明显的性别差异。但是女生学习适应性的总体表现要好于男生，这是因为她们身心发展比较成熟，有较强的学习自主性及学习动机，学习方法策略也比较有效，所以她们比男生更容易适应新的教学环境和学习模式。

在自我控制方面，情绪自控因子得分无显著差异，这可能是因为男生和女生都处于青春期，他们情绪体验、情绪表达和情绪控制的模式都比较相近。但女生的自我控制能力要强于男生，在行为和思想上更有把控感。

**（三）城区流动儿童心理健康、学习适应性和自我控制在年级上的差异比较**

方差分析结果显示（见表6-3），城区流动儿童心理健康、学习适应性和自我控制存在年级上的显著差异。在心理健康方面，城区流动儿童学习焦虑、对人焦虑、过敏倾向、冲动倾向四个维度均存在显著的年级差异（$p<0.001\sim p<0.05$）。在学习适应性方面，城区流动儿童学习适应性整体情况及学习动机、学习自主性、学习策略、学习环境维度上均存在显著的年级差异（$p<0.001\sim p<0.01$），总分和各维度得分均呈现随着年级的升高而降低的趋势；在自我控制方面，城区流动儿童自我控制总体情况及情绪自控、行为自控、思维自控维度上均存在显著的年级差异（$p<0.001$），发展趋势与学习适应性趋势相同，随着年级的升高而降低。

表6-3 城区流动儿童心理健康、学习适应性和自我控制在年级上的差异比较（$M\pm SD$）

| 变量 | 五年级 ($n=79$) | 六年级 ($n=135$) | 七年级 ($n=143$) | 八年级 ($n=155$) | 九年级 ($n=140$) | F |
|---|---|---|---|---|---|---|
| 焦虑程度 | 34.34±16.80 | 35.51±12.91 | 35.84±12.90 | 36.88±12.20 | 38.50±12.87 | 1.63 |
| 学习焦虑 | 7.71±3.74 | 8.65±3.23 | 8.81±2.95 | 9.32±3.08 | 8.72±3.02 | 3.44** |
| 对人焦虑 | 3.46±2.42 | 3.66±2.08 | 3.45±2.26 | 4.18±1.96 | 4.04±2.03 | 3.30* |
| 孤独倾向 | 2.71±2.64 | 2.63±2.05 | 2.12±1.89 | 2.32±2.04 | 2.62±2.28 | 1.75 |
| 自责倾向 | 5.52±2.45 | 5.97±2.15 | 6.03±2.33 | 5.77±2.37 | 5.89±2.41 | 0.74 |
| 过敏倾向 | 4.99±2.50 | 5.09±1.95 | 5.71±2.02 | 5.97±1.99 | 6.36±1.83 | 9.97*** |
| 身体症状 | 4.65±3.60 | 4.56±2.62 | 4.62±2.87 | 4.56±2.73 | 5.06±2.67 | 0.78 |
| 恐怖倾向 | 3.18±2.61 | 2.93±2.46 | 2.84±2.28 | 2.59±2.48 | 3.01±2.60 | 0.93 |
| 冲动倾向 | 2.14±2.42 | 2.01±2.03 | 2.25±2.23 | 2.16±2.24 | 2.79±2.25 | 2.56* |
| 学习适应性 | 68.33±16.51 | 64.96±11.89 | 60.57±12.82 | 57.00±11.51 | 53.79±12.21 | 24.23*** |
| 学习动机 | 24.14±5.23 | 23.12±4.16 | 22.30±4.38 | 21.19±4.65 | 20.13±5.01 | 13.10*** |
| 学习自主性 | 17.59±5.35 | 16.07±4.01 | 14.10±4.11 | 13.13±3.83 | 11.75±3.67 | 35.72*** |
| 学习策略 | 17.42±5.11 | 16.72±3.87 | 16.43±3.98 | 15.72±3.87 | 15.33±3.91 | 4.56** |
| 学习环境 | 9.18±2.88 | 8.96±2.50 | 7.75±2.67 | 6.95±2.09 | 6.57±2.36 | 26.84*** |
| 自我控制 | 141.29±17.46 | 135.61±17.22 | 131.13±17.75 | 126.65±16.10 | 121.91±15.48 | 22.67*** |
| 情绪自控 | 41.34±5.72 | 39.11±5.62 | 38.29±5.84 | 37.15±5.28 | 36.26±4.53 | 13.73*** |
| 行为自控 | 62.90±8.02 | 60.62±7.82 | 58.54±8.75 | 56.00±7.79 | 53.87±8.06 | 22.42*** |
| 思维自控 | 37.05±6.39 | 35.87±5.96 | 34.29±5.41 | 33.50±5.38 | 31.78±5.42 | 15.06*** |

从心理健康年级间差异比较来看，城区流动儿童身心处于从幼稚走向成熟的特殊阶段，加上随着年级升高，学习竞争日益激烈，升学压力日趋加大，他们的心理焦虑，尤其是学习焦虑、人际焦虑、神经敏感和冲动倾

向等问题也越发严重。进一步事后检验（LSD）发现，八年级的城区流动儿童在学习焦虑和对人焦虑维度上显著高于其他年级的儿童。从学习焦虑来看，究其原因可能是随着年级升高，学习科目增多、学业难度增大、学业挫折增多，且即将迎来会考，其学业压力较其他年级学生大，因此体验到更强烈的学习焦虑。同时也可能与他们较为薄弱的学业基础有关。这种外部的学业负担和自身内在的学习能力缺失两者叠加无疑给八年级学生造成较严重的学习焦虑。从对人焦虑来看，八年级学生对人焦虑有两个方面的原因，一是如前文所述学习压力较大，他们专注于应对学习的激烈竞争，以至于忽视了社会交往；二是与遭受同伴排斥或歧视，以及社会评价环境中的恐慌经历和体验有关，这些经历都可能引起情绪焦虑、回避行为。而九年级学生其学习能力总体上有较大的提升，学业焦虑有所下降，但也不排除个别学生因学业受挫而产生弃学的倾向，这部分学生大大减轻了学习焦虑。但九年级学生的过敏倾向和冲动倾向显著高于其他年级学生。究其原因，除了学习压力和学业受挫原因，更重要的是本研究调查对象的身心发展正处于"敏感期""冲动期""危险期"，他们容易受到外界刺激而产生激动情绪和冲动行为，加上缺乏父母的情感陪伴和有效监管，城区流动儿童的自控能力比较差。总之，城区流动儿童心理健康在年级间的不同方面及不同程度上均有所差异。

从学习适应性年级间差异比较来看，学习适应性总分及其各维度得分均呈现随着年级的升高而降低的趋势，推测出现这种趋势的原因主要有以下三点。首先，城区流动儿童从小学高年级进入初中，随着年级升高，学习环境改变，需掌握知识量增多，学科种类增加，学习难度逐步加大，当下所应用的学习策略不再适用于进一步的学习节奏，进而导致其学习适应性有所降低。其次，城区流动儿童进入青春期阶段，随着身心发展变化，有些学生的兴趣和注意力也出现了分化，不能全身心投入学习中，削弱了学习动机和自主性。最后，可能与自身尚未完全建立一种有效的压力应对机制，不能很好地适应不断增大的学习压力和学业竞争等因素有关。

从自我控制年级间差异比较来看，与学习适应性趋势相同，自我控制总分及其各维度得分同样呈现随着年级的升高而降低的趋势，这与以往研究结果和传统认知大相径庭。这可能是因为城区流动儿童从小学高年级进入初中，逐步开始进入青春期，身心发展较快，特别是进入了人生发展阶段的第二个"叛逆期"，情绪的体验感和敏感度增强，情绪波动情况也有所增加，表现出情绪自控的下降。此外，随着儿童思维的发展，由具体运算阶段逐步发展到形式运算阶段，儿童的思维已超越了对具体可感知事物的依赖，使形式从内容中解脱出来，此阶段的儿童思维具有可逆性、补偿性和灵活性，儿童不再恪守规则，反而常常由于规则与事实不符而违反规则，进而导致了思维自控得分降低，行为自控也随之降低，容易出现更多的问题行为。

### 四 城区流动儿童心理健康与学习适应性、自我控制的相关研究

相关分析结果显示（见表6-4），城区流动儿童除自责倾向和恐怖倾向外，焦虑程度及其他维度与学习适应性和自我控制都呈显著负相关（$r = -0.14 \sim -0.44$，$p < 0.01$）。

表6-4 城区流动儿童心理健康、学习适应性及自我控制的相关分析

| 变量 | 焦虑程度 | 学习焦虑 | 对人焦虑 | 孤独倾向 | 自责倾向 | 过敏倾向 | 身体症状 | 恐怖倾向 | 冲动倾向 |
|---|---|---|---|---|---|---|---|---|---|
| 学习适应性 | -0.23** | -0.14** | -0.25** | -0.20** | -0.06 | -0.21** | -0.18** | -0.06 | -0.16** |
| 学习动机 | -0.19** | -0.11** | -0.20** | -0.22** | -0.03 | -0.17** | -0.14** | -0.05 | -0.13** |
| 学习自主性 | -0.23** | -0.14** | -0.26** | -0.15** | -0.07 | -0.25** | -0.18** | -0.06 | -0.18** |
| 学习策略 | -0.16** | -0.10** | -0.18** | -0.17** | -0.04 | -0.10** | -0.14** | -0.06 | -0.10* |
| 学习环境 | -0.16** | -0.10** | -0.20** | -0.09** | -0.07 | -0.18** | -0.15** | -0.01 | -0.11** |
| 自我控制 | -0.44** | -0.31** | -0.39** | -0.20** | -0.14** | -0.40** | -0.34** | -0.23** | -0.39** |
| 情绪自控 | -0.36** | -0.27** | -0.32** | -0.14** | -0.07 | -0.31** | -0.28** | -0.22** | -0.34** |
| 行为自控 | -0.39** | -0.27** | -0.36** | -0.19** | -0.12** | -0.36** | -0.31** | -0.19** | -0.35** |
| 思维自控 | -0.41** | -0.29** | -0.35** | -0.21** | -0.16** | -0.38** | -0.33** | -0.20** | -0.36** |
| 焦虑程度 | 1 | 0.71** | 0.74** | 0.58** | 0.58** | 0.71** | 0.80** | 0.83** | 0.68** |

回归分析结果显示（见表6-5），学习适应性和自我控制对城区流动儿童心理健康有显著负向预测作用，能够解释焦虑程度总变异量的19.4%，其中自我控制预测作用较大，能解释总变异量的14.3%。

本研究发现，学习适应性和自我控制不仅与心理健康有着密切相关，而且能够有效预测心理健康，这与以往的相关研究结果一致。罗峥等（2018）的研究进一步表明，学生的学习适应性与心理健康问题呈显著的负相关，周迎楠和毕重增（2017）的研究表明，学生的自我控制与心理健

康问题之间存在显著的负相关关系,且自我控制水平较低的学生更容易出现心理健康问题。这是由于自我控制是心理健康的重要保护性因素,自我控制与个体的外化和内化问题行为显著相关(司徒巧敏,2017)。因此,自我控制能力较差的学生,其焦虑、抑郁和压力水平就更高(何杰等,2019)。葛枭语和侯玉波(2021)的研究也进一步说明,自我控制能够正向预测个人的心理健康水平,自我控制能力越强,心理健康水平也越高。由此提示,学习适应性和自我控制均是心理健康的重要影响因素,改善城区流动儿童的学习适应性现状,增强其自我控制能力,是提升其心理健康水平的有效途径之一。正如上文所述,城区流动儿童比城区常住儿童可能存在更多的学习适应性问题,具体表现为学习自主性、学习动机、学习方式与策略的不足,加之其自我控制能力欠缺,导致学习效率低下,学业成绩不尽如人意等,由此可能进一步引发有关学习方面的焦虑及心理健康问题。

表6-5 学习适应性、自我控制对焦虑程度的回归分析

| 自变量 | 因变量 | Beta | $R^2$ | $\Delta R^2$ | t |
| --- | --- | --- | --- | --- | --- |
| 学习适应性 | 焦虑程度 | -0.226 | 0.051 | 0.051 | -5.93*** |
| 自我控制 |  | -0.475 | 0.194 | 0.143 | -10.75*** |

## 五 城区流动儿童自我控制在学习适应性与心理健康关系中的中介效应

基于已有文献研究,本研究假设城区流动儿童自我控制是学习适应性和心理健康的中介变量,构建模型如图6-1所示。

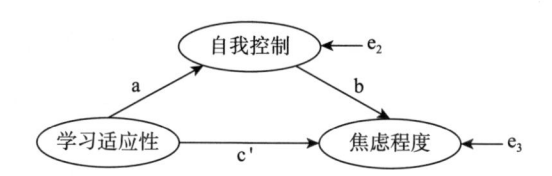

图6-1 城区流动儿童自我控制中介作用假设模型

为了验证城区流动儿童自我控制在学习适应性与焦虑程度关系中的中介作用,借助 EQS 6.1 建立结构方程模型,结果显示该模型各项拟合指数都在理想范围内(见表6-6),表明上述假设的中介作用模型是一个理想

的模型（见图6-2）。

本研究结果显示，城区流动儿童自我控制在学习适应性与心理健康中起部分中介作用，经过模型验证，模型拟合度很好。学习适应性较差的城区流动儿童，其自我控制能力相对较差，做事容易鲁莽冲动，不计后果。在生活上，他们通常缺乏家人朋友的支持和理解，人际交往技能相对欠缺，通常还有一些自卑、抑郁的情绪和心理，行事未能遵守学校社会的要求和规范，其心理焦虑程度较高。而学习适应性较好的城区流动儿童，通常对自己要求较高，自我控制能力也相对较强，能够很快地融入学校社会生活中，其心理健康水平较高。因此对于心理焦虑程度高的城区流动儿童，可以通过一些心理干预和矫治措施来提高其学习适应性和自我控制能力，进而提高其心理健康水平。

表6-6 自我控制中介模型参数

| Model | $\chi^2$ | df | $\chi^2/df$ | NNFI | CFI | SRMR | RMSEA（90% CI） |
|---|---|---|---|---|---|---|---|
| 模型1 | 401.101 | 84 | 4.78 | 0.910 | 0.928 | 0.051 | 0.076（0.069, 0.084） |

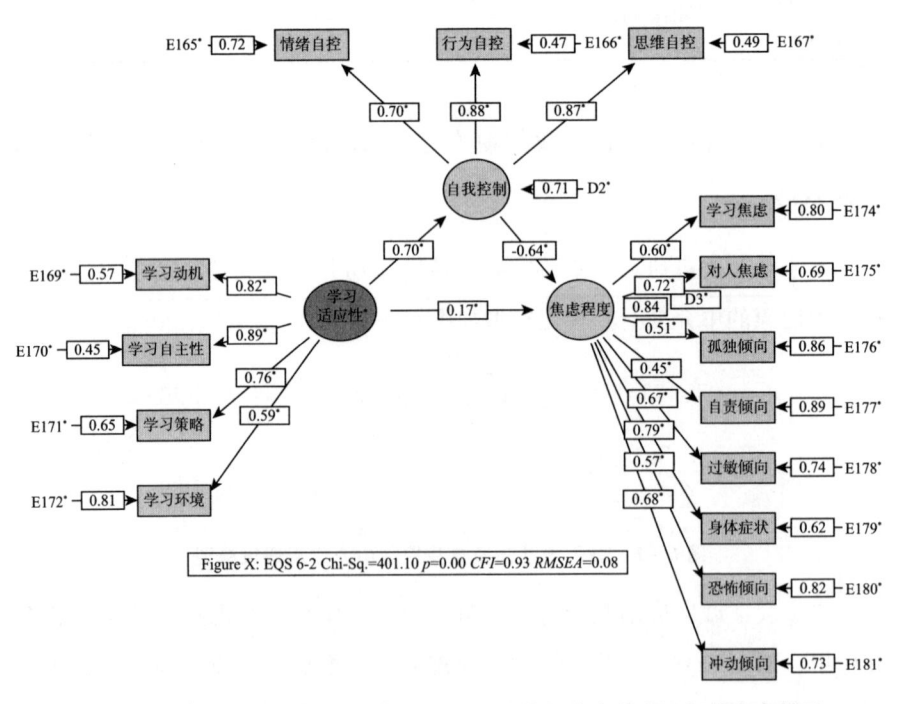

图6-2 城区流动儿童自我控制在学习适应性与焦虑程度之间的中介模型

## 六 小结

城区流动儿童心理健康、学习适应性及自我控制存在性别和年级间的差异；城区流动儿童心理健康状况与学习适应性和自我控制相互间均呈现显著相关关系，学习适应性和自我控制对心理健康水平有预测作用，其中自我控制预测作用较大；城区流动儿童自我控制在学习适应性与心理健康中起部分中介作用。这一发现对于研究城区流动儿童心理健康的影响因素具有重要意义。它不仅揭示了可以通过提高自我控制和学习适应性来影响流动儿童心理健康，也为进一步设计干预方案提供了重要依据。

## 第二节 城区流动儿童心理健康的干预实验

### 一 研究目的

上文研究表明，自我控制和学习适应性是有效预测城区流动儿童心理健康的两个重要变量。为进一步验证这两个变量对城区流动儿童心理健康的促进作用，本研究采用团体心理辅导干预实验方法，设计了自我控制和学习适应性课程干预方案，内容包括情绪自控、行为自控、思维自控、学习自主性、学习动机、学习兴趣这六个主题。然后从初一、初二两个年级中随机抽取两个班级作为实验组和对照组，对实验组进行六周的干预，最后考察自我控制和学习适应性课程干预对促进城区流动儿童心理健康的有效性，并比较年级之间的差异，以期为学校开展城区流动儿童教育实践提供参考。

### 二 研究方法

(一) 研究工具

研究工具同第一节。

(二) 实验设计与实施

**1. 被试**

从泉州市德化县某中学初一、初二年级的平行班级各随机抽取 2 个班级的城区流动儿童作为实验被试，共计87人（见表6-7）。

表6-7 被试人员统计情况（$n=87$）

单位：人

| 年级 | 实验班 | 控制班 | 总人数 |
| --- | --- | --- | --- |
| 初一 | 20 | 19 | 39 |
| 初二 | 21 | 27 | 48 |
| 总计 | 41 | 46 | 87 |

**2. 实验材料**

自编的城区流动儿童自我控制和学习适应性课程。课程内容包括情绪自控、行为自控、思维自控、学习自主性、学习动机、学习兴趣六个主题。实验组授课教师由同一人担任，授课内容和教学方法相同，授课周期和时段完全一致，尽量消除干扰因素的影响。自我控制和学习适应性课程干预教案具体见附录6。

第1课：制订学习计划

通过该课时的学习，让学生了解自己的学习计划情况，懂得学习计划对学习的重要性；学会制订学习计划并结合自己的实际实施计划，培养其学习自主性。

第2课：我的兴趣爱好

通过该课时的学习，让学生了解兴趣对学习的影响，讨论并提供培养学习兴趣的一些方法；通过了解自己的兴趣爱好，进行自我分析；通过讲述兴趣与学习的关系，激发学生的学习动机，促进其更好地学习。

第3课：我的学习"发动机"

通过该课时的学习，让学生了解学习动机的种类与强弱，以及了解学习动机太强或太弱都会对学习产生不利的影响；引导学生反思自己的学习状况，树立合理的理想目标，激发学习动机。

第4课：一心不可二用——怎样集中注意力

通过该课时的学习，帮助学生了解提高注意力的方法，以及了解自己注意力的集中、转移等方面的水平；启发学生根据自己的实际情况，自觉选用某种方法来提高自己的注意力。

第5课：控制愤怒

通过该课时的学习，使学生了解愤怒情绪的外在行为表现，认识愤怒情绪对人的行为的负面影响以及控制愤怒情绪的重要性；让学生学习控制愤怒的方法。

第6课：抵制诱惑

通过该课时的学习，让学生意识到提高行为自控力的重要性；分析中学生面临的那些诱惑，让学生意识到自己日常学习生活中的不良行为习惯；让学生掌握一些抵制不良诱惑的有效方法和技巧，以提高行为自控的能力。

**3. 实验设计**

采用准实验方法，实验设计分实验组和控制组进行前后测（见表6-8）。采用自行设计的城区流动儿童自我控制和学习适应性课程对初一、初二两个年级实验组城区流动儿童展开课程训练，实验六周后对实验组和控制组进行比较并对实验组进行前后比较，检验实施自我控制和学习适应性课程训练对城区流动儿童心理健康状况的干预效果。

表6-8 实验设计模式

| 实验组 | 前测1 | 干预 | 后测1 |
| --- | --- | --- | --- |
| 控制组 | 前测2 | 无干预 | 后测2 |

**4. 实验程序**

第一步：同时对实验班和控制班的城区流动儿童进行焦虑程度、学习适应和自我控制问卷前测。

第二步：自行设计城区流动儿童自我控制和学习适应性课程。

第三步：对初一、初二两个年级的实验组展开自我控制和学习适应性课程训练，所有课程固定同一个授课老师，每周的授课时间和地方等保持不变，尽量做到所有干预手段都是一致的，尽可能排除各种无关因素的干扰。而控制组没有参与课程训练，让学生在这六周内自然发展。

第四步：训练六周后，对实验组和控制组城区流动儿童进行焦虑程度、学习适应性和自我控制后测，并对实验组前后测结果进行比较。

（三）数据统计

采用SPSS 21.0软件对收集的数据进行统计分析。

## 三 研究结果

### （一）实验前实验组和控制组自我控制、学习适应性和心理健康比较

开展实验前，为考察实验组和控制组的平行一致性，本研究对两个年级实验组和控制组的自我控制总分、学习适应性总分、心理健康总分及情绪自控、行为自控、思维自控、学习动机和学习自主性五个维度得分进行独立样本 $t$ 检验，结果显示（见表 6-9），实验组和控制组在量表总分及各维度得分上均不存在显著差异（$p>0.05$）。说明实验组和控制组在焦虑程度、学习适应性和自我控制上平行一致，具备后续进行实验比较的条件。

表 6-9 实验前实验组和控制组自我控制、学习适应性和焦虑程度比较（$M \pm SD$）

| 年级 | 组别 | 焦虑程度 | 学习适应性 | 自我控制 | 情绪自控 | 行为自控 | 思维自控 | 学习动机 | 学习自主性 |
|---|---|---|---|---|---|---|---|---|---|
| 初一 | 实验组（$n=20$） | 37.50 ± 12.59 | 59.65 ± 12.81 | 124.45 ± 17.97 | 35.20 ± 7.00 | 55.95 ± 8.69 | 33.30 ± 5.98 | 21.75 ± 4.23 | 13.80 ± 4.12 |
|  | 控制组（$n=19$） | 32.74 ± 12.12 | 56.74 ± 12.89 | 129.95 ± 17.59 | 39.16 ± 6.63 | 57.26 ± 7.97 | 33.53 ± 4.57 | 21.53 ± 4.49 | 13.26 ± 4.58 |
|  | $t$ | -1.20 | -0.71 | 0.97 | 1.81 | 0.49 | 0.13 | -0.16 | -0.39 |
| 初二 | 实验组（$n=21$） | 37.71 ± 12.35 | 55.00 ± 11.10 | 124.52 ± 18.68 | 35.76 ± 6.33 | 54.81 ± 0.80 | 33.95 ± 6.39 | 19.52 ± 5.11 | 13.10 ± 3.36 |
|  | 控制组（$n=27$） | 38.22 ± 11.70 | 58.15 ± 11.12 | 126.44 ± 12.50 | 36.48 ± 4.57 | 56.52 ± 5.90 | 33.44 ± 3.93 | 21.22 ± 4.06 | 13.63 ± 3.94 |
|  | $t$ | 0.15 | 0.98 | 0.43 | 0.46 | 0.87 | -0.34 | 1.28 | 0.50 |

注：* $p<0.05$；** $p<0.01$；*** $p<0.001$。下同。

### （二）实验后实验组和控制组自我控制、学习适应性和焦虑程度增值分数比较

为考察自我控制和学习适应性课程训练的开展是否显著提高了实验组城区流动儿童的自我控制、学习适应性和心理健康水平，特将实验组前后测分数差值（后测分数减去前测分数）平均数与控制组前后测分数差值平均数做 $t$ 检验，结果显示（见表 6-10），实验组的情绪自控、学习自主性、学习适应性、自我控制、行为自控、思维自控和学习动机的增值分数均高于控制组，存在显著差异（$p<0.001 \sim p<0.05$）；实验组的焦虑程度的增值分数低于控制组。也就是说，参与六周的自我控制和学习适应性课

程训练的实验组城区流动儿童在自我控制和学习适应性、心理健康水平上相比控制组城区流动儿童得到了显著提高，说明了自我控制和学习适应性课程训练的有效性。

表 6-10 实验组和控制组自我控制、学习适应性和焦虑程度增值分数比较

| 组别 | 焦虑程度 | 学习适应性 | 自我控制 | 情绪自控 | 行为自控 | 思维自控 | 学习动机 | 学习自主性 |
|---|---|---|---|---|---|---|---|---|
| 实验组 ($n=41$) | -4.24 ± 11.76 | 4.76 ± 11.33 | 7.24 ± 18.79 | 4.63 ± 6.73 | 0.85 ± 8.94 | 1.76 ± 6.64 | 1.15 ± 4.09 | 2.51 ± 4.05 |
| 控制组 ($n=46$) | 1.17 ± 8.50 | -2.48 ± 9.05 | -4.85 ± 11.33 | -1.11 ± 4.64 | -2.83 ± 6.51 | -0.91 ± 3.91 | -0.91 ± 3.36 | -0.87 ± 2.58 |
| t | 2.44* | -3.31** | -3.58** | -4.58*** | -2.21* | -2.25* | -2.58* | -4.58*** |

### （三）两个年级参与自我控制和学习适应性课程训练效果差异的比较

为考察两个年级实验组在自我控制和学习适应性课程训练之后，他们的心理健康、学习适应性和自我控制等前后变化情况，将自我控制、学习适应性和焦虑程度变化幅度（后测分数减去前测分数）进行描述性统计和方差分析，结果显示（见表 6-11 和表 6-12）：初一年级的学习适应性和自我控制及情绪自控、行为自控、思维自控、学习动机、学习自主性五个维度增值分数比初二年级的更大；而且方差分析结果显示：焦虑程度和学习自主性得分的变化幅度均存在显著差异（$p<0.05$）；学习适应性和思维自控得分的变化幅度均存在显著差异（$p<0.01$）；自我控制、情绪自控和行为自控得分的变化幅度均存在极其显著差异（$p<0.001$）。总体来说，自我控制和学习适应性课程训练在初一年级开展效果更好，与学习适应性相比，对自我控制提升效果更佳。

表 6-11 两个实验组自我控制、学习适应性和焦虑程度变化幅度描述性统计

| 年级 | 焦虑程度 | 学习适应性 | 自我控制 | 情绪自控 | 行为自控 | 思维自控 | 学习动机 | 学习自主性 |
|---|---|---|---|---|---|---|---|---|
| 初一 ($n=20$) | -8.05 ± 9.59 | 9.45 ± 10.16 | 19.50 ± 16.88 | 8.50 ± 6.67 | 6.05 ± 8.41 | 4.95 ± 5.86 | 2.10 ± 3.43 | 3.95 ± 4.36 |
| 初二 ($n=21$) | -0.62 ± 12.69 | 0.29 ± 10.75 | -4.43 ± 11.92 | 0.95 ± 4.38 | -4.10 ± 6.32 | -1.29 ± 5.98 | 0.24 ± 4.53 | 1.14 ± 3.28 |

表6-12 两个实验组自我控制、学习适应性和焦虑程度变化幅度差异分析

| 变量 | 差异来源 | SS | df | MS | F | p |
| --- | --- | --- | --- | --- | --- | --- |
| 焦虑程度 | 年级间差异 | 565.66 | 1 | 565.66 | 4.44 | 0.042 |
|  | 年级内差异 | 4969.90 | 39 | 127.43 |  |  |
|  | 总变异 | 5535.56 | 40 |  |  |  |
| 学习适应性 | 年级间差异 | 860.33 | 1 | 860.33 | 7.85 | 0.008 |
|  | 年级内差异 | 4275.24 | 39 | 109.62 |  |  |
|  | 总变异 | 5135.56 | 40 |  |  |  |
| 自我控制 | 年级间差异 | 5865.42 | 1 | 5865.42 | 27.70 | 0.000 |
|  | 年级内差异 | 8258.14 | 39 | 211.75 |  |  |
|  | 总变异 | 14123.56 | 40 |  |  |  |
| 情绪自控 | 年级间差异 | 583.56 | 1 | 583.56 | 18.53 | 0.000 |
|  | 年级内差异 | 1227.95 | 39 | 31.49 |  |  |
|  | 总变异 | 1811.51 | 40 |  |  |  |
| 行为自控 | 年级间差异 | 1054.36 | 1 | 1054.36 | 19.21 | 0.000 |
|  | 年级内差异 | 2140.76 | 39 | 54.89 |  |  |
|  | 总变异 | 3195.12 | 40 |  |  |  |
| 思维自控 | 年级间差异 | 398.33 | 1 | 398.33 | 11.36 | 0.002 |
|  | 年级内差异 | 1367.24 | 39 | 35.06 |  |  |
|  | 总变异 | 1765.56 | 40 |  |  |  |
| 学习动机 | 年级间差异 | 35.51 | 1 | 35.51 | 2.19 | 0.147 |
|  | 年级内差异 | 633.61 | 39 | 16.25 |  |  |
|  | 总变异 | 669.12 | 40 |  |  |  |
| 学习自主性 | 年级间差异 | 80.72 | 1 | 80.72 | 5.47 | 0.025 |
|  | 年级内差异 | 575.52 | 39 | 14.76 |  |  |
|  | 总变异 | 656.24 | 40 |  |  |  |

## 四 讨论

### （一）干预后城区流动儿童心理健康水平有显著提高

以往研究中较少通过自我控制和学习适应性课程训练来干预城区流动儿童的心理健康水平。本研究对实验前后实验组和控制组心理健康水平增值分数进行差异比较，结果显示，自我控制和学习适应性课程训练显著提高了城区流动儿童（初一、初二年级）的心理健康水平。训练课程针对城

区流动儿童的生活、学习、娱乐相关领域，汇集、提炼具有共性问题和典型问题，形成情绪自控、行为自控、思维自控、学习自主性、学习动机、学习兴趣六个主题课程。每个主题的课程施教时都有明确的授课目标、详细的活动内容，确保教学内容能够触动学生心灵，也帮助学生将所学应用于日后的生活实践。正是由于课程具有很强的指导性和针对性，加上专业老师的有效组织实施，最终两个年级城区流动儿童自我控制能力、学习适应性都显著提升，心理健康水平也显著提高。提示自我控制和学习适应性课程训练模式可以为学校开展儿童自我控制和学习适应性课程训练提供较好的参考和借鉴，切实提高城区流动儿童的心理健康水平。

**（二）初一年级城区流动儿童自我控制和学习适应性课程的干预效果显著**

方差分析结果显示，城区流动儿童焦虑程度、学习适应性、自我控制、情绪自控、行为自控、思维自控和学习自主性得分的变化幅度年级间均存在显著差异，初一年级实验组的提高幅度比初二年级要大。这可能与他们的适应时间长短有关。刚从小学跨入初中一年级的城区流动儿童，面临学习和生活的诸多适应问题，而且本研究干预时间正处于他们进入初中的第二个月，在学习及其他方面还存在不完全适应的问题，此时给予科学有效的自我控制和学习适应性课程训练，能够使他们获得更显著的提升。而对于初二年级的城区流动儿童来说，他们经历了初中一年的学习生活，其学习适应性、自我控制能力总体上比较好，且已经形成相对固定的学习思维、学习习惯、学习方法，虽然经过干预有所提升，但提升的幅度还是明显低于初一年级。由此提示，自我控制和学习适应性课程训练在初一年级开展效果更好，尤其在自我控制方面。

## 第三节 城区流动儿童心理健康的提升对策

### 一 加强多方关注和陪护，避免产生孤独感

本研究显示孤独感是城区流动儿童的普遍心理感受，其影响了城区流

动儿童的心理健康。因此今后对于城区流动儿童的心理健康教育与引导工作，重点领域应为加强对城区流动儿童的心理关怀，开展形式多样、具有吸引力和感染力的心理拓展活动，并应推动学校、社区以及家庭等形成积极的教育合力，共同致力于加快城区流动儿童的城市融入，减少其孤独感。

学校层面：第一，要注重发挥教师在教书育人中的人格魅力和表率作用，对城区流动儿童给予更多的情感关怀，尤其是对那些刚转入学校就读的城区流动儿童，更要主动和耐心地去关心他们，倾听他们的心声，从生活上、学习上给予他们更多的帮助。第二，要注重营造友好、接纳的班级氛围，引导班级同学对城区流动儿童展开热情、主动的邀请，开启结对子模式，以热情消融城区流动儿童的胆怯与不适，帮助城区流动儿童加速融入学校教育，减少孤独感。第三，教师要善于用赞许和欣赏的眼光寻找城区流动儿童身上的优点、闪光点，及时给予公开的赞美和表扬，以此激发其信心，让他们产生成就感。挖掘和利用他们自身积极心理品质来抵抗身上的弱点，抵御生活中遇到的一些风暴，促进他们身心健康成长。第四，班主任应加强与城区流动儿童家长的沟通联系，可通过家访、开家长会、电话、微信等多渠道多形式，主动与他们交流孩子在校表现及状态，及时掌握学生在家时的基本状态等，积极引导家长营造宽松、和谐的家庭氛围，为构建家校共育的良好环境做出努力。

家庭层面：父母在辛苦奔波，忙于生计的同时，要抽出更多的时间与孩子进行交流和沟通，传达爱与温暖，建立一种和谐、亲密、安全、信任的亲子关系。与学校老师保持联系，做好沟通交流，更多地了解孩子在学校的表现及其心理诉求，有意识地帮助孩子掌握有关生活和学习方面的技能，使其独立自主地应对和解决自己所遇到的问题。积极挖掘孩子身上的闪光点，通过心理赋能增强孩子信心，使其积极融入校园生活，减少孤独感。

社区层面：若有条件，积极开展城区流动儿童学业及心理健康帮扶活动，聚集优秀的志愿者，用耐心与爱心陪伴城区流动儿童健康成长，辅导其功课，提升其学业技能，补齐短板，增强其自我效能感，进而提升其身心素质。同时，也可在节假日邀请相关教育专家开启教育辅导讲座，针对该群体的身心特点提出相应的教育对策,通过帮助父母更新教育观念、改善家庭环境、改进教养方式等促进城区流动儿童健康成长。另外,组织开展一些针对流动儿童家庭的集体活动,让更多有共同经历的家长在活动中互动交流,分享家教经验和育儿方法。

## 二 激发学习兴趣,增强学习的意义感

首先,应注重激发城区流动儿童的学习动力,尤其是内在动力,提升其学习自主性和意义感,增强其克服学业困难的决心与毅力。帮助城区流动儿童寻找自身的学科兴趣,认知自己的学业优势与不足,进行有针对性的提升训练和补充学习,在此基础上帮助他们制定清晰、合理、可行的目标,在目标的逐步完成中获得学习成就感和幸福感,激发学习的兴趣和动力,增强攻坚克难的决心和勇气。其次,应培养城区流动儿童良好的学习习惯并引导其长期坚持,日久方能见效。城区流动儿童经历了学习环境的转变,相较于过往的农村教育,城市的教育水平更先进、学业竞争更激烈,因此对儿童的学习要求也就更高,若城区流动儿童内在动力充足,学习习惯良好,其学习主动性与积极性自发提升,学业成绩自然提高,该过程是自发、自然产生的必然趋势走向,也是解决城区流动儿童学业问题及其引发的一系列心理健康问题的思路及措施。

## 三 坚持正确指导与评价,培养自我控制能力

该年龄段的城区流动儿童正迈入青春期,自我意识蓬勃发展,有更多的自我认识需求,渴望独立自主与自治。但因该阶段其心理还未完全成熟,心理特点还存在一定的幼稚性,行为特点还存在一定的冲动性,因而家长与老师常常会采取管制教育的措施辅以成长。但外部的管制要求行为过多、过严,会与该年龄段的内在探索及渴望独立自主的需求相冲突,引发城区流动儿童的困惑、迷茫与痛苦,进而影响他们自我意识的形成和发展。为此,首先,家长要提高自身修养,为孩子树立一个自我控制的好榜样。不管在什么时候、遇到什么样的事情都要保持一种平和理性、积极乐观的心态,管理自己的情绪,避免因冲动、偏激、抱怨、悲观、失控和焦虑情绪给孩子心理造成负面影响。其次,要构建和谐的夫妻关系和安全的

亲子关系，积极营造愉悦、轻松、温馨的家庭氛围，让孩子养成乐观、自信、坚韧、希望的积极心理品质。研究表明，一个具有良好自控力、具有良好的同伴交往能力、学业成绩较好的孩子，他们的家长通常也具有较好的自我控制能力。再次，教师要学会尊重、信任学生，积极创设自我控制的场景或活动，鼓励学生积极参与活动，并引导他们在完成情境或活动目标任务过程中发挥个性潜能，磨炼意志，收获成功，学会坚持与等待，以此来增强学生的自信心、意志力和耐受力。最后，家长和教师要意识到不同的语言和评价方式对孩子心灵成长的影响。消极的、否定的语言和评价方式往往会降低学生的自尊和自信水平，严重的会导致其习得性无助，失去学习动力与兴趣。鼓励性语言和评价方式，则能让学生明确自己努力的方向，同时也会提升他们的自信心、耐挫力和自控力。因此，应更多采用鼓励的、积极的、正面的交流语言和评价方式，从而提升儿童的自我效能感和学习成就感，激发他们的学习动力与兴趣。

# 第七章 城区流动儿童学业成就及干预实验

城区流动儿童是我国新型城镇化进程中出现的特殊人群,他们是未来社会经济发展的生力军和主体力量,他们的学习适应、学业成就以及受教育程度和质量都会极大影响他们未来发展的走向和不同社会阶层分流。尽管国家从宏观层面出台了一系列政策和措施,如推进城乡教育一体化、义务教育高质量均衡发展、促进教育公平等,取得了一定的效果,但由于城乡文化差异、户籍制度改革滞后、家庭经济较差等原因,城区流动儿童社会适应问题比较突出,如心理健康水平低、问题行为发生率高、学习成绩差、失学和辍学率高等,可以说城区流动儿童的教育质量整体上远不如城区常住儿童。总体而言,提高流动儿童的学业水平和教育质量仍任重而道远。因此,全面提高城区流动儿童教育质量,促进未来社会健康持续发展成了新时代教育改革发展的重要主题。

城区流动儿童的教育质量是新型城镇化建设成效的重要评判指标,城区流动儿童的学业衔接、学校适应以及学业成就是衡量教育质量的重要指标。然而影响城区流动儿童学业成就的因素有很多,按照生态学理论的观点,个体的发展会受到包括社会、家庭、学校、同伴在内的多个生态子系统的共同影响(Bronfenbrenner & Morris,1998)。城区流动儿童的发展与其生活环境息息相关,深受家庭、学校、同伴的影响,同时,他们的内部认知行为系统也面临"转型升级"或重组的挑战,对处于身心发展关键期的城区流动儿童来说,其内外风险因素会更多,生态风险的累积会对青少年学业能力和社会适应产生消极影响。因此,本研究对城区流动儿童学业成就的基本情况及相关因素进行探析,了解他们学业成就的基本特点,并对影响学业成就的学习投入因素进行实验干预,探究学习投入对提升学业成就的影响，为有效改进教育教学、提高学生学业成就提供依据。

## 第一节　城区流动儿童学业成就及相关因素

### 一　研究目的

学业成就是指学生获得预期学习效果的程度，是通过考试或其他评价工具对学生进行衡量所体现出来的学习结果，如打分排名、考试成绩等。绝大多数研究以学科成绩作为学业成就的判定依据。城区流动儿童的学业成就不仅能够反映出学生个体的学习能力、教师教学水平，而且也能反映出学生所在城区的城镇化建设与教育质量协调发展水平。根据文献梳理，流动儿童的学习成绩总体上较差，很大程度上受到学校班级心理气氛和学生学习投入的影响，"青少年儿童感知的班级心理气氛和学习投入对于学业成就有显著的影响"（文超等，2010）。那么城区流动儿童学业成就情况究竟如何，与城区常住儿童是否存在差异，感知的班级心理气氛与学习投入关系如何，是否影响个体对学习的投入，两者是否对学业成就有预测作用，影响学业成就的作用机制是什么，等等，这是值得大家进一步探究的课题。

### 二　研究方法

#### （一）研究工具

**1. 《我的班级》调查问卷**

采用江光荣（2004）编制的《我的班级》调查问卷测量感知的班级心理气氛，该问卷包括5个维度，其中，师生关系维度包括8个项目，同学关系维度包括8个项目，秩序和纪律维度包括8个项目，竞争维度包括7个项目，学习负担维度包括7个项目，总共38个项目。采用李克特5点计分。各分量表的内部一致性信度在0.92~0.98。探索性因子分析结果表明上述5个因子可解释全部方差的80%，并且各个分量表都能有效地对不同班级做出区分，适用于中小学生。

**2. UWES-S 学习投入量表（中文版）**

该量表由方来坛等（2008）研究翻译的 UWES-S 量表与学习绩效量表修

订而成,共有17个项目,采用李克特7点计分。包括活力、奉献和专注三个维度,适用于初中学生。各分量表的内部一致性信度在0.82~0.95,相关系数显著,在0.76~0.77,项目载荷在0.42~0.81,具有较好的拟合指标。

**3. 学业成就的收集**

为保证测量结果的准确性和客观性,以及考虑到数据收集方便,本研究采用学校第一次月考和期中考试的语文、数学、英语三科成绩,按学校类型、年级、城区流动儿童与城区常住儿童将学生的各科成绩折算为标准分,以三科标准分总分作为衡量学生学业成就的指标。

## (二)数据收集

**1. 问卷发布与实施**

选择福建沿海4所城区的初中学校,发放问卷1350份,共回收问卷1280份,其中有效问卷1093份,有效率为85.4%。城区流动儿童674人(其中,男生331人,女生343人;初一224人、初二231人、初三219人),城区常住儿童419人。年龄范围为14~17岁,平均年龄为15.2岁。

**2. 施测过程**

采用等距随机抽样法,以班级为单位对同一年级的班级数为单数的班级进行团体施测,让学生在问卷指导语的指导下完成问卷,15分钟后当场回收。

**3. 统计方法**

采用SPSS 20.0统计软件进行数据分析,具体包括描述性统计、独立样本$t$检验、方差分析、回归分析等。

## 三 城区流动儿童学业成就的总体情况

### (一)学业成就、学习投入及感知的班级心理气氛的情况

采用独立样本$t$检验,结果显示(见表7-1),城区流动儿童与城区常住儿童在学业成就和学习投入方面均没有显著差异,但在感知的班级心理气氛及师生关系、同学关系、秩序和纪律三个维度上城区流动儿童得分均显著低于城区常住儿童。究其原因有二。一是本调查对象为青春期的儿童,他们面临人际交往的重大转变,在与同龄朋友的交往中呈现更加重视朋友、一致的行动方针、多层次的交友等特点,在与教师的交往中呈现品

评教师、交往偏好、行动反馈等特点。相比生活和学习环境稳定的城区常住儿童，城区流动儿童面临人际关系的重构和崭新班集体的适应问题，他们作为班集体中的新成员，在与同学的交往中较难融入已经形成的各种"小团体"，在与教师的交往中由于需要重新适应教师的教学风格、教学方式、教学进度等，往往也出现一定的适应问题和胆怯心理。二是城区流动儿童与城区常住儿童有着截然不同的教育经历，在学习习惯、学习节奏、学习品质、行为约束上存在一定的问题，这一系列的学校适应问题往往就体现在秩序和纪律的遵守上。因此，城区流动儿童在师生关系、同学关系、秩序和纪律三个维度上表现不佳，这也直接导致了他们感知的班级心理气氛得分较低。

按城区流动儿童的学业成就高低对数据进行排序，将成绩排在前33%（约223人）的学生划定为高分组，将成绩排在后33%（约223人）的学生划定为低分组。高分组与低分组的城区流动儿童在感知的班级心理气氛和学习投入及各维度上得分均存在显著差异（见表7-2），高分组城区流动儿童在感知的班级心理气氛和学习投入及各维度上得分均高于低分组城区流动儿童。这与魏军等（2014）的研究结果一致。这可能是因为学业成就较高的城区流动儿童学习投入水平较高，在学习的道路上遇到困难时能够坚持不懈，愿意在学习上投入努力，认为学习充满意义感、自豪感，对学习怀有饱满的热情，并勇于挑战，享受学习的乐趣，进而取得更好的学习成绩。而学业成就较低的学生，在学习中遇到困难，容易归因为运气或考试难度，更多的是失败体验，容易气馁，他们有时不能有效地集中注意力和知觉活动，进而不能很好地体会学习的乐趣，不愿意全心全意投入学习中，这不利于学习成绩的提高。

表7-1 城区流动儿童与城区常住儿童在三个变量上的差异比较（$M \pm SD$）

| 变量 | 城区流动儿童（$n=674$） | 城区常住儿童（$n=419$） | $t$ |
| --- | --- | --- | --- |
| 师生关系 | 23.95 ± 0.29 | 25.30 ± 0.35 | 2.941** |
| 同学关系 | 19.24 ± 0.17 | 24.59 ± 0.32 | 14.673*** |
| 秩序和纪律 | 17.84 ± 0.15 | 21.98 ± 0.31 | 12.067*** |
| 竞争 | 17.01 ± 0.21 | 16.76 ± 0.31 | -0.641 |
| 学习负担 | 13.77 ± 0.16 | 13.59 ± 0.25 | -0.579 |

续表

| 变量 | 城区流动儿童（$n=674$） | 城区常住儿童（$n=419$） | $t$ |
|---|---|---|---|
| 班级心理气氛 | 91.81±0.63 | 102.23±0.96 | 9.047*** |
| 活力 | 29.77±0.24 | 30.05±0.34 | 0.690 |
| 奉献 | 26.70±0.22 | 26.79±0.31 | 0.258 |
| 专注 | 30.16±0.27 | 30.20±0.36 | 0.106 |
| 学习投入 | 86.62±0.66 | 87.04±0.93 | 0.378 |
| 学业成就 | 6.62±0.05 | 6.55±0.15 | -0.468 |

注：*$p<0.05$；**$p<0.01$；***$p<0.001$。下同。

表7-2 高低分组城区流动儿童感知的班级心理气氛、学习投入的差异（$M\pm SD$）

| 变量 | 高分组（$n=225$） | 低分组（$n=225$） | $t$ |
|---|---|---|---|
| 师生关系 | 24.28±0.46 | 22.80±0.55 | -2.048* |
| 同学关系 | 19.45±0.27 | 18.29±0.31 | -2.813** |
| 秩序和纪律 | 18.28±0.24 | 17.16±0.26 | -3.165** |
| 竞争 | 18.63±0.34 | 14.59±0.36 | -8.181*** |
| 学习负担 | 14.27±0.26 | 12.75±0.28 | -3.953*** |
| 班级心理气氛 | 94.91±0.94 | 85.59±1.22 | -6.061*** |
| 活力 | 30.26±0.42 | 28.64±0.43 | -2.699** |
| 奉献 | 27.23±0.37 | 25.17±0.39 | -3.829*** |
| 专注 | 30.71±0.47 | 29.13±0.46 | -2.396* |
| 学习投入 | 88.20±1.144 | 82.95±1.158 | -3.224** |

### （二）城区流动儿童在三个量表上的人口学分析

**1. 性别差异**

城区流动儿童在感知的班级心理气氛中的师生关系、同学关系、秩序和纪律三个维度，学习投入中的活力维度，以及学业成就上存在显著的性别差异，女生得分显著高于男生（见表7-3）。这一结果在赵风华（2015）的研究中也得到了支持。在均值表现上，除感知的班级心理气氛中的竞争和学习负担、学习投入中的奉献外，女生的得分也均高于男生。

究其原因，首先，可能与个性特点有关，在人际关系的处理上，女生往往更多地表现出合作、感性、友善、共情等，更加注重他人的看法和人际关系的维持；男生则更多地表现出竞争、理性、矛盾、好胜心等，更加注重自己的人际地位和话语权，因此，女生在师生关系、同学关系中的应对和表现优于男生，在竞争上略低于男生。其次，可能与学习态度有关，一般来说，初中阶段的女生表现出更加自律、勤勉、刻苦、积极、认真，愿意投入更多的时间和精力在学习之中；而初中阶段的男生有更加激烈的青春期叛逆表现，主要体现在对学习的态度上，因此，在秩序和纪律上女生的表现优于男生，有更多的学习投入，也更容易取得较好的学业成就。最后，可能与女生心理的阶段发展特点有关，女生相比同龄的男生身心发展更早，使得女生在人际关系的处理上更加成熟、合理，在学习中更加投入、认真，因此在学业成就上就会有更加优异的表现，且在传统的中国教养方式下，女生往往更被要求纪律的遵守和文静的性格养成，因此在秩序和纪律上表现也会优于男生。

表 7-3　城区流动儿童感知的班级心理气氛、学习投入及学业成就在性别上的差异（$M \pm SD$）

| 变量 | 男（$n=331$） | 女（$n=343$） | $t$ |
| --- | --- | --- | --- |
| 师生关系 | 23.30 ± 0.44 | 24.66 ± 0.35 | -2.406* |
| 同学关系 | 18.82 ± 0.25 | 19.69 ± 0.23 | -2.589* |
| 秩序和纪律 | 17.55 ± 0.21 | 18.16 ± 0.21 | -1.169* |
| 竞争 | 17.37 ± 0.30 | 16.61 ± 0.29 | 1.802 |
| 学习负担 | 14.05 ± 0.23 | 13.45 ± 0.22 | 1.881 |
| 班级心理气氛 | 91.10 ± 0.94 | 92.57 ± 0.84 | -1.169 |
| 活力 | 29.31 ± 0.35 | 30.27 ± 0.33 | -2.011* |
| 奉献 | 29.31 ± 0.35 | 26.82 ± 0.30 | -0.532 |
| 专注 | 29.66 ± 0.39 | 30.69 ± 0.37 | -1.923 |
| 学习投入 | 85.55 ± 0.97 | 87.78 ± 0.89 | -1.682 |
| 学业成就 | 0.08 ± 0.04 | 0.19 ± 0.04 | -2.093* |

**2. 学校类型差异**

在学校类型上，城区流动儿童在师生关系、竞争、学习负担、班级心理气氛及学业成就上存在显著差异，在师生关系维度，公办学校的城区流动儿童得分显著高于民办学校的城区流动儿童，而在竞争、学习负担、班级心理气氛及学业成就上，公办学校的城区流动儿童得分显著低于民办学校的城区流动儿童。具体数据如表 7-4 所示。

究其原因，首先，公办学校的班主任在所在班级任课时间较长，任职时间比较稳定，不会经常变换工作学校，与学生之间互动较多，师生关系比较好。其次，在竞争、学习负担、班级心理气氛及学业成就上，公办学校的城区流动儿童得分显著低于民办学校的城区流动儿童，这可能是由于本研究中的民办学校相对于公办学校管理模式更严，实行封闭管理，教师教学绩效考核严厉，教与学都抓得比较紧。城区流动儿童的父母对在民办学校的学生期望更高，而且大部分学生通过考试筛选才能进入民办学校。因此，民办学校的学生在进入学校之前就有竞争意识。另外，民办学校的课程安排相对较满，学生的课余休闲时间不多，因此感受到学习负担比较重。由于民办学生投入学习的时间相对较长，加上父母、老师的高期望及自身取得理想成绩的愿望，他们学习更努力，学习成绩水平也比较高。

表 7-4  城区流动儿童感知的班级心理气氛、学习投入及学业成就在学校类型上的差异（$M \pm SD$）

| 变量 | 公办学校（$n=613$） | 民办学校（$n=480$） | $t$ |
| --- | --- | --- | --- |
| 师生关系 | 25.10 ± 0.44 | 23.22 ± 0.37 | 3.238** |
| 同学关系 | 19.38 ± 0.27 | 19.14 ± 0.22 | 0.685 |
| 秩序和纪律 | 17.59 ± 0.22 | 18.00 ± 0.20 | -1.339 |
| 竞争 | 15.25 ± 0.32 | 18.14 ± 0.26 | -6.902*** |
| 学习负担 | 12.40 ± 0.26 | 14.64 ± 0.19 | -7.072*** |
| 班级心理气氛 | 89.72 ± 1.04 | 93.15 ± 0.79 | -2.649** |
| 活力 | 29.89 ± 0.36 | 29.69 ± 0.32 | 0.417 |
| 奉献 | 26.80 ± 0.32 | 26.63 ± 0.30 | 0.377 |
| 专注 | 30.19 ± 0.40 | 30.13 ± 0.36 | 0.115 |
| 学习投入 | 86.89 ± 0.98 | 86.45 ± 0.89 | 0.322 |
| 学业成就 | 0.000 ± 0.05 | 0.219 ± 0.023 | -3.825*** |

**3. 年级上的差异**

不同年级的城区流动儿童在师生关系、秩序和纪律、竞争、学习负担、班级心理气氛及学业成就上具有显著差异。而城区流动儿童学习投入及其各维度的年级效应不显著。通过事后检验（LSD）发现（见表 7-5），在师生关系维度上，初三学生的得分显著高于初一学生。在秩序和纪律、竞争维度上，初二学生得分显著高于初一学生。在学习负担维度上，初三和初一、初二的学生具有显著差异，初三学生的得分显著高于初一和初二学生。初一学生班级心理气氛得分显著低于初二和初三学生。而在学业成就上，初一学生的得分显著高于初二和初三学生。该结果与赵风华（2015）的研究结果基本一致。

但在学习投入及其各维度上不存在显著的年级差异，这与戚柳燕（2016）的研究结果一致。通过对各维度均值进行比较，发现初二城区流动儿童各维度的得分均低于初一和初三城区流动儿童。这可能是由于进入初二的城区流动儿童，多数学生发现即便自己付出很多努力，也难以达到自身的预期、取得令人满意的学习成绩，便逐渐变得消极，在学习投入上也有所降低。本研究在分析中发现，在师生关系、秩序和纪律、竞争、学习负担、班级心理气氛上，初一城区流动儿童的得分均最低。这可能是由于初一城区流动儿童刚从小学升入初中，对于老师关系、班级环境比较有新鲜感，对班上其他同学的学习情况并不是十分了解，同学之间学习竞争也相对较弱，且初一城区流动儿童的学业功课相比初二和初三学生比较轻松，因此，初一城区流动儿童班级心理气氛的感知水平相对较低。而在学业成就上，初一城区流动儿童的得分显著高于初二和初三城区流动儿童。可能是因为初一年级的知识相对于初二和初三年级来说比较基础，考试难度也相对较低，所以初一城区流动儿童学业成就较好。

表7-5 城区流动儿童感知的班级心理气氛、学习投入及学业成就的年级差异（$M \pm SD$）

| 变量 | 初一（$n=224$） | 初二（$n=231$） | 初三（$n=219$） | $F$ | LSD |
| --- | --- | --- | --- | --- | --- |
| 师生关系 | 22.67 ± 0.69 | 23.58 ± 0.49 | 25.46 ± 0.72 | 3.257* | 3 > 1 |
| 同学关系 | 18.45 ± 0.39 | 19.11 ± 0.28 | 19.10 ± 0.46 | 1.171 | |
| 秩序和纪律 | 16.84 ± 0.32 | 18.38 ± 0.24 | 17.66 ± 0.40 | 8.010*** | 2 > 1 |
| 竞争 | 15.78 ± 0.47 | 17.37 ± 0.37 | 16.12 ± 0.61 | 4.1051* | 2 > 1 |
| 学习负担 | 13.01 ± 0.33 | 13.49 ± 0.28 | 14.77 ± 0.46 | 4.449* | 3 > 1, 3 > 2 |
| 班级心理气氛 | 86.74 ± 1.57 | 91.94 ± 1.00 | 93.12 ± 1.72 | 5.660** | 2 > 1, 3 > 1 |
| 活力 | 29.67 ± 0.50 | 29.12 ± 0.43 | 29.98 ± 0.77 | 0.625 | |
| 奉献 | 26.21 ± 0.48 | 26.17 ± 0.38 | 26.28 ± 0.68 | 0.011 | |
| 专注 | 29.83 ± 0.59 | 29.77 ± 0.46 | 30.60 ± 0.81 | 0.389 | |
| 学习投入 | 85.71 ± 1.43 | 85.05 ± 1.16 | 86.87 ± 1.96 | 0.290 | |
| 学业成就 | 0.39 ± 0.05 | 0.00 ± 0.04 | 0.00 ± 0.05 | 27.369*** | 1 > 2, 1 > 3 |

注：1 表示初一学生，2 表示初二学生，3 表示初三学生。

**4. 流入时间长短比较**

在流入地居住时间长短差异上，城区流动儿童在秩序和纪律及竞争这两个维度上存在显著差异，通过事后检验发现，在这两个维度上，在流入地居住一年至两年的城区流动儿童的得分显著高于居住两年以上的城区流动儿童。具体数据如表7-6所示。

这可能是因为在流入地居住一年至两年的城区流动儿童对于班级秩序和纪律及竞争有了进一步的了解，增强了对于更好地维护秩序和纪律以及在班级里面取得好成绩的意识，在同学之间不甘落后，感知到的秩序和纪律及竞争水平也较高。而在流入地居住两年以上的城区流动儿童可能更加全面地了解并习惯于当前班级的秩序和纪律，对于秩序和纪律的总体感觉评价一般，而且在学习上，他们也经历过与班级同学竞争较量阶段，经过长时间的努力成绩达到一定的稳定状态，对于班级同学之间学习成绩水平的高低也形成了较为深入的认识，自然感受到的竞争水平也降低了。

表7-6 城区流动儿童感知的班级心理气氛、学习投入及学业成就在流入地居住时间上的差异（$M \pm SD$）

| 变量 | 半年至一年<br>($n=231$) | 一年至两年<br>($n=214$) | 两年以上<br>($n=229$) | $F$ | LSD |
|---|---|---|---|---|---|
| 师生关系 | 25.09 ± 1.23 | 23.52 ± 0.54 | 24.61 ± 0.38 | 1.550 | |
| 同学关系 | 19.75 ± .78 | 19.78 ± 0.33 | 19.54 ± 0.23 | 0.188 | |
| 秩序和纪律 | 18.89 ± .98 | 18.98 ± 0.30 | 17.84 ± 0.19 | 5.780** | 2>3 |
| 竞争 | 18.32 ± 1.04 | 18.58 ± 0.38 | 16.54 ± 0.28 | 9.697*** | 2>3 |
| 学习负担 | 14.09 ± 1.03 | 14.10 ± 0.29 | 13.56 ± 0.23 | 1.029 | |
| 班级心理气氛 | 96.13 ± 3.10 | 94.96 ± 1.11 | 92.09 ± 0.83 | 2.537 | |
| 活力 | 29.73 ± 1.33 | 9.55 ± 0.46 | 29.61 ± 0.32 | 0.720 | |
| 奉献 | 25.82 ± 1.16 | 26.92 ± 0.42 | 26.62 ± 0.30 | 0.286 | |
| 专注 | 31.32 ± 1.35 | 30.18 ± 0.51 | 29.78 ± 0.37 | 1.011 | |
| 学习投入 | 86.86 ± 3.43 | 86.65 ± 1.28 | 86.02 ± 0.89 | 0.466 | |
| 学业成就 | 0.02 ± 0.13 | 0.07 ± 0.49 | 0.08 ± 0.04 | 7.966 | |

注：2表示居住一年至两年，3表示居住两年以上。

## 四 城区流动儿童的学业成就与班级心理气氛、学习投入的关系

为了研究城区流动儿童感知的班级心理气氛、学习投入与学业成就这

三个变量之间的相关关系，本研究对以上变量及各变量的各维度进行相关分析。结果表明，除了师生关系维度之外，城区流动儿童感知的班级心理气氛及各维度与学业成就之间存在显著正相关关系。这与赵凤华（2015）的研究结果比较符合，可能是因为城区流动儿童感知的班级心理气氛水平越高，在认知层面对班集体会产生越积极的评价，由此在行为层面表现出对参与班级活动的积极性和主动性，因此也越容易得到老师和同学的注意和反馈，促进学习的进步和学习成绩的提升。而师生关系与学业成就相关不显著，可能是因为老师对于学业成绩较不理想的学生与成绩较好的学生都比较关注，会跟进他们的学习情况做反馈和给出建议，促进师生关系的发展。

除学习负担维度之外，班级心理气氛及各维度与学习投入各维度存在显著正相关关系，这与王艳翠（2013）的研究结果比较相符，原因可能是班级是学生学习最主要的场所，班级气氛会直接影响学生是否乐意积极投入学习中并勇于接受学习的挑战。人际关系和谐、班级氛围良好的环境有利于提高学生的学习兴趣，合理的竞争意识和适度的学习负担也有利于学生学习投入水平的提高，反之，如果班级气氛十分紧张或散漫，学生的学习竞争意识过强或太弱，都不利于促进学生的学习，学生缺乏学习热情和学习信心，相应的学习投入水平就会降低。

学习投入各维度与学业成就存在显著正相关关系。这可能是由于学习投入水平较高的学生，往往在学习中表现出积极向上、充满自信的状态，遇到困难也能勇于克服，坚持不懈，把更多的时间和精力花在学习上，显然有利于学习成绩的提高；相反，学习投入水平较低的学生，往往感到自信心不足，学习中遇到挫折往往逃避，学习成为负担，学习成绩相对较差。

**（一）班级心理气氛对城区流动儿童学业成就具有预测作用**

逐步回归分析结果显示（见表7-7），师生关系、竞争以及秩序和纪律这三个维度进入回归方程，三者共同解释学业成就变异量的6.8%，其中师生关系、竞争、秩序和纪律分别可以解释学业成就变异量的4.0%、1.4%和1.4%，说明师生关系对学业成就的正向预测作用最大，城区流动儿童感知的班级心理气氛对其学业成就产生影响，个体感知的师生关系、竞争、秩序和纪律水平越高，越有利于其学习成绩的提高。

表7-7 城区流动儿童学业成就对班级心理气氛的回归分析

| 模型 | $R$ | $R^2$ | $\Delta R^2$ | Beta | $t$ |
|---|---|---|---|---|---|
| 1 | 0.201ª | 0.040 | 0.039 | 0.201 | 5.321*** |
| 2 | 0.232ᵇ | 0.054 | 0.051 | 0.170 | 4.370*** |
|   |        |       |       | 0.119 | 3.071** |
| 3 | 0.261ᶜ | 0.068 | 0.064 | 0.210 | 5.176*** |
|   |        |       |       | 0.165 | 4.003*** |
|   |        |       |       | -0.137 | -3.203** |

注：a. 预测变量：师生关系；因变量：学业成就。
　　b. 预测变量：师生关系，竞争；因变量：学业成就。
　　c. 预测变量：师生关系，竞争，秩序和纪律；因变量：学业成就。

### （二）学习投入对城区流动儿童学业成就的预测作用

逐步回归分析结果表明（见表7-8），只有奉献维度进入回归方程，奉献可解释学业成就变异量的10.3%，并对学业成就起到正向预测作用。表明当学生越认为学习充满意义感、自豪感，对学习怀有饱满的热情，并勇于挑战时，越有利于其学习成绩的提高。

表7-8 城区流动儿童学业成就对学习投入的回归分析

| 模型 | $R$ | $R^2$ | $\Delta R^2$ | Beta | $t$ |
|---|---|---|---|---|---|
| 1 | 0.321ª | 0.103 | 0.101 | 0.321 | 8.775*** |

注：a. 预测变量：奉献；因变量：学业成就。

### （三）学习投入在班级心理气氛与学业成就之间起中介作用

城区流动儿童感知的班级心理气氛对学业成就的直接预测效应显著，当学习投入进入回归方程后，班级心理气氛对学业成就的预测效应显著下降（$\beta$从0.185下降到0.070，$R^2$增加了0.058），中介效应$ab$的值为0.1149，中介效应占总效应的比例为62.11%（$ab/c$）（见表7-9、图7-1）。

表7-9 模型3系数

| 模型 | 非标准化系数 $\beta$ | 标准误差 | 标准化系数 | $t$ | $p$ |
|---|---|---|---|---|---|
| 3（常量） | 0.123 | 0.025 |  | 5.020 | 0.000 |
| 学习投入中心化 | 0.010 | 0.002 | 0.266 | 6.520 | 0.000 |
| 班级心理气氛中心化 | 0.003 | 0.002 | 0.070 | 1.728 | 0.084 |

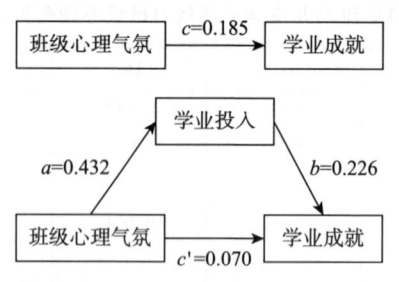

图 7-1　学习投入在班级心理气氛和学业成就关系中的中介作用模型

本研究在证实了感知的班级心理气氛能显著正向预测城区流动儿童学业成就后，进一步对学习投入在感知的班级心理气氛与城区流动儿童学业成就之间的中介作用进行了探讨。结果发现，在感知的班级心理气氛与学业成就之间，学习投入的中介效应显著，且是完全中介效应，这表明感知的班级心理气氛是通过学习投入这一中间变量来影响学业成就的。具体来讲，城区流动儿童感知的班级心理气氛水平越高，其学习投入程度越高，进而提高其学业成就。

从感知的班级心理气氛直接作用于学业成就方面来讲，高水平的班级心理气氛感知，使城区流动儿童具备了维持良好的师生关系、同学关系，遵守秩序和纪律，形成适当的学习竞争和学习负担的意识，有利于营造良好的学习氛围，自然能够较好地适应学习环境，有利于学习成绩的提高。

从学习投入完全中介感知的班级心理气氛对学业成就的正向预测效应来讲，首先，学习投入作为城区流动儿童活力、奉献、专注三个维度的体现，人际关系和谐、班级氛围良好的环境有利于提高城区流动儿童的学习兴趣，激发其学习动力，增强城区流动儿童的学习活力及提高其在学习过程中的专注力。其次，合理的竞争意识和适度的学习负担也有利于学生学习投入水平的提高。

综上所述，当城区流动儿童感知的班级心理气氛水平较高时，处于良好班级氛围中的城区流动儿童，其学习融入和学习适应性水平提升，学习过程中能更好地全身心投入，具备良好的学习状态，其学习投入水平随之提高，其学业成就自然而然所有提升。反之，如果感知的班级心理气氛十分紧张或散漫，学生的学习竞争意识过强或太弱，导致其在班级中体验不到被理解、被尊重、被信任的感觉，缺乏学习热情和学习信心，学习投入水平随之降低，进而影响其学业成就。本研究表明感知的班级心理气氛通过影响城区流动儿童的学习投入进而对学业成就产生影响。

## 五 小结

城区流动儿童感知的班级心理气氛、学习投入及学业成就有其自身的特点。城区流动儿童感知的班级心理气氛及师生关系、同学关系、秩序和纪律的水平都显著低于城区常住儿童；学业成就高分组与低分组在感知的班级心理气氛、学习投入上存在显著差异；班级心理气氛、学习投入与学业成就存在显著的两两相关关系；感知的班级心理气氛和学习投入对学业成就具有正向预测作用；学习投入在班级心理气氛对学业成就的影响中起完全中介作用。

## 第二节 城区流动儿童学习投入的干预实验

学习投入是指一种与学习相关的持久的、积极充实的精神状态，可分为行为投入、情感投入和认知投入（Fredricks et al., 2004）。学习投入反映了学生在学习活动过程中的认知、情感及行为上的投入状态，能够直观展现学生学习的努力程度，预测学生的学业成就，是衡量学生学业表现和学校生活质量的重要指标（刘玉敏，2020；贾绪计等，2020），并对学生未来的健康成长和发展造成影响（刘在花，2021a）。本研究还发现，学习投入在班级心理气氛和学业成就之间起完全中介作用。这一发现无疑对研究城区流动儿童的学习投入水平和学习适应状况具有重大意义。这一观点可以为我们解决城区流动儿童的学业成就问题提供一个新的思路，可以通过学校支持和激励来提高城区流动儿童的学习投入水平，帮助他们提高学业成绩，进而更好地促进他们社会融入和健康成长。

### 一 研究目的

学习投入是预测青少年学业表现和学校生活质量的有效前因变量，它是评价学生学习素养的重要指标（贾绪计等，2020）。学习投入水平将直接或间接影响他们的学业成就。但关于青少年学生学习投入的干预实验研究比较鲜见。为此，本研究依据团体心理辅导理论，设计一套可行的学习投入团体辅导方案，从学习投入的活力、奉献、专注三个维度进行团体心理干预，旨在验证教育干预对提高城区流动儿童学习投入水平的效果。

## 二 研究方法

### （一）研究工具

研究工具同第一节。

### （二）实验设计与实施

**1. 被试**

选取漳州市某学校初二年级城区流动儿童作为两个平行组，并选择其中一个组作为实验组，另外一个组作为对照组。实验组与对照组各21人，其中实验组男生10人，占比为47.62%，女生11人，占比为52.38%；对照组男生8人，占比为38.09%，女生13人，占比为61.90%。

实验组被试入选的标准是：根据本研究的目的，筛选出学习投入总均分≤2的被试，与班主任及任课教师进行充分沟通，在了解学生真实情况的基础上，确定了21名学生为实验组学生。实验组和对照组被试分布情况如表7-10所示。

表7-10 实验组和对照组被试分布情况（$N=42$）

单位：人

| 组别 | 男生（$n=18$） | 女生（$n=24$） | 合计 |
| --- | --- | --- | --- |
| 实验组 | 10 | 11 | 21 |
| 对照组 | 8 | 13 | 21 |

采用独立样本$t$检验对实验组、对照组干预前学习投入和学业成就进行比较。数据结果表明，实验组和对照组在学习投入及其各个维度以及学业成就的得分上差异不显著（见表7-11）。

表7-11 实验组与对照组前测的差异比较（$M \pm SD$）

| 变量 | 实验组（$n=21$） | 对照组（$n=21$） | $t$ | $p$ |
| --- | --- | --- | --- | --- |
| 活力 | 16.19±0.93 | 17.86±1.34 | -1.02 | 0.31 |

续表

| 变量 | 实验组（$n=21$） | 对照组（$n=21$） | $t$ | $p$ |
| --- | --- | --- | --- | --- |
| 奉献 | 15.14 ± 0.71 | 15.33 ± 1.09 | -0.16 | 0.88 |
| 专注 | 17.24 ± 0.96 | 18.29 ± 1.33 | -0.64 | 0.53 |
| 学习投入 | 48.57 ± 2.25 | 51.48 ± 3.40 | -0.71 | 0.48 |
| 学业成就 | 0.46 ± 0.16 | 0.56 ± 0.16 | -0.43 | 0.67 |

**2. 实验材料**

学习投入团体心理辅导协助成员对初中学习形成进一步认识，明确学习的价值和意义，引发对学习理由的思考，并引导成员树立学习目标，培养学习兴趣、学习热情和良好的学习习惯等，促进他们自主自觉地投入学习当中，以提高城区流动初中生的学习投入水平。

依据团体心理辅导理论、学习投入理论和齐莫曼的自主学习模型，结合学习投入的定义及影响因素的原则来设计团体心理辅导活动方案，设计8个单元的学习投入团体心理辅导活动方案（见表7-12）。

表7-12 八个单元的主题活动方案设计

| 单元 | 主题 | 活动目标 |
| --- | --- | --- |
| 第一单元 | 相聚是缘 | 团体成员相互介绍，了解团辅内容和活动形式，签订团辅契约 |
| 第二单元 | 独特的我 | 学习的理由，认识到学习的意义和价值，发现自身的优点 |
| 第三单元 | 未来旅途 | 了解自身的兴趣及学习生涯发展方向，初步制定学习目标 |
| 第四单元 | 专注力训练 | 认识到集中注意力的重要性以及自身存在的问题，通过专注力的训练，掌握提升学习注意力的方法 |
| 第五单元 | 我的时间我做主 | 明白珍惜时间的重要性，学会合理科学地分配时间 |
| 第六单元 | 意志的力量 | 意识到在学习上遇到困难要坚持不懈，培养良好的学习习惯，锻炼坚忍的意志品质 |
| 第七单元 | 合理归因 | 正确地认识和评价自身学习的结果，培养积极归因的意识，掌握合理归因方法 |
| 第八单元 | 轻松话别 | 回顾所学知识，处理离别情绪，互送祝福 |

初始阶段：初始阶段属于团体建立、形成信任感阶段，作为第一单元的主题，这一阶段旨在促进成员间的相互沟通，了解团体心理辅导的含义或基本形式，明确团体的规范等。

过渡阶段和工作阶段：在过渡阶段，营造信任安全的团体氛围和形成团体的凝聚力，并引入团体辅导的主题——学习。以上理论为指导，本阶段包括8个单元。

（1）计划：此阶段对学习过程有明确的认识，知道学习的价值、学习者自身完成学习任务的优势和弱势及其学习兴趣等，对学习结果要有具体确定和预期性，设置学习目标和详细计划，进而有方向有目标地合理安排学习。因此，本阶段安排2个活动单元：第二单元发现学习的内在价值和意义及自身的闪光点，增强学习内在动机和学习自信；第三单元引导成员了解自身的兴趣及学习生涯发展方向，帮助成员根据自身情况掌握制订计划的方法并制定小目标。

（2）行为或意志控制：此阶段帮助学习者把主要精力集中在学习任务上，通过自我观察来调整学习策略等。通过访谈实验组成员发现，一方面，成员学习时难以集中注意力，容易受到干扰，注意力较不集中；另一方面，不懂得时间管理。因此设置第四单元：通过专注力训练，来提升注意力。第五单元：指导成员认识到时间管理的重要性，介绍合理的时间管理方法。

（3）自我反思：学习者自我反思学习结果与学习目标是否一致，对原因进行分析，并对学习结果的评价做出相应的反应。在这一阶段中他们没有养成良好的学习习惯，在学习上遇到困难，学习就难以持久地坚持下去。本阶段设置第六单元：培养良好的学习习惯，锻炼坚忍的意志品质；第七单元通过合理归因训练，正确地认识和评价自身学习的结果。

结束阶段：协助成员整理在团体心理辅导活动过程中的成长和收获，将学习到的技能应用到学习中去，帮助成员自信、勇敢、乐观地迎接未来。

**3. 实验设计**

本研究实验设计模式采用实验组和对照组的前后测准实验模式（见表7-13）。

表7-13 实验设计模式

| 组别 | 人数 | 前测 | 干预 | 后测 |
| --- | --- | --- | --- | --- |
| 实验组 | 21 | $O_1$ | X | $O_2$ |
| 对照组 | 21 | $O_3$ |  | $O_4$ |

其中，$O_1$、$O_2$分别代表实验组的学习投入和学业成就的前测、后测，

$O_3$、$O_4$ 分别代表对照组的学习投入和学业成就的前测、后测。X 代表城区流动初中生学习投入团体干预。对实验组进行以学习投入为主题的团体辅导干预，对照组不做处理。

**4. 实验程序**

（1）准备过程：选取漳州市某学校初二年级被试，辅导干预共八次，每周一次，每次一个主题，时间为 45 分钟。活动场地安排在漳州市某学校的团体辅导室。实施团体心理辅导前两周，对实验组和对照组进行学习投入和学业成就的前测。

（2）干预过程：对实验组进行 8 次团体心理辅导，通过团体互动、游戏等影响被试的学习投入水平。对照组不做处理。团体心理辅导的领导者由一名在读的心理学硕士研究生担任。

（3）效果评估：量性评估，即在所有的团体心理辅导活动都结束之后，领导者利用《UWES-S 学习投入量表》（中文版）对实验组和对照组的学生实施后测，评估团体心理辅导对学习投入的促进效果，检验辅导干预过后实验组和对照组学习投入和学业成就的变化。质性评估，即在每次团体心理辅导结束之后，领导者会给团体成员发放一张团体心理辅导反馈表，及时了解成员的反馈情况，进而对活动干预效果进行质性评估，这同时也能帮助领导者对后续的活动进行修改与完善。

### （三）数据统计

本次研究采用 Excel 2010 和 SPSS 20.0 对数据进行分析。

## 三 研究结果

### （一）实验组、对照组后测差异性检验

采用独立样本 $t$ 检验对实验组、对照组干预后的学习投入和学业成就进行比较。

结果显示（见表 7-14），实验组与对照组的后测在活力、奉献、专注、学习投入和学业成就上差异显著，这表明进行学习投入团体心理辅导干预，实验组学习投入水平得到较明显的提升，学业成就也得到显著提高。而对照组学习投入则无显著变化。这说明团体干预训练取得了显著成效，也验证了学习投入团体心理辅导干预方案是有效并切实可行的。

表7-14 实验组后测和对照组后测的差异比较（$M \pm SD$）

| 变量 | 实验组 | 对照组 | $t$ |
| --- | --- | --- | --- |
| 活力 | 19.29±0.37 | 16.43±0.86 | 3.00** |
| 奉献 | 16.95±0.24 | 15.10±0.62 | 2.80** |
| 专注 | 22.48±0.72 | 17.24±0.85 | 4.70*** |
| 学习投入 | 58.71±0.97 | 48.76±1.92 | 4.64*** |
| 学业成就 | 0.85±0.09 | 0.40±0.16 | 2.44* |

注：* $p<0.05$；** $p<0.01$；*** $p<0.001$。下同。

### （二）对照组前后测差异性检验

采用配对样本 $t$ 检验对对照组干预前后学习投入及学业成就进行比较，对照组的学习投入及其各维度和学业成就的得分有所变化，但前后变化差异没有统计学意义（见表7-15）。这表明对照组的被试可能随着时间的推移，受学生的学习状态、学习效应或个体心理特征等因素的影响，分数稍微出现波动，但分数的变化并不是很明显。

表7-15 对照组前后测的差异比较（$M \pm SD$）

| 变量 | 实验组 | 对照组 | $t$ |
| --- | --- | --- | --- |
| 活力 | 17.86±1.34 | 16.43±0.86 | 1.68 |
| 奉献 | 15.33±1.01 | 15.10±0.62 | 0.34 |
| 专注 | 18.29±1.33 | 17.24±0.85 | 0.94 |
| 学习投入 | 51.48±3.40 | 48.76±1.92 | 1.20 |
| 学业成就 | 0.56±0.16 | 0.40±0.16 | 0.65 |

### （三）实验组前后测差异性检验

采用配对样本 $t$ 检验对实验组干预前后测进行比较，结果显示（见表7-16），实验组在经过学习投入团体心理辅导干预后，学习投入及其各维度和学业成就的得分均显著高于干预前。这表明实验组的城区流动初中生在经过学习投入团体心理辅导后其学习投入水平和学业成就得到显著的提高。

表 7 – 16　实验组前后测的差异比较（$M \pm SD$）

| 变量 | 前测 | 后测 | $t$ |
| --- | --- | --- | --- |
| 活力 | 16.19 ± 0.93 | 19.29 ± 0.37 | −3.04** |
| 奉献 | 15.14 ± 0.71 | 16.95 ± 0.24 | −2.28* |
| 专注 | 17.24 ± 0.96 | 22.48 ± 0.72 | −4.82*** |
| 学习投入 | 48.57 ± 0.25 | 58.71 ± 0.97 | −4.32*** |
| 学业成就 | 0.46 ± 0.16 | 0.85 ± 0.09 | −3.00** |

**（四）实验组、对照组前后测增值差异性检验**

把实验组和对照组的后测得分分别减去前测得分作为增值，对两组被试增值进行独立样本 $t$ 检验，结果显示（见表 7 – 17），实验组和对照组学生活力、专注和学习投入上的增值具有显著的差异，说明学习投入团体心理辅导有效提高了城区流动初中生的学习投入水平。

表 7 – 17　实验组、对照组前后测增值的差异比较（$M \pm SD$）

| 变量 | 实验组 | 对照组 | $t$ |
| --- | --- | --- | --- |
| 活力 | 3.10 ± 4.67 | −1.43 ± 3.90 | 3.41*** |
| 奉献 | 1.81 ± 3.64 | −0.24 ± 3.19 | 1.94 |
| 专注 | 5.20 ± 4.98 | −1.05 ± 5.09 | 4.04*** |
| 学习投入 | 10.14 ± 10.77 | −2.71 ± 10.39 | 3.94*** |
| 学业成就 | 0.38 ± 0.58 | −0.14 ± 1.15 | 1.87 |

**（五）团体心理辅导成员的反馈**

采用自编的《团体心理辅导反馈表》（附录 7）调查实验组被试对团体心理辅导活动效果的反馈，在团体心理辅导的第八次活动时交由参加团体心理辅导的成员填写。具体结果如下。

在团体心理辅导的收获情况评价中，30.4%的成员认为很有收获，51.2%的成员认为收获较大，18.4%的成员认为一般。这说明多数团体成员在干预活动中有所收获。

在团体心理辅导的喜欢程度评价中，62.3%的成员表示非常喜欢，37.7%的成员表示比较喜欢。说明成员对于参加团体心理辅导活动喜欢程度较高。

在满意程度的评价中，29.3%的成员对团体活动表示非常满意，

48.6%的成员表示比较满意，22.1%的成员认为一般。表明大多数成员对辅导干预活动是比较满意的。

对于学习理由、学习目标认识情况的评价，11.5%的成员认为经过团体心理辅导对自身的学习理由和学习目标有点清楚，6.1%的成员认为一般，36.8%的成员认为比较清楚，45.6%的成员认为非常清楚。说明大部分成员通过团体心理辅导活动对于自身的学习理由和学习目标有了清楚的认识。

对于专注力提升方法掌握情况的评价，35.2%的成员认为掌握得非常好，11.6%的成员认为掌握得较好，9%的成员认为掌握得一般。说明大部分成员在团体心理辅导活动中较好地掌握了专注力提升方法。

对于时间管理方法掌握情况的评价，38.2%的成员认为掌握得非常好，36.4%的成员认为掌握得较好，25.4%的成员认为掌握程度一般。表明大部分成员在团体心理辅导活动中较好地掌握了时间管理方法。

在专注力训练对成员帮助程度的评价上，14.7%的成员认为对其非常有帮助，50.4%的成员认为对其比较有帮助，34.9%的成员认为一般。说明团体活动的专注力训练对大部分成员有所帮助。

在时间管理介绍及应用对成员帮助程度的评价上，11.5%的成员认为非常有帮助，49.8%的成员认为对其比较有帮助，38.7%的成员认为帮助程度一般。说明团体活动的时间管理理论的阐释及应用对大部分成员的学习时间安排有所帮助。

在学习方法对学习的帮助的评价中，20.8%的成员认为非常有帮助，33.6%的成员认为比较有帮助，29.1%的成员认为帮助程度一般，16.5%的成员认为有较少帮助。表明团体心理辅导所学的学习方法对大多数成员的学习有所帮助。

在学习目标制定的原则和方法掌握情况的评价中，16.8%的成员表示非常好地掌握了原则和方法，49.2%的成员表示较好地掌握了原则和方法，34%的成员表示掌握程度一般。表明大部分成员在团体心理辅导活动过程中较好地掌握了目标制定原则和方法。

在对学习投入情况的评价中，48.3%的成员表示经过团体心理辅导活动，他们更愿意投入学习中，35.4%的成员表示对学习投入意愿有变化，

16.3%的成员对学习投入意愿的变化表示一般。说明团体心理辅导有助于提升成员学习投入水平。

## 四 讨论与结论

### （一）讨论

**1. 城区流动儿童学习投入的变化**

经过八次团体心理辅导活动之后，实验组被试的学习投入总分及其各个维度得分显著高于对照组，且实验组学习投入各维度后测得分显著高于前测得分。这可能与设计的干预目标得以落实有关，紧扣学习投入的核心要素进行了一系列有效的干预，并取得明显成效。主要体现在六个方面。第一，激发学习动机，比如在"探索兴趣岛"活动中注重学生学习态度的培养，学习动机的激发，学生能够全身心地投入学习中。同时，引导学生明晰自我职业兴趣，在此基础上制定合理具体目标，强化并巩固内部动机。第二，心理赋能，增强学习信心。比如在"突出重围"活动中，进一步激发成员克服困难时的耐心、决心与毅力，以及及时反思与调整方向和应对措施的能力。借助"红色炸弹"活动引导成员挖掘和肯定自我与他人的闪光点，为成员赋能，增强成员克服困难的信心，并在"成功典范"的家庭作业中记录让自我充满自信的事件，以及自我由此产生的改变，进一步引导成员看到自我优势及力量，为学习投入注入力量源泉，激发成员学习投入的信心与决心。第三，提高学习的意志水平。部分成员在学习过程中，或多或少可能会遭遇阻碍情况，有效克服困难是学业投入的必要元素。针对此情况，"第六单元"着重培养成员意志力。第四，提高学习的专注力。"第四单元"针对注意力训练设计相关活动方案，如引入注意力主题，在传授注意力的基本知识的同时，结合"鼓鼓掌"、倾听《不完美小孩》歌词、"左手画方，右手画圆"等活动，让学生树立课堂中专心的意识，学会带着问题或任务维持注意力，并在具体的注意力训练活动中提高听课的专注度。第五，学会正确归因训练。"第七单元"活动引导学生树立积极归因意识，掌握正确的归因方式，进一步强化成员学习投入的信心与决心。第六，学习自我监控能力得到有效训练。在"时间管理的故事"等学习计划自我评估训练活动中，引导学生掌握如何做好时间管理和规划学习过程的自我监控方法。

此外，团体心理辅导充分体现师生、同学之间的平等性、主体性、体验性、互动性，营造了一种温暖、支持、真诚的团体氛围，让学生感受到团体成员之间的信任和支持，从而提升对班级心理气氛的良好感知和学业投入水平。

**2. 城区流动儿童学业成就的变化**

在经过八次团体心理辅导活动之后，实验组被试的学业成就得分显著高于对照组，且实验组学业成就后测得分显著高于前测得分。证明了本研究的第二个假设中的学习投入团体心理辅导能提升城区流动初中生的学业成就。

**（二）结论**

经过八次团体心理辅导活动之后，实验组被试的学习投入及其各个维度和学业成就得分明显高于对照组，差异显著。

小组成员之间对于自身有了更多了解，对自己的学习能力有了很大的自信，并且学会了专注力提升、时间管理、制订计划、合理归因的方法。班级科任老师反馈，学生的课堂表现更加积极、专注，掌握了较好的学习方法和培养了良好的学习习惯，愿意在学习上下功夫，在学习中遇到困难也愿意寻求同学和老师的帮助，也说明小组成员有更高的学习投入。从团体成员的评价反馈来看，学习投入的辅导干预取得明显成效。

## 第三节　城区流动儿童学习投入的教育对策

通过对城区流动儿童感知的班级心理气氛、学习投入和学业成就的调研发现，学习投入对城区流动儿童的学业成就具有显著的影响，是感知的班级心理气氛与学业成就之间重要的中介变量，对城区流动儿童的学习投入的有效干预能够有效促进其学业发展。因此，如何培养城区流动儿童的学习习惯、学习意志、学业反思等能力？如何促进城区流动儿童有效的学业投入？学校、家庭和学生本身可以如何努力？这些都是值得进一步深入探讨的议题。基于对中小学的深度调研以及对现有研究成果的梳理，提出以下城区流动儿童学习投入的教育对策。

第一，增强个人主观能动性，促进城区流动儿童的学习认知投入。由干预实验研究可知，提升城区流动儿童学习投入水平的前提是对学习的合理认知，据此制定科学的学习目标和学习计划。因此，从城区流动儿童自身出发，增强个人的主观能动性，主动发展认知投入，是提升其学习投入水平的首要任务。首先，积极主动融入班集体，提升内在学习动机。研究表明，城区流动儿童感知的班级心理气氛显著影响其学习投入水平，但城区流动儿童作为班级中的新成员，往往出现班级融入困难，影响他们对学习价值、学习兴趣、学习压力、学业竞争的感知。因此，城区流动儿童更应树立班级主人翁意识，以更加积极主动的态度参与班级管理，主动建立学习帮扶关系，虚心向老师、同学请教，在与同学的合作学习中提升弱势科目，激发学习热情，明确学习价值，增强学习自信。其次，敞开心扉，主动进行师生、生生交往，在交往中自发调整学习策略。城区流动儿童经历了教育环境转变，面对激烈的学习竞争和加速的学习节奏，调整学习策略是他们学习认知投入的重要一环。他们更应敞开心扉，主动进行生生和师生的交往，在交往中实现学习节奏的磨合与适应，在交往中体验良好的学习方式，促进自身学习策略的调整。最后，注重心理健康，进行积极的自我调适。良好的学习心态是激发学习动力、维持长久学习活力的心理基础，一方面，应形成良性对比，更多关注自身的成长与进步，面对更加优秀的同伴抱以豁达的学习心态；另一方面，正确认识与评价自身学习情况，对其进行合理归因，形成乐观的解释风格。

第二，树立家庭教育的观念，提升城区流动儿童的学习情感投入水平。家庭教育作为大教育之一，是学校教育和社会教育的基础。家庭教育对城区流动儿童的学习投入具有重要的影响，研究表明，亲子沟通的质量、家庭亲密度（刘成伟等，2022）、父母自主支持的水平（谭诤等，2021）、父母的教育期待（刘在花，2015）等均对促进流动儿童的学习投入具有重要的作用。家庭教育的质量事关城区流动儿童的学习习惯养成、学习兴趣培养、学习成就感获得、学习价值观形成，从而影响儿童对学习的情感投入水平，其重要性不言而喻。然而，城区流动儿童的父母大多务工、务农，文化水平普遍不高，能够提供的家庭支持资源较匮乏，家庭教育观念较落后。可从以下两个方面着手，树立家庭教育观念。首先，重视与孩子的亲子沟通质量，营造良好的家庭氛围。良好的亲子沟通有利于孩子完善人格、丰富情感、学会表达，形成良好的心态，从而以更加积极、乐观、开放的态度感知班级的心理气氛，形成良好的人际关系，加快他们在班集体的融入与对城市学习生活的适应。其次，树立正确的教育观，形成合理的学业期待。城区流动儿童普遍来自普通家庭，家庭经济地位比较一般，父母往往更希望子女通过"读书改变命运"，希望通过子女进城学习，提升学习质量与成绩，以此增加未来获得轻松、稳定而体面的工作的可能性，对学习的期待和要求更高，无形之中给子女造成了巨大的心理压力，打击了他们的学习兴趣和信心，甚至使其形成逆反、厌学心理，学习情感投入大受打击。因此，应给予儿童适当的鼓励与赞扬，让儿童感知到来自父母的情感支持，从而提升他们的学习成就感，激发他们的学习热情，增强他们的学习信心。

第三，营造包容的班级氛围，提升城区流动儿童的学习行为投入水平。多项研究均证实，流动儿童对学校氛围的感知是其学习投入水平的重要影响因素（徐生梅等，2021；刘在花，2021b；曹新美、刘在花，2018）。班级作为城区流动儿童主要的学习生活环境，班级氛围对其学习投入的影响尤为显著，且直接体现在其学习行为上。上述研究也表明，城区流动儿童感知的班级心理气氛对其学习投入有显著的预测作用。从班级管理的角度来看，可从以下几个方面切入，帮助流动儿童提升学习行为投入水平。首先，平等看待城区流动儿童，积极接纳促进他们的班级融入。教师应引领形成平等、互助、和谐、友好的班级环境，平等看待城区流动儿童，关注他们的个人成长，主动促进良好师生关系的形成；同时，强调课堂纪律与秩序，帮助城区流动儿童形成良好的学习行为习惯和学习态度，教会他们合理应对学习竞争与学习压力。其次，学生之间应互相帮助、合作学习、共同成长、发展友谊，形成良好的同伴关系。最后，关注城区流动儿童的学习情况，促进其学业适应。

上述研究表明，城区流动儿童的学业成就与城区常住儿童不存在显著的差异，说明就学业水平而言，城区流动儿童并不会有过差的表现，因此，更应积极关注他们的学业适应问题，争取提升其学业水平，如通过教室的桌椅布局摆放、学生的座位管理等消除学生的紧张与拘束，拉近师生与生生之间的心理距离；通过个性化辅导，关注城区流动儿童的学习心理，有针对性地带领他们走出学业困境等。在课余管理上，完善城区流动儿童关爱机制。可以通过开展一系列主题活动，如团体心理辅导、心灵工作坊等方式凝聚班级力量，形成良好的班级人际关系；或通过打造心灵沟通驿站，及时了解城区流动儿童的学习问题、心理状况乃至家庭困境，帮助他们及时解决生活和学习中的困难等。

# 第八章　城区流动儿童教育融入问题与对策

城区流动儿童是教育的弱势群体，其教育问题，关乎民生，亦是新型城镇化进程中面临的一个重要社会问题，长期以来为各国政府、教育管理部门以及全社会所关注。随着我国"以流入地政府管理为主，以全日制公办中小学为主"（简称"两为主"）的原则政策的实施，城区流动儿童的入学难问题得到了有效缓解，但其教育融入问题依旧突出。若不能切实有效帮助城区流动儿童教育融入，必将影响其在城市的社会融入，而这最终将制约我国城镇化的健康发展。

在理论层面，城区流动儿童教育问题应当包含两方面：一是能否与城市居民子女享有平等的教育机会，即进入当地学校就读，在中央及地方各级政府的努力下，该问题在一定程度上得到了较好解决；二是能否较快较好地适应学校的教育教学活动，即入学后能否与当地学校的老师、同学建立良好关系，能否积极投入学习、主动参与相关校园活动以及能否较好适应校园文化等方面。就目前状况而言，城区流动儿童暂未较好融入学校教育教学活动，他们在维持良好的同伴关系上还存在一定困难，与教师进行积极的互动也还存在一定障碍。总体而言，多数城区流动儿童学习成绩并不理想，还存在学校适应上的一系列问题。

我国新型城镇化建设进程能否顺利推进，关键在于人的城镇化，而城区流动儿童教育融入问题是人的城镇化的主要节点。教育是人力资本投资的主要渠道之一，有助于提升人的文化素质，提升人认识世界和改造世界的能力，从而使人更好地适应社会、融入社会。因此，研究城区流动儿童教育融入问题，帮助其融入城市教育，有助于提升儿童的素质，从而使其更好地适应城市，融入城市社会，这对促进我国城镇化的健康发展具有重要意义，同时也为地方政府、学校和社会各界加强城区流动儿童教育融入和管理工作提供实践参考。

通过查阅国内外流动儿童（随迁子女）的教育融入问题相关研究，经整理分析发现国内外学术界对该群体教育问题均高度重视。不同学科领域研究者都从自身专业角度出发，积极探讨这一问题产生的原因，并贡献了相应解决的方式、方法、措施等。这些丰硕的研究成果，为本研究提供了重要的理论基础。但是，综观国内外学者的研究，不难发现依旧存在不足，目前研究多集中在流动儿童或随迁子女教育融入的现状描述上，或是对教育融入原因和对策的分析，针对城区流动儿童教育融入的相关研究较少。在我国新型城镇化建设进程加快的社会大背景下，城区流动儿童的教育融入问题自然成为当前儿童教育的一个重大课题。因此，非常有必要对该问题进行全面系统的分析，进一步结合实践调查分析城区流动儿童教育融入难的具体相关原因，并基于此提出切实可行的解决措施。

本章研究旨在通过问卷调查法和访谈法，对漳州市城区流动儿童教育融入状况进行分析，探讨其教育融入存在的问题与原因，提出相应的改进策略，为管理部门制定更有效且具操作性的政策、制度与措施等提供可行方案，从而为解决城区流动儿童教育融入问题提供现实参考，也为我国目前城区流动儿童教育研究提供理论参考。

采用问卷调查法，选取福建省漳州市 3 个区（县）10 所义务教育学校，其中，小学 5 所，初中 5 所，共发放问卷 800 份，其中小学 500 份，初中 300 份，收回有效问卷 760 份，其中，小学 487 份，初中 273 份。由于小学生的语言理解能力有限，对小学一年级至四年级学生的问卷调查是在老师和笔者的指导下填写的（见附录 8）。

采用单独访谈（家长和老师）和集中访谈（学生）相结合的方式，共访谈学生 110 人（其中，乡村 60 人，城区 50 人；小学生 58 人，初中生 52 人），学生家长 30 人（小学、初中各 15 人），学校老师 20 人（每所学校 2 人）。访谈的内容为师生关系、同学关系、学习活动融入、校园文化融入四个方面（见附录 9 至附录 12）。

## 第一节　城区流动儿童教育融入存在的主要问题

虽然区政府、区教育局采取了多种措施，保证了城区流动儿童的上学机会，但调查结果表明，城区流动儿童在学校学习过程中仍然存在教育融入困难的问题。具体表现为以下四个方面。

### 一　师生关系存在隔阂

亲密的师生关系是城区流动儿童教育融入的重要体现。亲密的师生关系首先体现在教师对学生的关爱上。教师在整个教育过程中能给予城区流动儿童与城区常住儿童平等对待。在访谈过程中，教师们都表示对本地的儿童与乡村儿童一视同仁，公平地对待他们。城区流动儿童在学习等方面遇到困难时，他们会给予力所能及的帮助。

**个案1**　Z老师（初中数学老师）："我们学校的老师对外来乡村儿童与市区学生都是一视同仁的，不会因为学生的户籍、父母职业、家底情况等因素而给予区别对待。对于学习有困难的乡村儿童，我们都会关注。"

**个案2**　Y老师（初中语文老师）："对乡村学生没有区别，学校有规定，不能歧视。"

**个案3**　C老师（小学语文老师）："市区学生学习基础好些，学习成绩、自觉性比较好，平时纪律也比较好。相比较而言，乡村学生学习的积极性不如市区学生，大部分基础比较差，有的到四年级还有很多常用字不认识，平时纪律也比较差……但是，没办法，在班上，我们只能给这些乡村学生更多关心和指导，有时还需要给他们专门辅导讲解，尽可能让他们掌握。"

但笔者在对乡村学生调查过程中发现，师生关系还是存在一定的隔阂的。在问及"在课堂上，老师经常请你回答问题吗？"时，选择"经常"

的小学生占 16.05%，初中生占 8.29%；选择"有时"的小学生占 39.08%，初中生占 21.84%；选择"从来没有"的小学生占 8.95%，初中生占 5.79%。在问及"平时与老师的接触中，你会觉得有压力吗？"时，选择"经常"的小学生占 17.89%，初中生占 10.00%；选择"有时"的小学生占 31.32%，初中生占 17.50%；选择"从来没有"的小学生占 14.87%，初中生占 8.42%。在问及"遇到不懂回答的问题，老师会鼓励你吗？"时，选择"经常"的小学生占 15.92%，初中生占 8.03%；选择"有时"的小学生占 31.45%，初中生占 17.50%；选择"从来没有"的小学生占 16.71%，初中生占 10.39%。在问及"课后老师是否对你们有课外辅导？"时，选择"经常"的小学生占 22.63%，初中生占 12.63%；选择"有时"的小学生占 26.84%，初中生占 15.13%；选择"从来没有"的小学生占 14.61%，初中生占 8.16%（见表 8-1）。在访谈中，部分乡村学生认为老师对他们很一般；与市区学生相比，老师有时对他们更严厉，对他们的家访次数比较少。

表 8-1　城区流动儿童在学校师生关系情况调查

单位：人，%

| 问题 | 调查结果统计 |||||| 
|---|---|---|---|---|---|---|
| | 经常 || 有时 || 从来没有 ||
| | 小学 | 初中 | 小学 | 初中 | 小学 | 初中 |
| 在课堂上，老师经常请你回答问题吗？ | 122 (16.05) | 63 (8.29) | 297 (39.08) | 166 (21.84) | 68 (8.95) | 44 (5.79) |
| 小计 | 185 (24.34) || 463 (60.92) || 112 (14.74) ||
| 平时与老师的接触中，你会觉得有压力吗？ | 136 (17.89) | 76 (10.00) | 238 (31.32) | 133 (17.50) | 113 (14.87) | 64 (8.42) |
| 小计 | 212 (27.89) || 371 (48.82) || 177 (23.29) ||
| 遇到不懂回答的问题，老师会鼓励你吗？ | 121 (15.92) | 61 (8.03) | 239 (31.45) | 133 (17.50) | 127 (16.71) | 79 (10.39) |
| 小计 | 182 (23.95) || 372 (48.95) || 206 (27.11) ||
| 课后老师是否对你们有课外辅导？ | 172 (22.63) | 96 (12.63) | 204 (26.84) | 115 (15.13) | 111 (14.61) | 62 (8.16) |
| 小计 | 268 (35.26) || 319 (41.97) || 173 (22.76) ||

通过对老师和城区流动儿童的访谈和问卷调查发现，当前城区流动儿

童与老师的关系还有一定的隔阂，较为淡薄。虽然老师觉得对城区流动儿童已经投入相当的时间与精力，给予他们关爱，但是，由于身份等因素影响，城区流动儿童对老师言行比较敏感，认识上会存在差异，这也使他们不轻易与老师接触，容易疏远。

## 二 同学关系不够融洽

同学关系，尤其是与城区常住同学关系是城区流动儿童教育融入的重要体现。融洽的同学关系是相互的，表现为双方的互相吸引，而不存在矛盾、冲突与排斥。与班级同学建立良好的人际关系，能够增强城区流动儿童的归属感，减少个体的恐惧和焦虑。对于城区流动儿童来说，其同学关系的融洽情况，表现为其自身与市区学生交往的意愿，以及市区学生对他们的认同程度。在对城区流动儿童的问卷调查中，当问到"你是否愿意与市区学生交往？"时，选择"愿意"的小学生占16.58%，初中生占9.34%。

对城区流动儿童访谈和对市区学生访谈结果表明，城区流动儿童与市区学生在交往中存在隔阂与障碍。城区流动儿童认为"市区学生并不友好，会歧视他们，言语方面带有攻击性"等。而市区学生则认为"这些乡下的学生，说话不文明，经常会骂人，生活与学习习惯都不好，不讲究卫生，很调皮，很爱动手打架"等。

**个案4** 小王（小学三年级，乡村转学学生）："不喜欢跟市区学生一起玩。因为跟他们一起玩，会被他们欺负……有时他们会说我们是乡巴佬。"

**个案5** 小蔡（小学五年级，市区学生）："我觉得他们中很多人表现不好。他们平时学习积极性不高，很多人会逃课，在学校外面玩游戏，有的还会跟社会上的闲杂人员混在一起，有的还会抽烟，有时会向同学借钱……总之他们有很多不良的习惯。"

**个案6** 小欧（男生，初中三年级，市区学生）："不爱跟他们接触，他们脾气很冲，很凶。"

因文化、生活方式与行为习惯等方面的差异，城区流动儿童与市区学生在交往对象的选择上，更倾向于与自己"身份"相同的人。由此造成城区流动儿童与市区学生之间彼此隔阂，也使得城区流动儿童难以融入城市学校中的同伴群体。

## 三 主动学习意识不强

良好的学习状况能够增强城区流动儿童的自信心，有助于他们与老师、市区学生之间的良好互动，从而促进其融入城市学校教育。城区流动儿童学习意识体现在他们的学习态度、学习的主动性和学习的胜任状况三个方面。学习态度指的是是否喜欢学习，对学习重要性的认识；学习的主动性指在学习中的自觉性，比如是否按时完成作业、及时预习和复习等；学习的胜任状况指对学习知识的理解与掌握的程度。

从学习态度来看，城区流动儿童对学习的兴趣不是很理想，对学习知识的重要性认识不足。在问卷调查中，当问到"你是否喜欢读书？"时，选择"喜欢"的小学生占37.76%，初中生占21.18%。选择"不喜欢"的小学生占16.58%，初中生占9.47%。选择"不知道"的小学生占9.74%，初中生占5.26%。这说明还有相当一部分学生不爱学习。当问到"你觉得学习对以后找工作重要吗？"时，选择"重要"的小学生占37.11%，初中生占20.79%。选择"不重要"的小学生占20.39%，初中生占11.45%。选择"不知道"的小学生占6.58%，初中生占3.68%（见表8-2）。这表明城区流动儿童对教育重要性认识不足。在访谈过程中，有的城区流动儿童认为，学习是父母要求的，其实自己并不喜欢，等读完初中以后就去打工。

表8-2 学习态度调查

单位：%

| 题目 | 回答情况 | 学段 | 占比 |
| --- | --- | --- | --- |
| 你是否喜欢读书？ | 喜欢 | 小学 | 37.76 |
| | | 初中 | 21.18 |
| | 不喜欢 | 小学 | 16.58 |
| | | 初中 | 9.47 |
| | 不知道 | 小学 | 9.74 |
| | | 初中 | 5.26 |

续表

| 题目 | 回答情况 | 学段 | 占比 |
| --- | --- | --- | --- |
| 你觉得学习对以后找工作重要吗？ | 重要 | 小学 | 37.11 |
| | | 初中 | 20.79 |
| | 不重要 | 小学 | 20.39 |
| | | 初中 | 11.45 |
| | 不知道 | 小学 | 6.58 |
| | | 初中 | 3.68 |

从学习的主动性来看，城区流动儿童学习的主动性并不是很高。在问卷调查中，当问到"你在平时学习中，能按时完成作业吗？"时，选择"按时完成"的小学生占33.29%，初中生占18.55%；选择"不能按时完成"的小学生占30.79%，初中生占17.37%。当问到"你上课前是否有预习课本知识？"时，选择"有"的小学生占26.05%，初中生占14.74%；选择"没有"的小学生占38.03%，初中生占21.18%。当问到"你课后是否有复习课堂所学知识？"时，选择"有"的小学生占37.11%，初中生占20.79%；选择"没有"的小学生占26.97%，初中生占15.13%（见表8-3）。这表明，城区流动儿童课前预习和课后复习课本知识明显不足。在访谈中，城区流动儿童表示，他们在学习过程中遇到问题，不喜欢主动找同学或者老师请教，在课堂上很少会主动举手提问，对于不能掌握的知识点采取放弃的方式。

表8-3 学习的主动性调查

单位：%

| 题目 | 回答情况 | 学段 | 占比 |
| --- | --- | --- | --- |
| 你在平时学习中，能按时完成作业吗？ | 按时完成 | 小学 | 33.29 |
| | | 初中 | 18.55 |
| | 不能按时完成 | 小学 | 30.79 |
| | | 初中 | 17.37 |
| 你上课前是否有预习课本知识？ | 有 | 小学 | 26.05 |
| | | 初中 | 14.74 |
| | 没有 | 小学 | 38.03 |
| | | 初中 | 21.18 |

续表

| 题目 | 回答情况 | 学段 | 占比 |
|---|---|---|---|
| 你课后是否有复习课堂所学知识？ | 有 | 小学 | 37.11 |
| | | 初中 | 20.79 |
| | 没有 | 小学 | 26.97 |
| | | 初中 | 15.13 |

从学习的胜任状况来看，城区流动儿童学习的胜任状况并不理想。在问卷调查中，当问到"老师在课堂上讲的内容，你能掌握多少？"时，选择"基本能掌握"的小学生占23.95%，初中生占12.50%。选择"部分能掌握"的小学生占34.47%，初中生占19.21%。选择"不能掌握"的小学生占5.66%，初中生占4.21%（见表8-4）。此外，对老师的访谈进一步明晰了城区流动儿童学习困难的具体内容。该结果表明，对于城区流动儿童来说，他们最难掌握的知识是英语，发音不准确，英语单词不会拼写，不能记住单词的含义；其次是语文，特别是古诗词和作文。

表8-4 学习的胜任状况调查

单位：%

| 题目 | 回答情况 | 学段 | 占比 |
|---|---|---|---|
| 老师在课堂上讲的内容，你能掌握多少？ | 基本能掌握 | 小学 | 23.95 |
| | | 初中 | 12.50 |
| | 部分能掌握 | 小学 | 34.47 |
| | | 初中 | 19.21 |
| | 不能掌握 | 小学 | 5.66 |
| | | 初中 | 4.21 |

**个案7** 小翁（初中一年级，老家河南安阳，转学两次）："有碰到困难。我很怕英语课，英语单词不会读，也不会拼写，有些单词我一直背，可是过一会儿就忘记了。听力我更听不懂，一句也听不懂啊。"

**个案8** P老师（初二英语老师）："可能是之前底子比较差的缘故，随迁子女在英语方面很薄弱，虽然有的很努力，但是成绩还都是中偏下水平。"

**个案 9** G 老师（小学四年级英语老师）："我是教得挺吃力的，其他同学都会了，他们还是不会。每次小测，很多随迁子女学生还是不及格。"

**个案 10** Z 老师（初三英语老师）："基本是哑巴英语了，发音不准，有的甚至都不敢读出来。"

**个案 11** C 老师（初一英语老师）："英语对话能力还是比较薄弱，班级的英语角也不参加，很头疼。"

## 四 校园文化融入较难

校园文化是一所学校在长期发展过程中形成的，从结构来看，它包括物质文化、制度文化和精神文化。校园文化融入，不仅体现在对物质文化的认可，还包括从内心认同制度文化和精神文化。

从物质文化来看，城区流动儿童物质文化融入较好。物质文化包括校园环境卫生、教学设备、绿化等。在调查中，当问到"你是否喜欢现在所在学校的环境？"时，选择"喜欢"的小学生占 60.79%，初中生占 34.08%。选择"不喜欢"的小学生仅占 3.29%，初中生仅占 1.84%。

**个案 12** 小陈（初中二年级，随父母来芗城两年）："我挺喜欢现在这所学校，这里的校园很美丽，有很多好看的花、草和树。"

**个案 13** 小卢（女生，小学六年级）："学校的教学条件很好，有电脑，以前的小学都没有，课桌都很新，学校很干净。"

从制度文化来看，城区流动儿童校园制度文化融入较差。校园制度文化包括学校的各项规章制度（如作息时间等），还包括各类活动。在调查中，当问到"你是否经常上课迟到？"时，选择"经常"的小学生占 8.95%，初中生占 5.00%；选择"有时"的小学生占 11.45%，初中生占 6.45%；选择"没有"的小学生占 43.68%，初中生占 24.47%。当问到"你是否经常参加班级组织的活动？"时，选择"经常参加"的小学生占

15.92%，初中生占8.95%；选择"有时参加"的小学生占28.82%，初中生占16.18%；选择"没有参加"的小学生占19.34%，初中生占10.79%。当问到"新学校的规章制度，或者说管理制度，你能适应吗？"时，选择"不能适应"的小学生占8.95%，初中生占5.00%；选择"正在适应"的小学生占38.42%，初中生占21.45%；选择"已经适应"的小学生占16.71%，初中生占9.47%（见表8-5）。在访谈中，城区流动儿童表示他们不怎么喜欢参加集体活动，特别是文化娱乐活动，参加这类活动会感觉压力比较大。

表8-5 校园制度文化融入情况调查

单位：%

| 题目 | 回答情况 | 学段 | 占比 |
| --- | --- | --- | --- |
| 你是否经常上课迟到？ | 经常 | 小学 | 8.95 |
| | | 初中 | 5.00 |
| | 有时 | 小学 | 11.45 |
| | | 初中 | 6.45 |
| | 没有 | 小学 | 43.68 |
| | | 初中 | 24.47 |
| 你是否经常参加班级组织的活动？ | 经常参加 | 小学 | 15.92 |
| | | 初中 | 8.95 |
| | 有时参加 | 小学 | 28.82 |
| | | 初中 | 16.18 |
| | 没有参加 | 小学 | 19.34 |
| | | 初中 | 10.79 |
| 新学校的规章制度，或者说管理制度，你能适应吗？ | 不能适应 | 小学 | 8.95 |
| | | 初中 | 5.00 |
| | 正在适应 | 小学 | 38.42 |
| | | 初中 | 21.45 |
| | 已经适应 | 小学 | 16.71 |
| | | 初中 | 9.47 |

**个案14** 小王（小学四年级，乡村学生）："我很怕出班级的黑板报，不知道要写什么，自己的字写得又不好看，怕别人笑。"

**个案15** 小白（初中二年级，刚刚从农村转学过来）："我最怕学校的文艺晚会了，每次要挑选表演节目的人，我紧张得手心都是汗。"

从精神文化来看，城区流动儿童精神文化融入也不理想。精神文化是一所学校校园文化的核心组成部分，是一所学校发展方向、办学理念的重要体现。学风、教风、校训等是校园精神文化的具体体现。在调查中，当问到"你是否知道所在学校的办学历史？"时，选择"知道"的小学生占4.34%，初中生占14.47%；选择"不知道"的小学生占59.74%，初中生占21.45%（见表8-6）。在访谈中，城区流动儿童对自己学校的办学历史、学校主要领导、学校在地区的地位、周边环境、校风校情、内涵文化、校歌、校训等并不是很了解，有些甚至不知道。

表8-6 对学校历史了解情况调查

单位：%

| 题目 | 回答情况 | 学段 | 占比 |
| --- | --- | --- | --- |
| 你是否知道所在学校的办学历史 | 知道 | 小学 | 4.34 |
|  |  | 初中 | 14.47 |
|  | 不知道 | 小学 | 59.74 |
|  |  | 初中 | 21.45 |

**个案16** T老师（初中语文老师）："随迁子女能够自觉穿校服，但是感觉融入学校文化氛围还是不够，对学校的情况还比较陌生，或者是漠不关心，他们可能认为这是学校的事情吧，与他们无关。"

**个案17** F老师（小学思想品德课老师）："他们比较注重主科的学习成绩，对校园文化、精神风尚方面不太注重。"

**个案18** 小赵（初中一年级，乡村学生）："平时比较少关注学校情况等，不过学校里倒是有许多宣传标语，都是鼓励我们好好读书的，至于哪些是校训，我倒是不清楚……校歌，没听说过，应该没有吧。"

**个案19** 小黄（小学五年级，乡村学生）："校长是谁，不知道耶，有可能是开大会讲话的那个吧（思考犹豫中），学校的历史我也不知道……"

## 第二节 城区流动儿童教育融入问题的原因分析

随着新型城镇化进程快速稳步推进，大量农村人口必然流入城市，最终融入城市生活，成为城市人口。在这一过程中，教育融入起着重要催化作用。对于城区流动儿童来说，教育融入对其融入城市生活尤其重要。但是当前城区流动儿童教育融入并不理想，与期望差距甚远。

本节将从义务教育制度、农民工家庭、城区流动儿童自身及社区文化因素等方面逐一探讨城区流动儿童教育融入问题的深层原因。

### 一 地方政府实施义务教育保障体系不够完善

健全的保障体系能更好地将制度落地，由此能使城区流动儿童更好融入社会，实现社会公平与和谐发展。但是，当前我国义务教育制度仍不够完善，使得部分特定个体和群体"被推至边缘化境地，使之逐渐陷入乃至深陷资源匮乏、机会不足和权利缺乏的境地"（周玉，2006）。所以，义务教育制度完善与否是影响城区流动儿童顺利融入城区教育的一个重要影响因素。

#### （一）教育政策虽渐完善，执行过程存在偏差

2001 年，国务院出台了《关于基础教育改革与发展的决定》，提出农民工随迁子女义务教育"以流入地政府管理为主，以全日制公办中小学为主"的政策，规定流入地地方政府负责城区流动儿童义务教育的具体管理工作，其所属的公办中小学应当接收城区流动儿童入学。2006 年修订的《中华人民共和国义务教育法》强调流动儿童在"其父母或者其他法定监护人工作或者居住地接受义务教育"。2012 年，教育部发布的《教育部 2012 年工作要点》（教政法〔2012〕2 号）要求在"两为主"的基础上，进一步"将常住人口全部纳入区域教育发展规划，将随迁子女全部纳入财

政保障范围"。但是，政策在执行过程中，由于缺乏流出地政府对城区流动儿童义务教育责任的规定，而只单方面强调流入地政府对城区流动儿童教育的责任与经费投入，使得流出地政府与流入地政府权力与责任失衡，一定程度上增加了流入地政府财政负担，打击了流入地政府对政策执行的积极性，从而影响了城区流动儿童在流入地接受义务教育的实现。

**（二）城乡教育长期差距，城区流动儿童基础薄弱**

改革开放以来的相当长一段时期内，我国社会经济发展以城市为中心，农村为薄弱环节，义务教育也不例外。在县域内统筹城乡义务教育发展的模式下，难以改变农村义务教育投入不足的局面，特别是一些经济落后的县，根本无力顾及偏远农村义务教育，更不可能与经济发达的城市相比。由于城乡的义务教育差距，农村义务教育在经费投入、师资数量与质量、教学设备与条件等方面不足，使得乡村学生的学习质量远比城市学生差。当这些学生随父母迁移到城市，进入城市学校就读后，由于其基础薄弱和教育的先天不足，他们的学业进度较难跟上城市学生，与城市学生进行学业竞争更是难上加难。由于这些学生在城市学习较为低效，长此以往，他们甚至可能出现厌学和逃学等行为，这也进一步阻碍了其融入城市学校教育的进程。

**（三）政府教育资源紧张，学校之间分配不均**

对于流入地政府来说，城区流动儿童在流入地接受义务教育，使得流入地政府在义务教育经费、人力、物力投入上显著增加，使得原本有限的义务教育资源更加紧张。在政府责任和制度强制性约束缺失的情况下，地方政府常常把本地居民子女入学和教育放在优先地位。在城市内部也存在义务教育资源分配不均的情况，同样的公办义务教育学校，重点学校可以从政府获得更多的教育资源，而普通学校获得的就非常有限。从市区学生实际情况来看，区内公办义务教育学校分为两类，一类是市（或区）属重点学校，另一类是市（或区）属普通学校。市（或区）属重点学校主要招收市区学生，这类学校是市（或区）财政投入重点，教学条件和师资力量较好；市（或区）属普通学校除招收市区学生外，还负责招收城区流动儿童，但这类学校由于政府财政投入有限，教学条件与师资力量相对较差，其在满足市区学生教育需求上已有压力，再加上招收城区流动儿童，其教育资源更为紧张，从而影响到教学质量。

## 二 城区流动儿童家庭收入及文化程度等总体偏低

家庭是一个人社会化的最重要场所，对城区流动儿童教育融入有着重要影响。家庭收入水平、父母职业、父母受教育程度等均制约着城区流动儿童的教育融入。

### （一）家庭收入偏低，教育投入有限

研究表明，家庭收入对子女教育起着两种作用，一种是自然作用，另一种是扶育作用（李雅楠，2012）。自然作用主要是基于遗传因素考虑，认为收入高的父母，能力也高，子女自然能力也高，从而影响教育融入；扶育作用主要指收入高的家庭，可以为子女教育提供更好的物质条件，甚至可以为子女选择更好的学校。根据人力资源和社会保障部发布的《2015年度人力资源和社会保障事业发展统计公报》数据，2015年城镇非私营单位员工的月工资为5169元，比上年增长10.1%，而外出农民工的月均收入仅为3072元，比上年增长7.2%。外出农民工月收入比城镇非私营单位员工的收入少2097元，仅为后者的六成不到，外出农民工收入明显偏低。从调查结果来看，外出农民工家庭收入还比较低，这可能与其从事建筑、餐饮、零售等行业有关，这些行业工作强度大，工资水平普遍偏低，扣除租房及日常生活开支外，所剩不多，导致农民工无法承担子女兴趣班、培训班以及聘请家教等额外费用，对子女教育投入非常有限。

**个案20** 家长老张："我跟我媳妇两个人一个月到手的工钱才4700多块，房租加水电费一个月要交800多块，家里还有父母，每个月要寄600块回老家，还有电话费、摩托车加油钱，现在物价挺高的，再扣掉一家人的生活费七七八八的，基本没剩余多少，我连烟都戒了……所以没给小孩子找老师补习，小孩子参加培训班都很贵，我们承受不起。"

此外，很多农民工住房条件比较差，多是租住单间民房，其子女无独立的居住场所和学习空间，严重影响学习。同时，由于家庭收入偏低，城区流动儿童容易产生自卑心理，从而也制约其融入学校教育。

## （二）从业条件较差，教育观念淡薄

不同职业的父母会形成不同的价值观，从而对子女教育产生不同的认识，进而直接影响对子女的教育投资。随着社会经济的发展，农民工群体职业分化加速，其对子女教育也会发生连动性转变（周大鸣、程麓晓，2009）。当前，乡村流动人口所从事的职业主要是劳动密集型行业。根据《2015年农民工监测调查报告》数据，农民工从事第一产业的比例为0.4%，第二产业的比例为55.1%，第三产业的比例为44.5%。从事第二产业的，是以从事制造业为主，其比例为31.1%，从事建筑业的比例为21.1%；从事第三产业的，是以批发和零售业，居民服务、修理和其他服务业为主。这些行业由于知识、技术含量较低，收入也相对较低。本调查显示，父亲从事建筑业的占34.2%，从事交通运输业的占26.7%，从事零售业的占22.9%，从事餐饮业的占8.9%，其他的占7.3%；母亲从事建筑业的占13.3%，从事交通运输业的占17.2%，从事零售业的占29.6%，从事餐饮业的占35.8%，其他的占4.1%（见图8-1）。由此可见，城区流动儿童父母主要是从事知识、技术含量比较低的行业，这些行业工作条件相对比较差，工作时间长，工作强度大，他们不得不花大量的时间和精力在赚钱养家糊口上，以维持整个家庭日常开支，逐渐淡化了对孩子的关心与教育，或无心思顾及孩子成长的心理需要，最终导致教育观念淡薄，孩子心理发展迟延。

**个案21** 小王（初中一年级，有一个小学四年级的弟弟）："我爸爸在工地打工，妈妈在超市上班。每天爸爸妈妈很早就出门了……有时候，爸爸妈妈会忙到很晚，他们没有时间关心我的学习。爸爸妈妈忙不过来时，会叫我做家务、照顾弟弟等。"

**个案22** 家长老陈（儿子二年级）："我跟我媳妇开了一个包子铺，早上4点多就要起来做包子，现在刚刚开始，可能是市场还没打开，生意不大好，唉！亏钱呢！"

**个案23** 家长老谭（大女儿初三，小女儿六年级）："我是开大车跑长途的，一趟出去半个月左右，收入还可以吧，就是很累。老大今年毕业班，我常时间在外，有时回去时她住学校，一整个月也没见次面。"

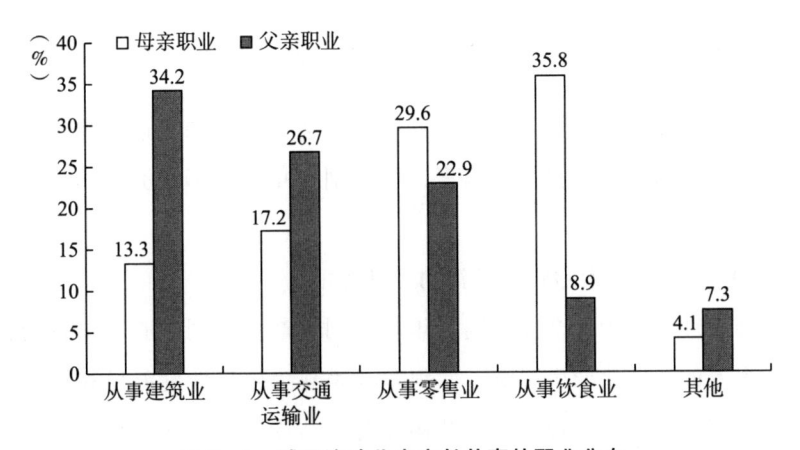

图 8-1 城区流动儿童家长从事的职业分布

### （三）文化程度不高，教育指导缺乏

我国社会经济发展起步较晚，同时由于长期城乡二元格局影响，农村教育远落后于城市，农村人口受教育程度偏低。根据国家统计局《2015年农民工监测调查报告》数据，2015年外出农民工群体中，未上过学的比例为0.8%，较上年减少0.1个百分点；小学文化程度的比例为10.9%，较上年减少0.6个百分点；初中文化程度的比例为60.5%，较上年减少1.1个百分点；高中文化程度的比例为17.2%，较上年增加0.5个百分点；大专及以上文化程度的比例为10.7%，较上年增加1.4个百分点。虽然整体上，外出农民工群体受教育程度逐年提高，但该群体受教育程度大体依旧为初中及以下，比例高达72.2%。这在很大程度上直接影响了农民工的职业选择、工资收入提高以及对子女的教育方式的选择。

从调查情况来看，城区流动儿童的父亲未上过学的比例为0.7%，小学文化程度的比例为11.2%，初中文化程度的比例为63.7%，高中（或中专）文化程度的比例为24.4%；母亲未上过学的比例为5.6%，小学文化程度的比例为18.2%，初中文化程度的比例为68.7%，高中（或中专）文化程度的比例为7.5%。可见，城区流动儿童父母受教育程度以接受义务教育为主。而父母受教育程度低，也使得他们无法对孩子的成长进行有效指导和教育。虽然父母也知道教育对子女成长十分重要，但他们受限于自身知识与教育经历的限制，往往"有心无力"，因而更多的是把孩子教育寄托在学校和教师身上。

## 三 城区流动儿童自身经历及个体因素等影响融入

城区流动儿童自身因素对其教育融入也会产生影响，这些因素大致可以分为三类：第一类是自然性因素，即性别与年龄；第二类是随父母的转学经历；第三类是个体心理因素。

### （一）自然性因素影响学习活动互动性

社会心理学认为，个体性别与年龄不同会产生不同的心理与行为，从而对一个人的社会化产生影响。性别差异表现为生理性别差异和社会性别差异。生理性别差异表现为生理结构和解剖结构差异，前者主要指性染色体的不同，后者主要指性器官的不同。有研究表明，女性右脑比较发达，在直觉力、想象力和艺术活动力方面更擅长；而男性则左脑发达，在抽象性思维、逻辑性思维以及分析力方面更活跃。社会性别差异是指人们所认知到的男性与女性之间存在的社会性差异和社会性关系；这些差异和关系会因各种具体社会形态和文化形态的不同而有所不同，且会随时间发生变化（王宇，2010）。

当前，以父系为中心的社会分工格局对女性社会心理和行为产生了重要影响，使女性被定义为配角地位，从而容易产生自卑心理，制约其社会交往行为。在本次调查中发现，男生相比女生而言，更自信，更容易与同学和老师交往，参与集体活动也更积极。性别差异的存在也有可能是由于男性的社会适应能力较女性更强，因此男生能够更快融入班级群体，学习互动性更活跃。

**个案 24** W 老师（初中数学老师）："我的教龄还是比较长的，从我班上农民工学生来看，女同学普遍比较内向，都是独来独往，平时也不爱说话……女同学很害羞，讲话声音超级小，学习上碰到问题也不怎么敢跟同学问。虽然都是农民工学生，但是男同学好很多，脸皮没女同学那么薄，胆子更大一些，不懂的敢问，男同学的学习成绩会好一些，比较乐于参加班级的活动，跟老师和同学交流更顺畅。"

年龄差异体现了个体社会经历差异，个体从出生开始，随着年龄的增长，人际交往能力不断提升，见识也越发丰厚，这些都增强了个体与他人交往的自信心，使其更容易融入集体。同时，父母对年长的子女控制更少，使其获得更多的自主权。此外，从老师访谈中，也了解到低年级的学生互动性比较差，他们在学习以及与同学、老师交往方面相对较弱，参与班级或学校的集体活动积极性也不如高年级的学生。

### （二）转学经历影响学习环境适应性

人对新环境的适应需要一个过程。从文化适应角度来说，一个人适应新的文化环境需要经历四个阶段，即兴奋、挫折、调适、适应的过程（Black & Mendenhall，1991）。当个体迁移到新的生活环境时，他们会被新环境所吸引，产生新鲜感。但对新环境有了更为深入的接触后，其心理压力和挫折感也会随之而来。若个体在后期阶段能够自觉依据新环境、新要求，及时地做出相应的自我调适，并努力使自己与之保持动态平衡，最终发展至适应阶段，则此时个体已经能熟悉新环境、新文化中的行为标准，并能运用自如。

从农村迁移到城市，对于城区流动儿童来说，意味着他们要面临环境改变所带来的社会融入挑战，首先就是教育融入的挑战。转学经历对城区流动儿童教育融入的影响是显而易见的（杜玉改，2013），主要体现在：一是转学频次，儿童转学频次越高，其学习投入越差；二是转学时间长短，一般来说，转学时间越长，其教育融入越好。本次调查发现，转学次数多的同学，由于学习与生活的环境经常变动，其适应新环境的表现相对较差，尤其在与学校老师、同学交往等方面。对于转入学校时间短的同学来说，他们仍处于心理适应期，需要投入一定的时间和精力去应对人际和生活方面的各种问题，从而影响了他们城市义务教育融入进程。

**个案 25** 家长老陈："我小孩原来学习成绩不错，但是由于转了两次学，她都没心思读书，学习成绩下降了很多。"

**个案 26** 家长老蔡（卖菜做生意）："原来孩子还比较开朗，由于刚刚转过来，各方面还不适应，也没有好朋友，学习上碰到困难也不敢问，现在学习退步了很多，人都内向了。"

### （三）个体心理因素影响学习行为差异性

个体的心理差异是个体在其先天素质基础上通过后天实践活动所形成的独特的个体心理特点，具体又可分为智力差异和人格差异两方面。智力差异体现在智力水平差异和结构差异上。高智力个体理解及应用新知识的能力较强，具体到中小学生学习方面，直接体现为在不同学科学习成绩上的差异性。人格差异主要包括人格类型和特质差异，不同的人格类型和特质会影响个体的学习及与他人互动的效果。调查发现，心理因素不同的个体，其学习行为差异性也不一样。学习成绩较好的学生，在与同学、老师交往过程中也更有自信心。有些学习成绩优良的城区流动儿童也能为市区学生的学习提供帮助，从而获得同伴与老师的尊敬，更快更好地融入学校生活。此外，具有外向型特质的同学更善于与同学和老师打交道，更愿意参与班级或学校举行的各种活动，因而也能更好地融入学校生活。

**个案27** L老师（小学数学老师）："有的学生学习成绩也不错，我班上就有几个，其中一个还当了我的数学课代表。班上其他同学如果碰到不会做的题目，他也很热心地帮同学解答。我发现他很喜欢数学课代表这个职务，平时帮我收作业本，他还会督促同学按时做数学作业呢！"

**个案28** F老师（初二语文老师，班主任）："学习成绩比较好的城区流动儿童，比较自信，也比较积极参加班级的活动。有的体育很好，我还鼓动他们参加这次的校运会呢。"

## 四 社区户籍管理水平及文化价值认同感不高

在影响城区流动儿童教育融入的因素中，除了受农民工家庭、城区流动儿童自身因素，以及教育制度等因素影响外，还受社区文化氛围制约。以下从学校实行户籍制度和社区文化两方面进行分析。

### （一）户籍制度束缚教育平等

户籍制度肩负国家对人口管理与统计的职能，其主要负责明晰并统计本国居民总数及居民所从事的职业和拥有的财产等。新中国成立不久时，由于人口盲目流动，大量农村人口涌入城市。为了尽快恢复社会秩序，国家将户籍制度与就业、住房、医疗、教育等相挂钩。在此社会大背景下所制定的户籍制度，将我国人口划分为两类，即城镇户籍人口和农业户籍人口。不同户籍的人群对应不同的就业、住房、医疗、教育等政策体系，并且该户籍制度也进一步限制了农村人口向城市流动。这种户籍制度，虽然改革开放以后几经改革，但其本质并未改变，一直延续至今。而这对城区流动儿童教育融入所产生的影响无疑是深远而广泛的。

具体来看，首先，户籍制度限制了城区流动儿童接受义务教育的平等权。虽然《义务教育法》已经明确保障每位儿童接受义务教育的权利，并强调与户籍相脱钩，中央政府也多次发文对此着重强调，但是由于种种原因，地方政府尤其是其所在学校并未彻底执行，从而影响了城区流动儿童义务教育权。其次，户籍制度还间接影响了个体的"隐形"身份特征，由于农村户籍享受的就业、住房、医疗、教育等条件不如城市，农村户籍的个体由此形成"低人一等"的心理阴影。城区流动儿童在与城区常住儿童交往过程中也相应产生自卑情绪，这也进一步影响了其与城市学校学生、老师的交往状况。甚至他们可能因害怕遭受同伴嘲笑而不愿参与集体活动。有研究认为，户籍制度的这种影响"是更深远的，更难克服的"（徐丽敏，2009）。

**（二）文化价值观念存在认同偏差**

文化是人类在长期社会生产与生活实践中形成的，它影响着社会生活和社会运行的方方面面。从社会学来说，文化包括人类所创造的一切物质和非物质的产品的总和（郑杭生，2015）。城乡文化之间也有一定差异性，对于受乡村文化因素影响的城区流动儿童，其在价值观和行为方式上与城区常住儿童有一定程度的差异，这也会影响到他们的教育融入。价值观是文化的核心部分，直接影响着人们的价值判断和行动选择，行为方式也会影响到他们与人交往与沟通的方式。乡村儿童所受到的教育一般更具有工具性，强调教育的经济价值，评价标准片面强调学业成绩，对学生在师生互动、同学交往、校园文化参与等方面的表现不够重视（孙序政、齐丙春，2009）。这种教育价值观会慢慢传递给其子女，在子女接受学校教育过程中无形地发挥作用。在调查过程中，老师们也普遍反映了此类情况的存在。而这种不科学的教育价值观，阻碍了城区流动儿童融入学校教育。

**个案 29** F 老师（小学五年级班主任）："许多农民工家长只重视分数，有时打电话也都是问小孩子学习分数高不高，很少问其他方面的情况。"

**个案 30** T 老师（初三班主任）："应该说，家长最关心的还是成绩，许多家长怕占用孩子读书时间，甚至反对他们参加学校组织的文娱活动。"

**个案 31** 农民工家长老孙："分数高最顶事儿，其他的没啥子用。"

## 第三节　促进城区流动儿童教育融入的对策建议

解决城区流动儿童教育融入问题是一个系统工程，既要借鉴国际经验，又要立足于我国实际情况，结合地方社会和学校教育实际，制定并采取切实可行的措施。

### 一　国外流动儿童教育管理的经验启示

#### （一）建立城区流动儿童学习能力提升援助计划

城区流动儿童的学习能力提升方面亟待援助，若未能得到较好的重视及援助，由农村流入城市伴随出现的学业适应等障碍问题将会严重影响其学业成绩。在美国，为保障流动儿童的学业成绩，联邦政府制定了英语作为第二语言计划、双语计划、英语能力有限者计划等相应政策。同时，地方州政府为提升流动儿童学业成绩，也十分重视并积极开展相应学业援助计划，例如，加利福尼亚州根据流动儿童英语的水平，遴选出需要进行英语能力提升的学生作为"英语学习者"（华巧红，2013）。在日本，政府开设高中实习学校和夜间学校（初中）等，对流动儿童进行日语培训，提升他们的语言水平，以适应在日本学校接受教育。

## (二) 建立城区流动儿童学籍信息化管理手段

城区流动儿童在学习阶段在本区（县）域流动性大。由于生活的区域流动，流动儿童必然会产生学业衔接问题，而这最终将影响城区流动儿童平等接受教育的权利。为解决这一问题，美国凭借其信息化的优势，建立了完善的城区流动儿童信息化管理制度。最初，美国地方州政府只在本州范围内建立了流动儿童信息管理系统，如得克萨斯州的新生代系统（NGS），该系统较为详细地记录了学生的学业、家庭及健康等基本情况。随后联邦政府于1995年建立"迁移学生记录传递系统"（MSRTS）。2001年，美国政府通过《不让一个孩子掉队法案》，整合了原来各州政府关于流动儿童的信息管理系统，从而能在全国范围内实现对流动儿童的统一管理，还开通了全国范围内的流动人口教育热线，为流动儿童教育提供咨询服务等，从而进一步保障了流动儿童的教育权利。

## 二 完善义务教育制度，均衡配置教育资源

城区流动儿童教育融入问题，究其本质实为我国义务教育制度不健全而引发的一个社会问题。制度具有强制性，它可以规范与约束人的行为，保障社会按既定的规则运行（袁庆明，2011）。一种完善的义务教育制度应协调好各级政府之间、同级政府各部门之间、不同义务教育学校之间的关系，从而实现义务教育的公平、公正和效率。

### (一) 切实落实"两为主、两纳入"教育政策

义务教育的公平、公正首先体现为入学机会均等。虽然《义务教育法》已经明确每个适龄儿童均有平等接受义务教育的权利，但实际上由于缺乏相关政策支持及地方政府利益冲突而难以实现。对此，教育部根据《国务院关于进一步做好为农民工服务工作的意见》等文件指示，提出"两为主、两纳入"城区流动儿童教育政策，并强调地方政府及教育部门应当严格执行、认真落实该政策，以期有效解决城区流动儿童教育问题。同时，教育部应当成立督察组，对地方政府及教育部门落实"两为主、两纳入"政策的实际情况进行及时督察，对违反政策规定的政府或部门给予相应处罚，并将"两为主、两纳入"政策落实情况纳入地方政府相关领导的政绩考核，以此作为奖励、晋升的考核指标之一。

**(二) 加大义务教育学校经费投入和支持力度**

在解决城区流动儿童教育融入问题过程中,要处理好教育经费投入的责任问题。一是中央要加大对城区流动儿童集中地区的义务教育经费补助力度。教育部应当在全国教育经费中设立城区流动儿童教育经费,根据各地在校就读的城区流动儿童数量给予专项经费支持。对于相对落后、财力有限的地区加大支持力度,以减轻流入地政府的财政压力。二是要强化流入地政府承担城区流动儿童的义务教育责任。农民工为当地社会经济发展做出了贡献,流入地政府有责任保障城区流动儿童与本地居民子女平等地接受义务教育的权利。本次调查实际情况显示,市区政府应当加强对本地城区流动儿童教育管理,并将其纳入市区社会经济发展规划,增加义务教育经费投入。同时,集思广益,积极拓展渠道,如通过向私立学校购买学位数等办法,增加义务教育学位数供给,确保每位城区流动儿童接受义务教育的权利,并与市区学生同享优质义务教育资源。

**(三) 平衡流入地各义务教育学校的教育资源**

义务教育资源配置不均不仅存在于城市与农村之间,也存在于同一区(县)不同义务教育学校之间。实际上,义务教育学校存在重点义务教育学校和普通义务教育学校的区分,重点义务教育学校集中较多的教育资源,但其接收城区流动儿童数量较少甚至不接收,由此造成了义务教育的不公平现象。因此,区(县)政府及教育部门应当加大对普通义务教育学校财政投入力度。一是要改善普通义务教育学校基础设施,新建扩建图书馆、实验室、教学楼等。二是要加大普通义务教育学校的师资建设力度。教育部门对普通义务教育学校现有教师进行系统的培训,提升他们的教学能力,同时通过重点义务教育学校与普通义务教育学校结对子帮扶形式,进行校际教师定期与不定期交流,并不断加大普通义务教育学校引进教师人才的力度。三是继续推进"小片区管理制度",区内各学校要贯彻落实《福建省教育厅关于加强城区义务教育学校"小片区管理"捆绑考核工作的意见》(闽教综〔2015〕37号)的规定要求,开展"片区教研",总结经验,提高教研活动的针对性和有效性,建立片区信息资源共享平台、片区统一质量检测等,实现区内义务教育均衡发展。

### 三 加强教育机制建设，提升教育服务成效

由于学习生活环境的改变，城区流动儿童心理行为需要有一段时间的重新调适过程，如学习态度、方式方法以及师生交往等，其心理资源相比城市儿童较为缺乏或不足，以致学习上投入不足甚至出现学习衔接中断，因此需要教育主管部门和学校发挥职能，建立和完善城区流动儿童的教育机制，促进城区流动儿童融入城市教育。

**（一）完善城区流动儿童信息共享机制**

政府要与学校相互配合，充分运用现代信息化技术的优势，建立城区流动儿童信息化管理系统，对城区流动儿童教育进行信息化管理，学校及时将城区流动儿童的身心健康情况、学习成绩、在校表现、家庭情况、转学经历等录入管理系统，做到信息共享，实现城区流动儿童教育管理的无缝对接，从而促进城区流动儿童融入城市教育。

**（二）建立家校合育机制，提升服务成效**

政府社区应建立并完善家校合育机制，鼓励多方主体协同参与，促进服务成效的提升，加快城区流动儿童融入新环境（孙延杰、任胜洪，2021）。学校、教师要加强与家长之间的沟通交流，深入了解城区流动儿童转学或入校后的学习状态及发生的心理变化特点，通过定期组织家访、建立家委会、举办家长会等形式，让他们的父母及时了解自己孩子的学习情况和心理动态，引导家长关注家庭教育，提升亲子教育水平和成效，发挥家长在家校合育中的作用。同时，城区学校也应重视城区流动儿童来校学习初期的适应问题，定期评估他们的学业、交往及身心健康状况并及时向家长反馈，同时多跟进他们的生活、学习和心理状况，帮助他们解决因适应不良而产生的各种问题。

**（三）开展城区流动儿童的心理辅导**

如前所述，由于时空的改变以及个体心理社会能力的差异，城区流动儿童在教育融入上或多或少地出现适应性方面的问题，尤其是年龄较小的女生，适应性问题会较多。此外，家庭贫困、父母两地分居或是离异等因素，也容易造成城区流动儿童自卑、孤僻、怯懦等心理，主动融入学校生活的动力不足，由此也容易不被同学所尊重、接纳和认同。对此，学校应

当承担起主要教育责任,对城区流动儿童进行必要的心理辅导。一是学校要及时做好城区流动儿童的接收工作,尽力安排好这类儿童的学业衔接工作,通过课后辅导、心理素质拓展等途径,帮助他们顺利完成学业衔接。二是密切关注城区流动儿童的身心健康状况,尤其是入校初期,当儿童表现出不适应时,应积极、及时采取心理干预,以免他们再次受到创伤。三是要关注城区流动儿童的心理需求,积极开展关爱活动。在义务教育阶段,学生的自我意识还未充分发展,性格还在逐渐形成的过程中,对学校老师有着特别的亲近感和信任感,这种亲近感和信任感甚至超过对自己父母的感情。因此,教师要特别关注这些儿童的心理期盼,借助课内外教学活动及时给予关爱、鼓励和信任,多渠道地挖掘学生心理优势和潜质,搭建展示才能的交流平台,加强师生互动交流,以此增强他们的成就感、自信心和人际信任,进而促进他们加快学校适应与社会融入。四是发挥教师的人格力量。教师的言行对学生的品质形成发展有着积极影响,教师的思想、人格、行为方式、待人接物的态度等对学生心理发展有着潜移默化的作用,教师应积极发挥其人格力量在重塑学生的积极心理品质过程中的作用。五是加强对城区流动儿童的自我教育训练。教师可以加强与城区流动儿童父母联系,共同为孩子制订合理、科学、有效的学校融入心理辅导计划和方案,通过一系列自我心理训练和自我探索,比如,记录每周结识的新朋友数量、每个阶段的学习目标、主动参与班级或学校活动的次数、令人激动兴奋和感恩的事件等,激发孩子"洞察心灵"的动力,使其学会自我认知和自我完善,从而增强孩子自信、坚忍、乐观和希望等积极心理品质,使其更好融入城市学校教育。

## 四 保障农民工家庭权益,强化家庭教育责任

### (一) 做好农民工就业创业服务

农民工到城市找工作,往往人生地不熟,就业信息渠道狭窄,就业面窄,经常打零工和面临失业。政府应切实将农民工纳入城市社区就业服务,及时提供法律、法规咨询和就业政策支持。相关职能部门可以联合企业、人才市场等机构,建立农民工就业信息服务平台,迅速、准确地向农民工提供就业岗位信息,从而减少农民工在城市就业的信息不畅、信息滞

后等问题，降低流动的盲目性。加大农民工的就业、创业扶持和援助力度，制定宽松政策，如提供低息（无息）小额贷款，鼓励农民工创业。同时，积极营造良好的就业氛围，开展有针对性的农民工就业介绍服务，如举办农民工专场招聘会等，促进农民工就业。

#### （二）保障农民工劳动权益

农民工由于受教育程度低、职业培训不足、职业技能不强，在劳动力市场上处于弱势地位，常遭受就业歧视和劳动安全卫生权、劳动报酬权侵害。根据《2015年农民工监测调查报告》数据，农民工日平均工作时间为8.7小时，有85%的农民工周工作时间超过44小时；外出农民工与雇主签订劳动合同的比例仅为39.7%；还有相当一部分农民工工资被拖欠。对部分城区流动儿童家长进行访谈发现，在芗城务工的农民工，特别是在建筑与服装等企业打工的，基本是两周休息一天，日工作时间甚至达到12小时，雇主未及时发放工资现象时有发生，甚至出现恶意克扣工资的现象。因此，政府部门应当加大劳动监察力度，对违反劳动法律法规的要依法给予处罚，并责令改正；根据当地实际情况，建立农民工劳动法律援助中心，引入社会力量，发挥工会作用，支持农民工维权行动。

#### （三）建立城乡一体化社会保障体系

由于城乡二元社会保障格局影响，农民工长期被排斥在城镇社会保障体系之外。虽然国家在城乡一体化的社会保障制度改革上取得了一定成效，但农民工在城镇仍无法享受应有的社会保障。农民工由于自身知识与技能的限制，在劳动力市场上只能从事知识与技能要求较低的工作，这类工作劳动强度大，危险系数高，工资收入水平低，同时，由于岗位对知识与技能要求低，竞争激烈，可替代性强，因此，容易失业。而城镇的生活成本较高，一旦失去工作，就会使整个家庭陷入生活困境，其结果必然是影响对城区流动儿童的教育投入。因此，政府应当进一步推动社会保障制度改革，建立城乡一体化的社会保障体系，为低收入农民工家庭提供住房保障，为其提供公租房，解决他们的后顾之忧。对失业的、符合条件的农民工，应当给予生活救助，并对其子女教育给予一定的补贴，解决他们的生活困难。

### （四）强化家庭教育责任

家庭教育功能是一个重要的中介变量，对流动儿童社会适应产生影响。因此，首先，要转变农民工父母的教育意识，帮助其形成"家庭－学校"密切配合、共同培养的教育观念。农民工家长的文化水平普遍偏低，观念的转变也需要一个长期的过程，因此政府要花大力气，广泛宣传，加强引导，潜移默化，形成氛围；学校要发挥连通桥梁作用，逐步形成以政府为主导、学校紧密配合、农民工家庭积极参与的教育新格局。其次，要引导农民工父母树立正确的教育观念。许多农民工父母只关注子女的学习成绩，以学习成绩分数的高低来评判教育的好坏、子女的乖逆等，往往忽视了对子女道德情操、行为性格、心理健康等方面的培养；许多农民工父母甚至采用责骂、暴力体罚等方式教育子女，因此要积极引导农民工父母树立素质教育、快乐成长的教育理念，转变教育方式方法，主动关爱子女。最后，强化家庭教育功能。积极推进城区流动儿童家庭文化培育和建设工作，引导进城农民工家庭重新认识家庭责任，树立正确的家庭价值观念，并通过一系列的家教帮扶活动，如进行提升家长的监护能力、亲职能力的辅导训练以及开展改善亲子关系的工作坊等，让广大家长增强家庭教育责任感，以科学教育理念、陪伴方法、沟通技术，与孩子建立和谐的亲子关系，提高儿童的社会适应水平（曾天德等，2020）。

## 五 加快户籍制度改革，营造和谐包容文化环境

解决城区流动儿童教育融入问题，不仅需要从农民工家庭、城区流动儿童自身及义务教育体制变革等方面下功夫，还需要积极构建包容性的社区文化和校园文化环境，使城区流动儿童在城市学校免受社会排斥，使他们平等地参与教育活动。

### （一）改善户籍制度环境

从义务教育准入门槛来看，户籍仍是最主要的社会排斥性因素。户籍成为城区流动儿童在城市平等享受教育资源的最大障碍因素。因此，加快户籍制度改革迫在眉睫。地方政府应当认真贯彻2014年国务院发布的《关于进一步推进户籍制度改革的意见》，建立城乡统一的户籍制度，并全面实施居住证管理制度。对流动儿童流入地的城区政府来说，应根据本区

域社会经济发展状况，及时调整落户政策，对于在本市区有合法稳定住所的乡村农民，要及时给予落户；对于在本市区内居住半年以上的，应当给予办理居住证；对于符合条件的居住证持有人，可以在所在街道申请登记常住户口。教育部门应当以居住证为管理依据，为持有居住证的乡村农民子女提供义务教育服务，保障其子女享有平等的教育权利。

**（二）建立和谐社区文化环境**

农民工"举家"从农村迁入城市，其生活环境发生了巨大变化，有相当一部分城区流动儿童，尤其是年龄较小的儿童，在流动初期面临许多不适应或"水土不服"，这种不适应或来自学习与生活方式不同、校园文化不同、教育理念不同，或来自重新建立社会关系和人际交往的困境等。而新的城市社会关系和交往群体能否建立，彼此关系与交往状况，往往受到父母职业因素及其社区文化等因素的影响。从一般意义上说，流动家庭从政府和邻里处获得的支持与帮助相对有限。因此，要以政府、社区为主导，发挥非政府组织、公益组织等社会力量作用，加强对城区流动儿童，尤其是流动初期儿童的多方面关爱和帮扶，如为城区流动儿童提供奖学金、助学金、学习必需品、心理辅导和入学咨询服务，以及开展以关爱流动儿童身心健康发展为主题的社区关爱活动，促进城区流动儿童健康成长。同时，要充分发挥社会德育优势，加大德育宣传力度，帮助城区流动儿童增强法制观念和掌握法律知识，明晰自身的权利和义务，使其自珍、自爱、自信，自觉摒弃不文明行为，建立和谐的社区文化环境。

**（三）营造包容校园文化环境**

学校是城区流动儿童教育的最主要场所，校园文化对城区流动儿童教育融入起着重要作用。学校作为城区流动儿童教育的主体，应当发挥自身优势，对城区流动儿童父母进行宣传和教育，使农民工重视自己子女的教育问题，并使农民工了解居住地政府的义务教育政策，从而更好地发挥家庭在城区流动儿童教育中的作用。同时，学校应当重视校园文化建设，营造包容性的文化氛围。一是尊重差异，加强人文关怀。正确认识和对待城区流动儿童与市区学生的差异，理解、正视和尊重这种差异，因材施教，给予更细致的人文关怀，既注重对城区流动儿童不良行为的矫正，又重视其良好习惯的培养。二是在班级编制方面，禁止将城区流动儿童单独编班。单独编班从某种意义上说，是一种教育隔离，是对城区流动儿童平等教育权利的侵犯，不利于其健康成长。因此，学校应当本着以学生为本的原则，将城区流动儿童与市区学生混合编班，让城区流动儿童有更多机会与市区学生交流，从而促进其学习融入。三是在校园文化活动方面，应当鼓励城区流动儿童积极参与，并给予必要的指导，通过参与校园文化活动，帮助城区流动儿童发现自身的长处与优点，让其树立信心，增进师生关系，加强与市区学生的沟通和了解，形成良好的校风和班风。四是在班级评奖及学生干部任免方面，要给予城区流动儿童一定的名额，通过部分城区流动儿童的示范效应，增强城区流动儿童对班级、对学校的认同感。此外，学校也可通过对优秀城区流动儿童的宣传，增强城市学生家长对城区流动儿童的认同，逐步形成有利于城区流动儿童融入城市学校教育的氛围。

# 附　录

## 附录1　少年儿童心理社会能力量表

各位朋友们，大家好。本人正在开展一项全省性未成年人心理社会能力方面的调查研究，请您协助我们一起完成下面的问卷填写工作。此调查仅用于统计分析，与您的学习表现无关，更不会涉及您个人的评价，且绝对保密。所以，请您先填写个人的基本信息，然后仔细阅读作答说明，实事求是地填写每道题目。非常感谢您的支持和配合！

年龄：　性别：　所在单位：

文化程度：（1. 初中　2. 高中）

家庭住址：（1. 农村　2. 城市）

慢性生理疾病：（1. 有　2. 没有）

你是：独生子女（　）、非独生子女（　），共____位兄弟姐妹，排行第____

单亲家庭：是（　）、否（　）；家庭经济状况：（1. 好　2. 一般　3. 差）

填写说明

请您阅读表格中每道题目，并在右边 1～5 数字中，选择一个最能反映自己实际情况的数字代码（用打"√"表示）。1 代表非常不符合；2 代表基本不符合；3 代表不确定；4 代表基本符合；5 代表非常符合。

举例说明

| 序号 | 题目 | 1非常不符合 | 2基本不符合 | 3不确定 | 4基本符合 | 5非常符合 |
|---|---|---|---|---|---|---|
| 1 | 我的身体和大多数人一样健康 | 1 | 2✓ | 3 | 4 | 5 |
| 2 | 我认为自己是一个有价值的人,至少与其他人在同一水平上 | 1 | 2 | 3 | 4✓ | 5 |

请开始正式填写

| 序号 | 题目 | 1非常不符合 | 2基本不符合 | 3不确定 | 4基本符合 | 5非常符合 |
|---|---|---|---|---|---|---|
| 1 | 我能克服自己的不良习惯 | 1 | 2 | 3 | 4 | 5 |
| 2 | 在组织活动中,我能引导大家情绪 | 1 | 2 | 3 | 4 | 5 |
| 3 | 我注意力集中 | 1 | 2 | 3 | 4 | 5 |
| 4 | 我经常在心里编写或改编小说或电影 | 1 | 2 | 3 | 4 | 5 |
| 5 | 我善于沟通 | 1 | 2 | 3 | 4 | 5 |
| 6 | 在完成艰巨任务时,我喜欢合作完成 | 1 | 2 | 3 | 4 | 5 |
| 7 | 我认为我具有很好的交流能力 | 1 | 2 | 3 | 4 | 5 |
| 8 | 无论在什么情况下,我都能注意到自己的行为 | 1 | 2 | 3 | 4 | 5 |
| 9 | 我对外部事物容易产生兴趣 | 1 | 2 | 3 | 4 | 5 |
| 10 | 我能够顺利表达自己的想法 | 1 | 2 | 3 | 4 | 5 |
| 11 | 我能够组织活动 | 1 | 2 | 3 | 4 | 5 |
| 12 | 我能够把很多东西想象成其他东西 | 1 | 2 | 3 | 4 | 5 |
| 13 | 我一般主动参与到合作当中 | 1 | 2 | 3 | 4 | 5 |
| 14 | 如果一本故事书的最后一页被撕掉了,我就自己编造一个结局 | 1 | 2 | 3 | 4 | 5 |
| 15 | 在生活中,我经常和别人攀比 | 1 | 2 | 3 | 4 | 5 |
| 16 | 我能够很好地分配自己的时间 | 1 | 2 | 3 | 4 | 5 |
| 17 | 遇到问题我经常与他人讨论 | 1 | 2 | 3 | 4 | 5 |
| 18 | 我喜欢想一些不会在我身上发生的事情 | 1 | 2 | 3 | 4 | 5 |
| 19 | 我会给自己每天的生活制订计划 | 1 | 2 | 3 | 4 | 5 |
| 20 | 我认为团队合作非常重要 | 1 | 2 | 3 | 4 | 5 |
| 21 | 我常常思考自己做事的理由 | 1 | 2 | 3 | 4 | 5 |
| 22 | 我能够很好地与他人交谈 | 1 | 2 | 3 | 4 | 5 |
| 23 | 我爱向人夸奖自己 | 1 | 2 | 3 | 4 | 5 |
| 24 | 我善于从失败中总结经验 | 1 | 2 | 3 | 4 | 5 |

续表

| 序号 | 题目 | 1 非常不符合 | 2 基本不符合 | 3 不确定 | 4 基本符合 | 5 非常符合 |
| --- | --- | --- | --- | --- | --- | --- |
| 25 | 我具有良好的组织能力 | 1 | 2 | 3 | 4 | 5 |
| 26 | 我能主动表达自己的想法 | 1 | 2 | 3 | 4 | 5 |
| 27 | 无论在多么紧张的情况下，我总是能保持镇静，不会丢三落四 | 1 | 2 | 3 | 4 | 5 |
| 28 | 我具有良好的表达能力 | 1 | 2 | 3 | 4 | 5 |
| 29 | 我在意自己的做事方式 | 1 | 2 | 3 | 4 | 5 |
| 30 | 我喜欢展示自己的长处 | 1 | 2 | 3 | 4 | 5 |
| 31 | 我喜欢仔细观察我没有看过的东西，以了解详细的情形 | 1 | 2 | 3 | 4 | 5 |

最后再次感谢您的真诚合作！

# 附录2  城区流动儿童社会适应性访谈提纲

**小学生访谈提纲**

1. 什么时候跟着父母来到这边的？

2. 你知道什么是适应吗？（不知道的解释一下）你认为怎样才算适应了新环境？（新的城市或学校）

3. 想想不受老师或者同学喜欢的同学有哪些缺点，或者有哪些方面表现得不好？

4. 想想非常受老师或者同学喜欢的同学有哪些特点？

5. 一个小伙伴怎样做会使他在新的环境中生活得很好，很开心？

6. 一个小伙伴如果在新的环境中生活得不好，不开心，你觉得是因为什么？是出现了什么样的问题？

**教师访谈提纲**

1. 你认为对于儿童群体来讲，什么是社会适应性？

2. 你认为儿童的社会适应性应该分为哪些方面？

3. 每个方面的具体表现是什么？

4. 你认为判断儿童社会适应性的标准有哪些？

5. 你认为如今的儿童有哪些适应性困难？

6. 你认为不适应社会和生活的儿童有哪些表现？

7. 你认为最适应社会和生活的儿童应该是怎样的？

8. 请用几个词来描述你觉得不适应社会和生活的人。

**初中生访谈提纲**

1. 什么时候跟着父母来到这边的？

2. 你认为对于学生群体来讲，什么是社会适应性？（不知道的解释一下）你认为怎样才算适应了新环境？（新的城市或学校）

3. 你认为学生的社会适应性应该分为哪些方面？

4. 每个方面的具体表现是什么？

5. 你认为判断学生的社会适应性的标准有哪些？

6. 你认为作为学生有哪些适应困难？

7. 你认为不适应社会和生活的学生有哪些表现？

8. 你认为最适应社会和生活的学生应该是怎样的？

9. 请用几个词来描述你觉得不适应社会和生活的人。

## 附录3 城区流动儿童社会适应性量表

请你认真完成下面的题目，根据你的实际情况和真实感受在相应的位置打"√"（1代表非常不符合，2代表比较不符合，3代表不确定，4代表比较符合，5代表非常符合）。答案没有对错之分，每题只有一个答案，请按顺序回答问题，不要多选，也不要漏选。

| 题目 | 非常不符合 | 比较不符合 | 不确定 | 比较符合 | 非常符合 |
| --- | --- | --- | --- | --- | --- |
| 1. 我愿意参加班级里的一些义务劳动 | 1 | 2 | 3 | 4 | 5 |

续表

| 题目 | 非常不符合 | 比较不符合 | 不确定 | 比较符合 | 非常符合 |
| --- | --- | --- | --- | --- | --- |
| 2. 我对目前的生活状态很满意 | 1 | 2 | 3 | 4 | 5 |
| 3. 我对学习有很高的热情，从不厌学 | 1 | 2 | 3 | 4 | 5 |
| 4. 我会严格遵守自己制订的学习计划 | 1 | 2 | 3 | 4 | 5 |
| 5. 我常常想为班集体争光 | 1 | 2 | 3 | 4 | 5 |
| 6. 我总是感到心情愉快 | 1 | 2 | 3 | 4 | 5 |
| 7. 我很享受这样的生活状态 | 1 | 2 | 3 | 4 | 5 |
| 8. 听课中有不明白的地方我会在休息时或放学后向老师或同学请教 | 1 | 2 | 3 | 4 | 5 |
| 9. 班级里很多同学很喜欢跟我一起玩 | 1 | 2 | 3 | 4 | 5 |
| 10. 我乐意参加大多数集体活动 | 1 | 2 | 3 | 4 | 5 |
| 11. 我很少感到紧张和焦虑 | 1 | 2 | 3 | 4 | 5 |
| 12. 我很少会为什么感到担心、忧虑 | 1 | 2 | 3 | 4 | 5 |
| 13. 如果让我再选一次，我还是会像现在这样生活 | 1 | 2 | 3 | 4 | 5 |
| 14. 我的朋友们觉得我是一个很好相处的人 | 1 | 2 | 3 | 4 | 5 |
| 15. 我为自己做的一些事情感到自豪 | 1 | 2 | 3 | 4 | 5 |
| 16. 我愿意投入班级的日常组织管理工作中 | 1 | 2 | 3 | 4 | 5 |
| 17. 我几乎每天都感到特别高兴、开心 | 1 | 2 | 3 | 4 | 5 |
| 18. 我觉得自己是有用的，是不可缺少的人 | 1 | 2 | 3 | 4 | 5 |
| 19. 我相信，别人能做到的，我也能做到 | 1 | 2 | 3 | 4 | 5 |
| 20. 有时老师没有布置作业，我回家后还是会主动地学习 | 1 | 2 | 3 | 4 | 5 |
| 21. 在期中、期末等考试前，我会制订计划进行复习 | 1 | 2 | 3 | 4 | 5 |
| 22. 我在写作业的时候一般会很专注 | 1 | 2 | 3 | 4 | 5 |
| 23. 当我有困难时，有很多朋友愿意帮助我 | 1 | 2 | 3 | 4 | 5 |
| 24. 我学习很刻苦 | 1 | 2 | 3 | 4 | 5 |
| 25. 在做复习题时，我一般会像实际考试要求的那样去做 | 1 | 2 | 3 | 4 | 5 |

## 附录4　少年儿童自我管理开放式调查问卷

老师您好，我是闽南师范大学的学生，正在做一项关于少年儿童自我管理能力的调查研究，旨在了解少年儿童的自我管理能力并提高一些特殊儿童的自我管理能力。希望能通过此次访谈，了解您对自我管理的理解和一些现状，随后我们会对所调查到的现状进行分析。由于研究需要，我们想对此次访谈内容进行录音。该录音仅用于科学研究，我们保证不会泄露您的隐私，可以吗？

任课年级＿＿＿＿＿＿＿＿＿

1. 您认为少年儿童的自我管理都包括哪些方面？您是如何看待少年儿童的自我管理能力的？
2. 您认为少年儿童自我管理的具体行为有哪些？
3. 您认为您班级的学生的自我管理能力如何？哪些地方做得好，哪些地方做得不好？
4. 在您所教授的年级，学生对自我的正确认知的标准是什么？
5. 如何引导学生正确地认知自我？
6. 如何引导学生有效地规划目标与时间？
7. 如何引导学生积极地自我调控？调控的目标是什么？
8. 如何引导学生自我评价？
9. 您对如何提高少年儿童的自我管理能力有何建议？

## 附录5　少年儿童自我管理量表

请你根据你的实际情况和真实感受完成下面的题目，并在每道题目后相应的位置打"√"，（1代表非常不符合，2代表比较不符合，3代表不确定，4代表比较符合，5代表非常符合）。答案没有对错之分，每题只有一个答案，请按照题目顺序回答问题，不要多选，也不要漏选。

| 题目 | 非常不符合 | 比较不符合 | 不确定 | 比较符合 | 非常符合 |
|---|---|---|---|---|---|
| 1. 我的体形很好 | 1 | 2 | 3 | 4 | 5 |
| 2. 总的来说，我对自己感到满意 | 1 | 2 | 3 | 4 | 5 |
| 3. 我认为"一寸光阴一寸金"这句话是很有道理的 | 1 | 2 | 3 | 4 | 5 |
| 4. 我给自己有计划地安排了每周、每日的目标任务 | 1 | 2 | 3 | 4 | 5 |
| 5. 我知道自己的情绪现在是怎么样的 | 1 | 2 | 3 | 4 | 5 |
| 6. 当我没有完成作业时，就算想玩，我也会控制自己先完成 | 1 | 2 | 3 | 4 | 5 |
| 7. 我的身体动作很协调 | 1 | 2 | 3 | 4 | 5 |
| 8. 在大多数时候，我是个自信的人 | 1 | 2 | 3 | 4 | 5 |
| 9. 我长得难看 | 1 | 2 | 3 | 4 | 5 |
| 10. 无论做什么事情，我首先要考虑的是时间因素 | 1 | 2 | 3 | 4 | 5 |
| 11. 我觉得花时间制定目标是在浪费时间 | 1 | 2 | 3 | 4 | 5 |
| 12. 我做作业时经常走神 | 1 | 2 | 3 | 4 | 5 |
| 13. 我觉得我的体重正合适 | 1 | 2 | 3 | 4 | 5 |
| 14. 面对有点难的任务时，我有信心可以完成 | 1 | 2 | 3 | 4 | 5 |
| 15. 虽然我有优点，但我还是不喜欢自己 | 1 | 2 | 3 | 4 | 5 |
| 16. 我既有短期安排又有长期计划 | 1 | 2 | 3 | 4 | 5 |
| 17. 我认为好的计划是成功的一半 | 1 | 2 | 3 | 4 | 5 |
| 18. 我会莫名其妙感到烦躁 | 1 | 2 | 3 | 4 | 5 |
| 19. 我自己做决定的事情，一遇到阻碍就容易动摇 | 1 | 2 | 3 | 4 | 5 |
| 20. 当需要我集中注意力时，我很容易就能做到 | 1 | 2 | 3 | 4 | 5 |
| 21. 我和父母相处得很好 | 1 | 2 | 3 | 4 | 5 |
| 22. 我的学习成绩不好 | 1 | 2 | 3 | 4 | 5 |
| 23. 我对自己的选择很少后悔 | 1 | 2 | 3 | 4 | 5 |
| 24. 我对自己设定的目标充满信心 | 1 | 2 | 3 | 4 | 5 |
| 25. 我能按计划坚持学习 | 1 | 2 | 3 | 4 | 5 |
| 26. 我满意现在的人际关系 | 1 | 2 | 3 | 4 | 5 |
| 27. 我不会经常感到焦虑 | 1 | 2 | 3 | 4 | 5 |

续表

| 题目 | 非常不符合 | 比较不符合 | 不确定 | 比较符合 | 非常符合 |
|---|---|---|---|---|---|
| 28. 我能很好地利用课上课下的时间学习 | 1 | 2 | 3 | 4 | 5 |
| 29. 我认为我在学习和课外活动上的时间分配是合理的 | 1 | 2 | 3 | 4 | 5 |
| 30. 我会经常反思自己完成目标的情况 | 1 | 2 | 3 | 4 | 5 |
| 31. 我能够化悲愤为动力 | 1 | 2 | 3 | 4 | 5 |
| 32. 朋友和我在一起时，他能清楚地知道我的感受 | 1 | 2 | 3 | 4 | 5 |
| 33. 我常常做事不考虑后果 | 1 | 2 | 3 | 4 | 5 |
| 34. 我觉得时间是可以有效地加以管理的 | 1 | 2 | 3 | 4 | 5 |
| 35. 当我觉得难以达到目标时，我会放弃 | 1 | 2 | 3 | 4 | 5 |
| 36. 在难过的时候，我会向家人朋友诉说 | 1 | 2 | 3 | 4 | 5 |
| 37. 我是个失败的人 | 1 | 2 | 3 | 4 | 5 |
| 38. 我的家庭不幸福 | 1 | 2 | 3 | 4 | 5 |
| 39. 我很喜欢自己的性格特点 | 1 | 2 | 3 | 4 | 5 |
| 40. 我年龄还小，浪费一些时间无所谓 | 1 | 2 | 3 | 4 | 5 |
| 41. 我会思考在完成目标的过程中出现问题时应采取哪些策略 | 1 | 2 | 3 | 4 | 5 |
| 42. 心情不好的时候，我有很多方法排解 | 1 | 2 | 3 | 4 | 5 |
| 43. 我很擅长安慰别人 | 1 | 2 | 3 | 4 | 5 |
| 44. 我能自己主动学习，而不用爸爸妈妈催促 | 1 | 2 | 3 | 4 | 5 |
| 45. 我会在制定目标时尽量具体，以便实行 | 1 | 2 | 3 | 4 | 5 |
| 46. 我能够长时间保持注意力 | 1 | 2 | 3 | 4 | 5 |
| 47. 我能很容易地记住学习的知识 | 1 | 2 | 3 | 4 | 5 |
| 48. 在学习上我是一个努力的人 | 1 | 2 | 3 | 4 | 5 |
| 49. 我不会与其他人比较来判断自己是否有能力 | 1 | 2 | 3 | 4 | 5 |
| 50. 我的生活很有规律 | 1 | 2 | 3 | 4 | 5 |
| 51. 我确定的目标通常难以实现 | 1 | 2 | 3 | 4 | 5 |
| 52. 其他人很难影响我的目标 | 1 | 2 | 3 | 4 | 5 |
| 53. 我能清楚地知道自己当时的情绪为什么是那样的 | 1 | 2 | 3 | 4 | 5 |
| 54. 我的时间大部分掌握在我自己的手中 | 1 | 2 | 3 | 4 | 5 |
| 55. 我把大部分时间花在重要的事情上 | 1 | 2 | 3 | 4 | 5 |
| 56. 我会调整自己的心理和行为，以达到自己设定的目标 | 1 | 2 | 3 | 4 | 5 |

续表

| 题目 | 非常不符合 | 比较不符合 | 不确定 | 比较符合 | 非常符合 |
|---|---|---|---|---|---|
| 57. 我容易被人喜欢 | 1 | 2 | 3 | 4 | 5 |
| 58. 我能根据所在的场合不同，调整表达我的感受的方式 | 1 | 2 | 3 | 4 | 5 |

# 附录6　自我控制和学习适应性课程干预教案

## 第一课　制订学习计划

### 一　设计思想

进入初中，学习的内容多、任务重，加上一些教源性及家源性因素的长期影响，大多数学生学习的计划性比较差，需要教师给予一定的指导与帮助。有计划地学习，会对学生的学习有鞭策和指导作用，也是学生获得学习成功的重要条件。有计划地学习，既有利于提高学习效率，也有利于培养良好的学习习惯，对每个学生来说都是终身受益的。

### 二　教学目标

（1）让学生了解自己的学习计划情况，懂得学习计划对学习的重要性。

（2）让学生学会制订学习计划并结合自己的实际实施计划。

### 三　教学过程

环节一：热身活动

老师：老师依次念一些事物名称（例如，小猫、白菜、黄瓜、苹果、长颈鹿、西红柿、黄鱼、松树、蜻蜓、松鼠等），你们听到动物名称拍一次掌，听到植物名称拍两次。

看同学们拍掌越来越快后，老师：那你认为你一分钟能鼓掌多少次？现在你们给自己估计个数字，然后老师开始计时一分钟，你们进行鼓掌，自己算自己鼓掌多少次。大家想好预计的数字后，我们就开始吧。

（通过热身活动，活跃气氛，更好地进行主要活动。）

环节二：案例导入

案例：山田本一是1984年和1986年两次国际马拉松比赛的冠军。他在自传中写道："每次比赛，我都要乘车把比赛的路线仔细地看一遍，把沿途比较醒目的标志记下并画下来。比如，第一个目标是银行，第二个目标是一棵大树，第三个目标是一座红房子……这样一直画到赛程的终点。比赛开始后，我就奋力地向第一个目标冲，等到了第一个目标后，我又以同样的速度向第二个目标冲，40多公里的赛程，被我分解成了一个个小目标后竟轻松地跑完了。如果我把目标定在40公里外终点线上的那面旗帜上，那么当我跑了十几公里时就已经疲惫不堪了。"

（通过这个案例，让学生明白制订计划的重要性，引出本课主题。）

环节三：新课讲授

活动一：心理自测

老师：你的学习有计划性吗？这是一份学习计划性的自测问卷，请同学们根据自身情况如实选择，符合自己情况的就答"是"，不符合的就答"否"，处于中间状态可答"有时"。题目如下：

（1）你是否经常不按时交作业？

（2）上学时，你是否常常把书或其他学习用品遗忘在家里？

（3）学习新内容时，你是否常常来不及复习？

（4）你是否常常在临考前突击复习而平常从不复习？

（5）你是否因夜里看电视或看书报而不按时睡觉？

（6）在家学习时，你是否从不规定好什么时间学什么课？

（7）你是否总因为看电视或和同学、朋友玩耍的时间过长，而挤掉了学习的时间？

（8）学习时，你是否不能努力在规定的时间内完成任务？

（9）老师布置的作业，你是否经常忘记做？

（10）假期中，你是否从不利用休息时间进行学习？

（11）学习时，你是否对学习方法从不考虑优点和缺点？

（12）你是否不遵守自己制订的学习计划？

（13）你是否为了学习而不按时吃饭、睡觉？

（14）你是否不能做到在规定时间内完成学习任务，以致无法心情愉快地去做其他事情？

（15）在家学习时，你是否没有事先准备好学习用品，以致学习过程中要花时间去寻找？

评分规则：每题选"是"计0分、"有时"计1分、"否"计2分，各题得分相加，统计总分。0~10分：学习计划性较差；11~20分：学习计划性一般；21~30分：学习计划性较强。

活动二：动手制订学习计划

引导学生，讨论如何制订学习计划，教师总结。

学习计划既要有长期的规划（一般以一学期为宜），又要有近期的安排（以一周为宜）。学生制订一份周学习计划和一份学期计划，做完后把计划给同桌和家长看，然后贴在自己的书桌上，让家长和同桌监督执行。

环节四：课后反思

## 第二课 我的兴趣爱好

### 一 设计思想

兴趣是人对客观事物的选择性态度，它表现为人力求认识和获得某种事物，并且力求参与相应的活动。兴趣通过情绪反应来影响一个人的行为积极性，即凡是从事自己感兴趣的学习和工作，人就会觉得心情舒畅和愉快，效率也较高；相反，如果是从事自己不感兴趣的事，则可能心理动力不够，缺乏激情，效率也较低。对于中学生来说，他们的学习在很大程度上要受兴趣和情绪的左右。因此，培养学生对学习的兴趣，有助于提高学生的学习积极性，从而提升其学习的效率。

### 二 教学目标

（1）让学生了解兴趣对学习的影响，讨论并提供培养学习兴趣的一些方法。

（2）学生通过了解自己的兴趣爱好，进行自我分析。

（3）通过讲述兴趣与学习的关系，激发学生的学习动机，促进其更好地学习。

### 三 教学过程

环节一：热身活动（数学3+1）

活动规则：老师拍"一"次手，全体成员双手摸头；老师拍"两"次手，全体成员双手摸膝盖；老师拍"三"次手，全体成员双手捂嘴。在拍"一""二""三"次手混合后，最后一次全体成员捂嘴的情况下结束热身游戏。

（这个热身游戏能够活跃气氛，并且容易让同学们迅速安静下来，有利于课堂活动的开展。）

环节二：游戏导入（你比我猜）

游戏规则：①两人一组，自由组合，两人面对面地站着，一人可以用手势做出动作，或者用其他句子来形容，另外一个人猜词语；②负责比画的人不能说出包含所猜的词中的任何一个字（读音相同亦不可），不能说拼音或英文单词；③任选一组词语，共十个词语，在一分钟内猜对词语数量最多的获胜。

第一组：空调、面粉、孙悟空、掩耳盗铃、口红、皮影、铅笔、足球、酱油；

第二组：自行车、大米、猪八戒、垂头丧气、香水、评剧、橡皮、篮球、牛奶；

第三组：电视机、馒头、唐僧、左顾右盼、雨伞、京剧、书包、排球、豆浆；

第四组：冰箱、油条、李逵、狼吞虎咽、餐巾纸、话剧、眼镜、乒乓球、啤酒；

第五组：洗衣机、面条、林黛玉、拳打脚踢、超市、小品、音响、网球、果汁；

第六组：电风扇、蛋糕、诸葛亮、手舞足蹈、电话、相声、电话、羽毛球、围棋；

第七组：饮水机、苹果、薛宝钗、目不转睛、围裙、芭蕾舞、风筝、杂技、花生；

第八组：电脑、香蕉、周瑜、小鸟依人、手机、太极拳、蜡烛、魔术、鸡蛋；

第九组：相机、火龙果、鲁智深、七嘴八舌、鼠标、跳远、方便面、镜子、饼干。

（此活动能够激发学生的兴趣，并很好地引出主题。）

环节三：新课讲授

活动一：来写写兴趣

老师让同学们连续写 20 次我喜欢做什么，目的是让学生了解自己的兴趣爱好。

活动二：探讨学习兴趣

（1）讲述自己最感兴趣的科目，提问：为什么对这些科目感兴趣？这些兴趣是怎样培养出来的？

教师进行总结：兴趣是可以培养的。

（2）分组讨论对某些科目不感兴趣的原因，并讨论一下改善不感兴趣学科的方法以及怎样培养此学科的学习兴趣。

各个小组派一名代表报告讨论的内容，有新想法的同学可以补充。

（3）最后教师总结。

活动三：写一封信

老师让同学们选择一个自己最不感兴趣的科目，给它写一封信，告诉它以后自己会怎么改进，如果做不到要写出惩罚自己的内容，一个月后让学生回头看看自己做到哪些改善了。如果都不改善的，要实施惩罚，惩罚内容可以跟同桌讨论并相互监督落实。

环节四：课后反思

## 第三课　我的学习"发动机"

一　设计思想

学生的学习是一个复杂的过程，智力因素相当的情况下，非智力因素具有决定性作用。当前中小学的教育存在的主要问题是重视学生智力发展，而忽视学生非智力因素的培养。中小学生中有相当一部分人缺乏学习的动力，对学习不感兴趣，没有学习热情，克服学习困难的自觉精神和顽强毅力不足，缺乏对高尚品格的追求精神。非智力因素发展水平低下的表现比比皆是。只有学习动机被激发出来，才能从"要我学"转变为"我要学""我爱学"，从而取得最佳的学习效果。因此，必须注重加强学生学习动机的教育。

二　教学目标

（1）让学生了解学习动机的种类与强弱，以及了解学习动机太强或太弱都会对学习产生不利的影响。

（2）引导学生反思自己的学习状况，树立恰当的抱负水平，激发学习动机。

三　教学过程

环节一：热身活动（大西瓜、小西瓜）

活动规则：老师说出大西瓜或小西瓜这个词，同学们要跟着说并进行比画，说大西瓜的要比画成小西瓜（比画成相反意思），说小西瓜的要比画成大西瓜。没有按要求说、比画的，就被淘汰出局。谁坚持到最后，谁就是胜利者。

（这个热身游戏能够活跃班级气氛，消除同学们的紧张心情，有利于课堂活动的开展。）

环节二：知识竞赛导入

规则：15道题，每题10分，以小组为单位进行抢答，题目出现时先举手的小组回答，提前举手或说出答案的以及举手回答错误的倒扣10分，得分最多的小组获胜。

（1）"打蛇打七寸"中，"七寸"指的是蛇哪个器官所处的位置？（答案：心脏）

（2）笼子里有两只鸡和一只兔子，请问笼子里一共有多少条腿？（答案：8条）

（3）中式英语"People Mountain People Sea"的意思是哪个成语？（答案：人山人海）

（4）我们常用"哪种鱼类跳龙门"来表示飞黄腾达？（答案：鲤鱼）

（5）四大名著中哪一部全篇使用了大量的地道北京话？（答案：《红楼梦》）

（6）"白子画""糖宝"是哪部电视剧中的角色？（答案：《花千骨》）

（7）中国俚语中会用哪个带有动物的词来表示对方没有遵守约定？（答案：放鸽子）

（8）《孟子》中，"不孝有三"的下一句是什么？（答案：无后为大）

（9）老北京居住的院落式组合建筑一般被称作什么？（答案：四合院）

（10）自己哥哥的儿子叫"侄子"，那么姐姐的儿子叫什么？（答案：

外甥）

（11）《水浒传》中"三碗不过岗"的典故说的是哪位好汉？（答案：武松）

（12）地理学上分隔两个流域的高地被称为什么？（答案：分水岭）

（13）《天鹅湖》是基于哪种舞蹈的戏剧形式？（答案：芭蕾舞）

（14）毛主席说的"坐地日行八万里"可以在哪条纬线上实现？（答案：赤道）

（15）琵琶名曲《塞上曲》描述的是哪位古代美女对故国的思念？（答案：王昭君）

老师点评竞赛结果：每个人都希望自己知识渊博、知识面广，但要靠努力学习才能获得。为了成为学识渊博的人而努力学习就是学习动机在发挥作用了。今天我们的主题就是学习动机。

环节三：新课讲授

活动一：情景剧表演

情景一：在课堂上，小 A 把铅笔横在鼻梁上，双手放在脑袋后面，跷着二郎腿，自言自语："正所谓读书读坏脑，不如放牛前途好。真不知道我为什么来上学，不过同龄人都在上学，我不上学又好像怪怪的。"

情景二：紧张的考试场上，小 B 紧张地东张西望，虽然这几天他已拼命学习了，但这次考试是要排名的，小 B 一点也不希望自己排在后面，因为排在后面太丢脸了，所以只好……

情景三：星期天早上，爸爸临出门前对小 C 说："你今天一定要把这 10 张试卷和这 3 本练习册的课后题做完。"妈妈临出门前对小 C 说："乖乖留在家里，不能出去玩，也不能看电视，好好复习功课。"小 C 无奈，一整天都在书堆里埋头苦干。

情景四：小 D 读书一直都很刻苦，爷爷问他为什么要那么努力学习，小 D 一本正经地说："读好了书，以后才能找到好工作，才可以赚大钱。"

表演后，引导学生对情景中 4 人的学习动机进行讨论和评价。

小 A：没有明确的学习目标；小 B：为面子而学习；小 C：为父母而学习；小 D：为赚钱过好日子而学习。

接着让学生说一下自己的学习动机，并在黑板上列出来，大致分为三列：恰当的学习动机；不恰当的学习动机；需要讨论的学习动机。

（通过交流和讨论，让学生知道自己为什么而学习，并引导学生形成恰当的学习动机。）

活动二：讲故事并讨论

故事一——《60分万岁》：东东很讨厌学习，觉得学习很无聊，每次考试都是在60分到70分，他上课总是走神，不能专心听讲；平时不愿看书，不愿动脑筋，贪玩；没有了妈妈的监督，他就不想做作业了。老师希望他更努力些，但他一点也不着急，称自己追求"60分万岁"。

故事二——《一定要考第一》：丽丽学习很勤奋，每天晚上都学习到1点多，假期也不去玩，争取每分每秒学习。她总是希望自己的学习比别人好，并总以考第一为目标。但每次考试，成绩都不是很理想。因此，她感到学习很紧张，压力很大，并常常责备自己。

讨论：东东和丽丽对待学习有什么不同，分别有哪些表现？

教师总结：学习动机太弱或太强都不利于学习，只有强度适当的学习动机才能促进学习。

活动三：学习动机测试

老师：那我们来做一个是否题测试，了解一下自己的学习动机是否恰当。题目如下：

（1）如果别人不督促你，你极少主动地学习。

（2）当你读书时，需要很长时间才能提起精神。

（3）一读书就觉得疲劳与厌烦，只想睡觉。

（4）除了老师指定的作业外，你不想再多看书。

（5）如有不懂的，你根本不想设法弄懂它。

（6）你常想自己不用花很多的时间成绩也会超过别人。

（7）你迫切希望自己在短时间内就大幅度提高自己的成绩。

（8）你常为短时间不能提高成绩而烦恼不已。

（9）为了及时完成某项作业，你宁愿废寝忘食、通宵达旦。

（10）为了把功课学好，你放弃了许多感兴趣的活动，如体育锻炼、看电影与郊游。

前5题反映学习动机是否太弱，后5题反映学习动机是否太强。通过测试,同学们可以检查一下自己的学习动机强度是否恰当,是否太弱或太强,再根据自己的实际情况,适当、积极地做一些调整。

环节四:课后反思

## 第四课　一心不可二用
——怎样集中注意力

### 一　设计思想

初中生正处于由少年向青年过渡的时期,他们精力充沛,兴趣广泛,情感脆弱,情绪波动比较大,注意力难以持久集中,正处于人生又一个"断乳期"。特别是随着社会经济的高速发展,竞争越来越激烈,学习压力越来越大,很多初中生学习效率不高,学习兴趣不浓,成绩不理想,甚至逐渐丧失了学习竞争的斗志。究其原因,一个很重要的方面就是绝大多数学生在学习时注意力难以集中。因此,如何提高初中生的学习注意力,激发其兴趣,激活其潜能,培养其高效的学习习惯,是每位教师必须认真思考和艰苦探索的课题。

### 二　教学目标

(1)帮助学生了解提高注意力的方法,以及了解自己注意力的集中、转移等方面的水平;

(2)启发学生根据自己的实际情况,自觉选用某种方法来提高自己的注意力。

### 三　教学过程

环节一:热身活动(Seven Up)

活动规则:使用竖或横排轮流的方式,每位同学轮到时坐着说出自己轮到的数字,但在轮到数字有7(7,17,27,…)或是7的倍数(7,14,21,28,…)时,该位同学必须站起拍手,且不可说出这个数字。

(经由此活动活跃气氛,提高学生的注意力,更有利于主要活动的进行。)

环节二:趣味计算导入

完成一道计算题,要求只能心算。教师开始有意识地引导学生计算人数,然后教师大概报出9次到10次上下车人数,例如,2人下,4人上;1人下,2人上;3人下,2人上;5人下,6人上;2人下,1人上;4人下,

2人上；等等。最后问学生，车靠站了几次？

学生都把注意力集中在"人数"上了，结果车靠站几次都答不出来或者答错了。由此引出：一心不能二用。

环节三：新课讲授

活动一：谈谈一心二用的危害

以学生中常见的案例说明一心二用的危害，并思考自己是否存在类似的问题。例如，不少学生边听歌边写作业时常把歌词写进作业（但听轻音乐除外），边看电视边写作业会造成作业错误率高等现象。

活动二：一手画圆，一手画方

规则：两手同时进行，同时开始，同时结束。过程中不能一只手画一只手停顿。

学生画出来的结果大部分是方不像方、圆不像圆。但是经常进行训练后，可以达到一手画方，另一手画圆。

活动三：听数字（注意力训练）

指导语：请听准，下面老师念的一组数字中有几个3？边听边用心记，听的过程不能动笔，也不允许发声。听完之后，把答案写在笔记本上。

3759853158 8350493163 19256517 300694113528 0131470130

老师：好，不要发出任何声音，把答案写在笔记本上。（正确答案是9个）

再来一次，这次是听准有几个5，和刚才的要求是一样的。请听准：

9562586586 5570552690 4965209858 0338507224 2648293972 8584783163 0577775606

好，不要发出任何声音，把答案写在笔记本上。（正确答案是13个）

老师：同学们有没有其他的注意力训练的方法跟大家分享呢？

同学们分享后，老师总结：注意力训练的游戏或方法很多，仅供参考，希望同学们能够找到适合自己的方法坚持下去。

环节四：课后反思

## 第五课 控制愤怒

### 一 设计思想

愤怒是由于外界干扰使个体的愿望实现过程受到压抑、目的受到阻碍，从而逐渐积累紧张而产生的情绪体验。愤怒的表现有很大的个体差异，与个人的修养、涵养和意志力有关系。修养、涵养和意志力都是在个人的生活中逐步培养起来的，它需要长时间的艰苦磨炼。中学生的生活经验少，自制能力差，容易激动，当愤怒来临时比较难控制自己。所以有必要加强学生在这方面的引导。

二　教学目标

（1）使学生了解愤怒情绪的外在行为表现，认识愤怒情绪对人的行为的负面影响以及控制愤怒情绪的重要性。

（2）让学生学习控制愤怒的几种方法。

三　教学过程

环节一：热身活动（捉手指）

活动规则：让学生伸出左手，摊开手掌，掌心向下，然后伸出右手的食指，把右手的食指支在旁边人左手的手心上（示范），听到故事中出现"3"这个数字的时候，就要迅速地撤走食指，同时用自己的左手去捉旁边人的食指（示范）。

故事内容如下：

很久很久以前，有"3"个好兄弟，老大叫阿大，老二叫阿二，最小的那位叫阿诗玛。有一天，阿大问阿诗玛，你为什么不叫阿"3"呢？阿诗玛还没有说话，阿二就说，这个事情，你要问咱们"3"个的爸爸妈妈。阿大看看他，又看看老3，说可是我们的爸爸妈妈得在我们数5个数之后才能出现。于是，3个好兄弟开始数数："1、2、4、5。"咦？为什么爸爸妈妈还没有出现呢？突然，3个人恍然大悟："因为我们忘记数3啦！"

游戏结束后，让被别人捉到手指的同学全部站在讲台前面，接受"新挑战"：老师随便说出一些表情，比如，喜悦、悲伤、惊讶、愤怒等，他们一起用自己的身体姿势和面部表情做出来，由同学们选出做得最好的同学。

（此活动能够调动课堂的气氛，让学生更积极投入课堂。）

环节二：图片、视频导入

幻灯片呈现几张有关愤怒表情的图片，引出愤怒这个主题后，让学生观看"踢猫效应"的视频。

"踢猫效应"描绘的是一种典型的坏情绪的传染。人的不满情绪和糟糕的心情，一般会随着社会关系的链条依次传递，由地位高的传向地位低的，由强者传向弱者，无处发泄的、最弱小的便成了最终的牺牲品。其实，这是一种心理疾病的传染。因此不要拿别人的过错来惩罚自己。

（让学生了解到愤怒情绪的外在行为表现，了解到愤怒情绪对人的行为的负面影响以及控制愤怒情绪的重要性。）

环节三：新课讲授

活动一：情绪温度计

学生按老师展示的模板，制作一个表格（见表1），填写自己的情绪温度计。填完后小组内交换阅读彼此的"情绪温度计"，并自愿在全班分享。

表1 情绪温度计

| 三件最让自己生气的事 | 生气的程度 | 采取的行为 | 问题是否得到解决 |
| --- | --- | --- | --- |
|  |  |  |  |
|  |  |  |  |
|  |  |  |  |

活动二：情景剧表演

下课铃声响起，九年级（一）班的小华欢快地冲出教室，不小心碰了小明一下，两人……

情景一：两个人发生争执，小明暴打小华一顿，小华受轻伤。

情景二：小明觉得自己很倒霉，但是没有发泄在小华身上，自己默默走开了。

情景三：小明想起自己也不小心撞倒过别人，他主动笑着跟小华说没关系，两个人开心地去玩耍了。

同学们观看这三种不同情景后，谈感受。

活动三：如何把火气压下去

结合上面的情景剧表演，让学生说一下当愤怒来临时，如何把火气压下去。

及时暂停：愤怒情绪发生的特点在于短暂，正在气头上时，可能对方说什么都是不中听的。那怎么办呢？首先要冷静下来，也就是及时给自己叫个暂停，沉默一两分钟，或者再听听对方的说法。其实这个方法很管用，你不说话，一是对方可能发现你情绪变化的苗头，二是对方可能以为你在倾听他的观点。这样不仅压住了自己的"气头"，同时也有利于削弱和避开对方的"气头"。

让自己在愤怒边缘冷静下来，这是一种可以训练的能力。平时多重复几次，到了关键时刻就能让自己镇定下来。

换位思考：在人与人沟通过程中，心理因素起着重要的作用。人们都以为自己是对的，对方必须接受自己的意见才行。如果对方在意见交流时，能够交换角色设身处地想一想他人，就能避免双方大动肝火。

转移注意力：从心理学上讲，一个人的注意力不能同时集中在两件事物上。当你接受到会使你发怒的刺激时，你可以主动地接受另一种刺激。

环节四：课后反思

## 第六课　抵制诱惑

### 一　设计思想

心理学家证明：中学生的行为自控力较弱，难以抵制网络、课外书刊、游戏厅等的诱惑，而且这些不良品性容易出现在 11～16 岁，且以 13～15 岁为高峰期（占 67%）。而随着电子产品的发展，现在越来越多中学生有电子产品了，很多学生上课时难以摆脱它们的种种诱惑，这些现象显示中学生缺乏行为自控力是受社会娱乐设备的发展影响的。我们无法阻止社会的发展以及物质的丰富，但是我们可以指导这个年龄段的中学生如何正确面对诱惑，学会控制自己的行为，从而摆脱不良的品性。因此，给中学生上有关提高行为自控力的心理健康课很有必要。

### 二　教学目标

（1）让学生意识到提高行为自控力的重要性；

（2）分析中学生面临的那些诱惑，让学生意识到自己日常学习生活中的不良行为习惯；

（3）让学生掌握一些抵制不良诱惑的有效方法和技巧，以提高行为自控的能力。

### 三 教学过程

**环节一：热身活动（我是木头人）**

活动规则：让学生做出一个自己喜欢的动作，维持不动 3 分钟，达不到要求者则要接受惩罚。惩罚内容是达不到要求的全部同学为那些达到要求的同学做一次才艺表演。

（此活动能够让学生迅速投入课堂，并为此次活动的主题埋下伏笔。）

**环节二：视频导入（《棉花糖实验》视频）**

老师给学生播放一个心理学经典的《棉花糖实验》视频：研究人员找来数十名儿童，让他们每个人单独待在一个只有一张桌子和一把椅子的小房间里，桌子上的托盘里有儿童爱吃的棉花糖。研究人员告诉他们可以马上吃掉棉花糖，但如果等研究人员回来时再吃就可以再得到一颗棉花糖作为奖励。对这些孩子来说，实验的过程颇为难熬。有的孩子为了不去看那诱人的棉花糖而捂住眼睛或是背转身体，还有一些孩子开始做一些小动作来转移自己的注意力——踢桌子，拉自己的辫子，有的甚至用手去打棉花糖。结果，大多数的孩子坚持不到三分钟就放弃了。一些孩子甚至直接把棉花糖吃掉了，而只有三分之一的孩子能够坚持到研究人员回来。

看完视频且老师适当地讲解后，老师提问学生："针对这两种情况，设想 20 年后那些儿童会怎么样？"学生各抒己见后，老师告知学生这个心理学实验的结果：那些坚持等研究人员回来再吃棉花糖的孩子长大后成为社会的成功人士居多；而那些等不及研究人员回来就吃了棉花糖的孩子，长大后几乎没有稳定的工作，生活水平较低。

（引出主题，让学生意识到行为自控力的重要性，其对人的终身发展具有很大的影响。）

**环节三：新课讲授**

活动一：展示中学生面临的诱惑

图片和视频都展示现在中学生常常面临的诱惑（如打游戏机、考试作弊、抽烟、喝酒、男生染黄头发等），呈现完后让学生思考自己或者自己身边的同学有没有这些情况，除此之外询问学生有什么诱惑是日常生活学习中难以抵制的，让他们写下来，还有写一下自己的经验、试过的摆脱这些诱惑的有用的办法。写完后，抽几个学生分享他们的想法。

活动二：讲述并示范提高行为自控力的方法

老师让学生分享后，给学生指导一些提高行为自控力的办法。

（1）转移注意法：就是在想着那些诱惑的时候，可以先想点或干点别的事情。如上课想玩手机的时候，可以抑制自己把注意力放到黑板的一个点或者其他地方上。

（2）心理暗示法：如果在想着诱惑的时候，对自己有一个心理暗示，比如，上课控制不住要睡觉了，可以默默对自己说："我很精神，我超精神……"

（3）回避刺激法：当遇到可能使自己失去行为自控力的刺激时，应竭力回避。如上课难以控制自己玩手机的同学，可以把手机收起来不让自己看到。

（4）积极补偿法：利用渴望做自己想做的事情产生的强大动力，找一件你喜欢的工作埋头猛干，或拼命读书，或伏案疾书，使难以控制的行为得到积极的运用。

（5）强化法：强化法又分奖励和惩罚，奖励就是当自己能够抵制某个诱惑的时候，就给自己一个自己喜欢的小奖励；惩罚法就是当自己做了某个坏行为的时候就给自己小惩罚，例如，当自己上课想玩手机的时候，用橡皮筋弹自己的手。

（6）互相监督法：找一个也要抵制某一难以抵制的诱惑的同学或者朋友，互相监督。如果哪一方做不到，就让另一方惩罚。

老师给学生讲述这些方法后，对这些方法的应用进行示范，例如，①应用心理暗示法时，老师做出打瞌睡的样子，然后对自己说："我很精神，我超精神……"②应用回避刺激法时，当老师假装想看漫画书的时候，老师把漫画书放到她视线范围之外；③应用积极补偿法时，老师假装上课想玩手机，转而认真地写自己喜欢的字帖。

活动三：制作抵制诱惑计划表

让学生按老师展示的模板，制作一个表格（见表2）：表格分为若干行列，在最左边的那一列填上自己不能控制的行为；在最上面的一行依次写上一段时间的日期，例如2016年11月27~30日。然后，让学生根据自己的实际情况进行填写，即哪天能够控制自己不做某不良行为就在相应空格打"√"，反之涂"●"。经过一定的时间后，学生确定自己某一不良行为习惯完全可以不再出现，以此类推，直到最后把所有难以控制的不良行为改掉。

表 2　抵制诱惑计划

| 不良行为 | 11月27日 | 11月28日 | 11月29日 | 11月30日 |
| --- | --- | --- | --- | --- |
| 1. 上课玩手机 | | | | |
| 2. 上课睡觉 | | | | |
| 3. 熬夜看电视 | | | | |
| 4. 上课看漫画 | | | | |
| 5. …… | | | | |

环节四：课后反思

# 附录7　团体心理辅导反馈表

同学们：

您对本阶段的团体心理辅导还满意吗？有什么收获？请结合自身实际情况，如实填写以下问题，谢谢您的配合！

1. 参加了团体心理辅导后，您的收获情况？

（1）几乎没有收获　　（2）收获不大　　（3）一般

（4）收获较大　　（5）很有收获

2. 您对参加这个团体的喜欢程度？

（1）非常不喜欢　　（2）不喜欢　　（3）无所谓

（4）比较喜欢　　（5）非常喜欢

3. 您对整个团体过程的满意情况？

（1）非常不满意　　（2）不满意　　（3）一般

（4）比较满意　　（5）非常满意

4. 参加了本阶段团体心理辅导后，您是否对自身的学习理由、学习目标有清楚的认识？

（1）不清楚　　（2）有点清楚　　（3）一般

（4）比较清楚　　　　　　（5）非常清楚

5. 您对于所学的提高学习注意力的方法掌握情况如何？

（1）很差　　　　　　（2）较差　　　　　　（3）一般

（4）较好　　　　　　（5）非常好

6. 您对于所学的时间管理的方法掌握情况如何？

（1）很差　　　　　　（2）较差　　　　　　（3）一般

（4）较好　　　　　　（5）非常好

7. 团体辅导活动中的注意力训练方法对您学习集中注意力是否有帮助？

（1）没有帮助　　　　（2）较少帮助　　　　（3）一般

（4）比较有帮助　　　（5）非常有帮助

8. 团体辅导活动中的时间管理理论及应用对您学习时间的安排是否有帮助？

（1）没有帮助　　　　（2）较少帮助　　　　（3）一般

（4）比较有帮助　　　（5）非常有帮助

9. 团体辅导活动中的学习方法对您的帮助？

（1）没有帮助　　　　（2）较少帮助　　　　（3）一般

（4）比较有帮助　　　（5）非常有帮助

10. 您对于您的学习目标制定的原则和方法的掌握情况如何？

（1）很差　　　　　　（2）较差　　　　　　（3）一般

（4）较好　　　　　　（5）非常好

11. 团体心理辅导活动让您更愿意投入学习中？

（1）非常同意　　　　（2）同意　　　　　　（3）一般

（4）不同意　　　　　（5）非常不同意

## 附录8　教育融入调查问卷（学生）

亲爱的同学们：

你好！感谢参与本次问卷调查。本次调查采取不记名的形式，调查结果只用于研究，绝对会为你所填写的内容保密。每题均只有一个答案，请将正确的答案写在括号内。

感谢你的支持！

1. 你的性别是　　；年龄　　岁；读小学　　年级/初中　　年级

2. 你到这边读书多久了？（　　）

   A. 1 年及以下　　　　B. 2 年　　　　　　C. 3 年

   D. 3 年以上

3. 以前有没有转过学？（　　）

   A. 没有　　　　　　　B. 有，1 次　　　　C. 有，2 次

   D. 有，3 次及以上

4. 在课堂上，老师经常请你回答问题吗？（　　）

   A. 经常　　　　　　　B. 有时　　　　　　C. 从来没有

5. 遇到不懂回答的问题，老师会鼓励你吗？（　　）

   A. 经常　　　　　　　B. 有时　　　　　　C. 从来没有

6. 平时与老师的接触中，你会觉得有压力吗？（　　）

   A. 经常　　　　　　　B. 有时　　　　　　C. 从来没有

7. 课后老师是否对你们有课外辅导？（　　）

   A. 经常　　　　　　　B. 有时　　　　　　C. 从来没有

8. 平时老师有对你们进行家访吗？（　　）

   A. 有，经常　　　　　B. 有，一个学期至少一次

   C. 很少

9. 你是否愿意与芗城本地学生交往？（　　）

   A. 愿意　　　　　　　B. 不愿意　　　　　C. 不确定

10. 在课外时间，你与哪些同学一起交往？（　　）

    A. 外地同学　　　　　B. 本地同学

    C. 外地同学与本地同学都有

11. 有没有比较要好的同学呢？（　　）

    A. 没有　　　　　　　B. 有，1~2 个　　　C. 3 个及以上

12. 与芗城本地同学交往过程中，有发生矛盾与冲突吗？（　　）

A. 经常发生　　　　　　B. 偶尔发生　　　　　　C. 没有发生

13. 你是否喜欢读书？（　　）

A. 喜欢　　　　　　　　B. 不喜欢　　　　　　　C. 不知道

14. 你现在在班级里的学习成绩怎样？（　　）

A. 靠前　　　　　　　　B. 中偏上　　　　　　　C. 中等

D. 靠后

15. 你觉得学习对以后找工作重要吗？（　　）

A. 重要　　　　　　　　B. 不重要　　　　　　　C. 不知道

16. 你在平时学习中，能按时完成作业吗？（　　）

A. 按时完成　　　　　　B. 不能按时完成

17. 你上课前是否有预习课本知识？（　　）

A. 有　　　　　　　　　B. 没有

18. 你课后是否有复习课堂所学知识？（　　）

A. 有　　　　　　　　　B. 没有

19. 你在家里有单独的房间或者书桌学习吗？（　　）

A. 有　　　　　　　　　B. 没有

20. 老师在课堂上讲的内容，你能掌握多少？（　　）

A. 基本能掌握　　　　　B. 部分能掌握　　　　　C. 不能掌握

21. 学习上碰到困难，你会找谁帮助？（　　）

A. 父母　　　　　　　　B. 老师　　　　　　　　C. 同学

D. 其他人

22. 你是否喜欢所在学校的环境？（　　）

A. 喜欢　　　　　　　　B. 不喜欢

23. 你是否经常上课迟到？（　　）

A. 经常　　　　　　　　B. 有时　　　　　　　　C. 没有

24. 你有担任学生干部吗？（　　）

A. 有　　　　　　　　　B. 没有

25. 你有参加学生社团活动（学生组织的活动）吗？（　　）

A. 没有　　　　　　　　B. 比较少　　　　　　　C. 经常参加

26. 你是否经常参加班级组织的活动？（　　）

A. 经常　　　　　　B. 有时　　　　　　C. 没有

27. 新学校的规章制度，或者说管理制度，你能适应吗？（　　）

A. 不能适应　　　　B. 正在适应当中　　C. 已经适应

28. 你是否知道所在学校的办学历史？（　　）

A. 知道　　　　　　B. 不知道

29. 你爸爸从事的工作是（　　）

A. 建筑业　　　　　B. 交通运输业　　　C. 餐饮业

D. 零售业　　　　　E. 其他

30. 你妈妈从事的工作是（　　）

A. 建筑业　　　　　B. 交通运输业　　　C. 餐饮业

D. 零售业　　　　　E. 其他

31. 你爸爸的文化程度是（　　）

A. 未上过学　　　　B. 小学文化程度

C. 初中文化程度　　D. 高中（或中专）文化程度

32. 你妈妈的文化程度是（　　）

A. 未上过学　　　　B. 小学文化程度

C. 初中文化程度　　D. 高中（或中专）文化程度

33. 父母经常询问学校的情况吗？（　　）

A. 经常问　　　　　B. 有时会问　　　　C. 很少

34. 父母比较经常问你的是哪些情况？（　　）

A. 学习成绩　　　　B. 道德情操　　　　C. 兴趣爱好

D. 其他

35. 家里有请家教辅导功课吗？（　　）

A. 没有　　　　　　B. 有，但很少　　　C. 经常有

36. 你现在碰到的最大的困难是什么？

37. 为了更好地成长，你期望家长、学校还有老师，他们能为你提供怎样的帮助？

## 附录9　教育融入访谈提纲（学生）

1. 你来芍城多久了？
2. 你转过学吗？转过几次学？为什么转学？
3. 你喜欢和芍城本地同学一起玩吗？为什么？
4. 你现在喜欢学习吗？为什么？
5. 在学习过程中，如果碰到困难，你会主动找老师吗？
6. 你在学习中是否有困难？可以具体说说吗？
7. 你喜欢这里的学校吗？说说你为什么喜欢或不喜欢？
8. 你喜欢参加校园文化活动吗？为什么？
9. 你了解你们学校的校歌、校训吗？
10. 你了解学校的办学历史以及现在校长的名字吗？
11. 你知道户籍制度这回事吗？了解多少，可以谈一谈吗？
12. 你爸爸妈妈是做什么的？平时在家里有帮爸爸妈妈做点事情吗？

## 附录10　教育融入访谈提纲（家长）

1. 您是做什么的？一个月家庭能挣到多少钱？
2. 方便透露您的文化水平吗？
3. 您家在小孩子读书方面开支多少？主要开支包括哪些？
4. 您会辅导孩子的作业吗？为什么？
5. 您觉得孩子在芍城读书会适应吗？对这里的学校和老师有什么看法？
6. 您对孩子的学习有什么期待？
7. 如果说有得选，思想品德、行为性格、心理健康和学习成绩，您会为小孩选哪一个？

8. 您经常和学校的老师联系吗？一般您都向老师了解哪些情况？

9. 您支持您的小孩参加学校的文娱活动吗？有的人觉得这样会占用小孩的学习时间，您是怎样看待这个事情的？

## 附录11　区（县）常住儿童访谈提纲

1. 你班上有外来同学吗？你觉得他们表现怎么样？
2. 你会跟外来同学一起玩吗？有没有好朋友？为什么？
3. 你觉得外来同学学习认真吗？学习成绩怎样？
4. 你有过与外来同学起冲突的经历吗？如果有，举例说说冲突的原因。
5. 你爸爸妈妈会反对你跟外来同学一起玩吗？说说原因。
6. 你觉得外来同学遵守纪律吗？能适应学校的节奏吗？
7. 你觉得老师对这些外来同学怎样？他们是否需要更多的课后辅导？
8. 你跟外来同学说话聊天是用闽南语还是用普通话？会不会在外来同学面前讲本地话？
9. 你觉得这些外来同学他们的优点和缺点是什么呢？

## 附录12　教育融入访谈提纲（教师）

1. 您平时是如何对待本地学生与农民工子女的？
2. 您觉得农民工子女与本地学生有什么不一样的地方？
3. 在您看来农民工子女有什么缺点与优点？
4. 农民工子女对学校的了解情况如何？比如学校的校情、校史、校训、校歌或者是办学定位这些。
5. 您觉得农民工子女在哪方面学习比较有困难？您会如何去帮助他们？

6. 您觉得哪些农民工子女比较适应这里的学校教育？

7. 您了解您班上的外来农民工对其孩子的教育态度吗？可以举些例子吗？

8. 您去农民工家里家访吗？大概多久去一次？

9. 从老师的角度出发，您觉得学校可以采取哪些措施以更好地帮助农民工子女成长？

# 参考文献

[1] 艾丽菲拉·阿克帕尔，2019，《生态系统视角下社会工作介入流动儿童社会融入研究——以"新疆流动儿童社会支持与服务"项目为例》，《青少年研究与实践》第 4 期，第 19~26 页。

[2] 安东尼·吉登斯，2000，《第三条道路——社会民主主义的复兴》，郑戈译，北京大学出版社。

[3] 白文飞、徐玲，2009，《流动儿童社会融合的身份认同问题研究——以北京市为例》，《中国社会科学院研究生院学报》第 2 期，第 18~25 页。

[4] 鲍传友、刘畅，2015，《小学流动儿童的文化适应状况及其改进——以北京市公办小学为例》，《教育科学研究》第 3 期，第 27~31 页。

[5] 蔡爽，2015，《流动儿童的自杀意念——基于上海市的调查》，《青年学报》第 2 期，第 92~96 页。

[6] 蔡亚平，2017，《当前流动儿童教育融入存在的问题与对策》，《教育导刊》第 5 期，第 32~36 页。

[7] 曹俊怀，2013，《农民工随迁子女教育融入探究：问题、原因及政策建构》，《基础教育研究》第 20 期，第 3~5 页。

[8] 曹新美、刘在花，2018，《流动儿童学校适应在学校氛围与学习投入之间的中介作用》，《中国特殊教育》第 8 期，第 74~79 页。

[9] 陈国华，2017，《农民工随迁子女的教育融入——起点、过程与结果》，《中国青年研究》第 6 期，第 101~106 页。

[10] 陈红艳，2009，《从进化心理学角度探析自我接纳》，《牡丹江教育学院学报》第 6 期，第 99~113 页。

[11] 陈会昌、叶子，1997，《群体社会化发展理论述评》，《教育理论与实践》第 4 期，第 49～53 页。

[12] 陈会昌主编，1995，《中国学前教育百科全书·心理发展卷》，沈阳出版社。

[13] 陈建文、黄希庭，2004，《中学生社会适应性的理论构建及量表编制》，《心理科学》第 1 期，第 182～184 页。

[14] 陈丽丽，2007，《流动人口子女融入城市教育环境的思考》，《中南民族大学学报》（人文社会科学版）第 S1 期，第 50～52 页。

[15] 陈石，2005，《苏北农村贫困儿童就学问题初探》，硕士学位论文，南京师范大学。

[16] 陈晓军、陶婷、王利刚、唐义诚、张静怡、樊春雷、高文斌，2017，《流动儿童社会适应现状及影响因素》，《中华行为医学与脑科学杂志》第 3 期，第 266～270 页。

[17] 陈英敏、陶婧、张文献、韩磊、张元金、高峰强，2017，《初中生羞怯与同伴关系：自我知觉和自我接纳的多重中介作用》，《中国临床心理学杂志》第 6 期，第 1175～1178 页。

[18] 陈永进、陈和平、魏昌武、刘建、侯丽杰、简磊，2008，《青少年自我管理问卷的初步编制》，《中国临床心理学杂志》第 3 期，第 272～273、271 页。

[19] 陈油华、张劲松，2021，《基于诺丁斯关怀教育理论的农村儿童忽视问题研究》，《南昌师范学院学报》第 1 期，第 77～80 页。

[20] 陈玉凤，2014，《湘西地区流动儿童心理健康状况及民族体育干预的实证研究》，《成都体育学院学报》第 10 期，第 74～78 页。

[21] 陈玉凤、熊健、石红、饶勋章，2012，《湘西少数民族地区城区流动儿童与常住儿童心理健康的比较研究》，《中国健康教育》第 7 期，第 4 页。

[22] 程颖如，2009，《符号互动理论及其在家庭教育上的应用》，《和田师范专科学校学报》第 1 期，第 32～33 页。

[23] 崔丽娟、丁沁南、程亮，2009，《流动儿童社会融入特点、影响因素及促进策略》，《思想理论教育》第 16 期，第 25～29 页。

［24］戴逸茹、李岩梅，2018，《居住流动性对心理行为的影响》，《心理科学》第 5 期，第 1185~1191 页。

［25］邓思扬，2016，《小学流动儿童社会适应及其影响机制研究》，硕士学位论文，温州大学。

［26］董佳、谭顶良、张岩，2019，《流动儿童社会支持和城市适应的关系：希望和是否独生子女的作用》，《中国特殊教育》第 6 期，第 78~84 页。

［27］杜文平，2006，《北京市流动人口子女接受义务教育的现状分析》，《教育科学研究》第 9 期，第 30~33 页。

［28］杜玉改，2013，《流动儿童学习投入及影响因素研究》，硕士学位论文，南京师范大学。

［29］段成荣，2015，《我国流动和留守儿童的几个基本问题》，《中国农业大学学报》（社会科学版）第 1 期，第 46~50 页。

［30］樊富珉，2005，《团体心理咨询》，高等教育出版社。

［31］范丽娟、陈树强，2018，《流动儿童的生态系统与自我效能感关系研究》，《中国青年社会科学》第 6 期，第 88~93 页。

［32］范兴华、方晓义、刘勤学、刘杨，2009，《流动儿童、留守儿童与一般儿童社会适应比较》，《北京师范大学学报》（社会科学版）第 5 期，第 33~40 页。

［33］范兴华、方晓义、刘杨、蔺秀云、袁晓娇，2012，《流动儿童歧视知觉与社会文化适应：社会支持和社会认同的作用》，《心理学报》第 5 期，第 647~663 页。

［34］方来坛、时勘、张风华，2008，《中文版学习投入量表的信效度研究》，《中国临床心理学杂志》第 6 期，第 618~620 页。

［35］费立鹏，2004，《中国的自杀现状及未来的工作方向》，《中华流行病学杂志社》第 4 期，第 277~279 页。

［36］冯帮，2007，《流动儿童教育公平问题：基于社会排斥的分析视角》，《江西教育科研》第 9 期，第 97~100 页。

［37］冯金兰，2011，《流动儿童学业成绩及其影响因素分析——以南京市 SZ 中学为例》，硕士学位论文，南京师范大学。

[38] 伏干,2016,《流动儿童社会融入指标体系的建构——基于社会认同视》,《广西社会科学》第11期,第155~159页。

[39] 符太胜、王桂娟,2012,《流动儿童师生关系特点的调查与反思》,《思想理论教育》第24期,第40~44页。

[40] 高政,2011,《社会排斥理论视角下流动儿童教育问题研究》,《教育探索》第12期,第15~17页。

[41] 葛枭语、侯玉波,2021,《君子不忧不惧:君子人格与心理健康——自我控制与真实性的链式中介》,《心理学报》第4期,第374~386页。

[42] 顾磊,2022,《〈中国流动人口子女发展报告2021〉呼吁提供更多支持——让流动儿童享受公平发展的阳光》,人民政协网,https://www.rmzxb.com.cn/c/2022-07-27/3168827.shtml。

[43] 顾敏敏,2012,《团体心理辅导对中学生人际交往的干预研究》,硕士学位论文,曲阜师范大学。

[44] 顾倩,2018,《成就目标对流动和城市儿童学业表现的影响:基本心理需要满足的动力作用》,硕士学位论文,南京师范大学。

[45] 郭长伟,2012,《文化资本视域下农民工随迁子女教育融入困境及对策》,《教学与管理》第30期,第13~16页。

[46] 郭良春、姚远、杨变云,2005,《公立学校流动儿童少年城市适应性研究——北京市JF中学的个案调查》,《中国青年研究》第9期,第50~55页。

[47] 国家统计局,2021,《第七次全国人口普查主要数据情况》,http://www.stats.gov.cn/tjsj/zxfb/202105/t20210510_1817176.html。

[48] 韩毅初、温恒福、程淑华、张淳淦、李欣,2020,《流动儿童歧视知觉与心理健康关系的元分析》,《心理学报》第11期,第1313~1326页。

[49] 何桂宏,2008,《流动儿童社会化过程中的自卑与超越》,《教育理论与实践》第26期,第5~6页。

[50] 何杰、李莎莎、付明星,2019,《高职学生手机成瘾与心理健康自我控制及自尊关系》,《中国学校卫生》第1期,第79~82页。

[51] 何玲, 2013,《流动儿童社会融合现状与辨析》,《中国青年研究》第 7 期, 第 36~39 页。

[52] 何玲, 2017,《流动儿童社会融合研究》, 中国社会出版社。

[53] 和学新、李平平, 2014,《流动人口随迁子女教育政策：变迁、反思与改进》,《当代教育与文化》第 6 期, 第 14~19 页。

[54] 贺小格, 2004,《大学生自我管理量表编制》, 硕士学位论文, 湖南师范大学。

[55] 侯舒朦、袁晓娇、刘杨、蔺秀云、方晓义, 2011,《社会支持和歧视知觉对流动儿童孤独感的影响：一项追踪研究》,《心理发展与教育》第 4 期, 第 407~410 页。

[56] 胡海沅, 2011,《流动人员子女学习适应性及与学业自我效能感、心理健康的关系》, 硕士学位论文, 福建师范大学。

[57] 胡韬, 2007,《流动少年儿童社会适应的发展特点及影响因素研究》, 硕士学位论文, 西南大学。

[58] 胡韬、郭成, 2013,《流动少年儿童社会适应与其影响因素的结构模型》,《西南大学学报》（社会科学版）第 1 期, 第 83~87 页。

[59] 胡韬、李建年、郭成, 2012,《贵阳市流动儿童社会适应状况分析》,《中国学校卫生》第 9 期, 第 1140~1142 页。

[60] 胡韬、刘敏、廖全明, 2014,《流动儿童的自尊在领悟社会支持与社会适应关系中的中介作用》,《现代中小学教育》第 1 期, 第 100~104 页。

[61] 胡维芳, 2018,《流动人口的心理融入研究现状及其对社区教育的启示》,《青海社会科学》第 4 期, 第 130~134 页。

[62] 胡逸群、刘冰洁、赵彦云, 2022,《中国流动人口心理融入的空间分布特征研究》,《统计与决策》第 1 期, 第 59~63 页。

[63] 华巧红, 2013,《美国、以色列、印度流动儿童教育管理措施的比较研究》, 硕士学位论文, 浙江师范大学。

[64] 黄洁莹、卫利珍, 2017,《流动儿童社会融入状况研究》,《商业经济》第 1 期, 第 22~24 页。

[65] 黄洁、张慧勇、商士杰, 2014,《心理弹性对大学生心理应激与心理

健康关系的中介作用》,《心理与行为研究》第 6 期,第 813~818 页。

[66] 贾爱宾、兰欣、姜谊君,2020,《流动儿童社会融入状况及其社会支持体系构建》,《劳动保障世界》第 12 期,第 79、封 3 页。

[67] 贾林斌,2008,《中学生社会适应量表的编制及其初步应用》,硕士学位论文,山东大学。

[68] 贾绪计、李雅倩、蔡林、王庆瑾、林琳,2020,《自我妨碍与学习投入的关系:学业浮力的中介作用和父母支持的调节作用》,《心理与行为研究》第 2 期,第 227~233 页。

[69] 江光荣,2004,《中小学班级环境:结构与测量》,《心理科学》第 4 期,第 839~843 页。

[70] 江琦、李艳霞、冯淑丹,2011,《流动儿童班级人际关系与歧视知觉的关系:社会支持的调节作用》,《长江师范学院学报》第 6 期,第 103~108 页。

[71] 姜能志,2015,《高中生学习适应与学习成绩的关系》,《中国健康心理学杂志》第 7 期,第 1015~1018 页。

[72] 蒋善、张璐、王卫红,2007,《重庆市农民工心理健康状况调查》,《心理科学》第 1 期,第 216~218 页。

[73] 教育部,2022,《2021 年全国教育事业发展统计公报》,中华人民共和国教育部网站,http://www.moe.gov.cn/jyb_sjzl/sjzl_fztjgb/202209/t20220914_660850.html。

[74] 金海燕,2005,《大学生自我管理探究》,《当代青年研究》第 6 期,第 48~49 页。

[75] 雷婷婷、顾善萍、蒋科星、乔虹,2019,《社会排斥与流动儿童学校适应的关系:坚毅的调节作用》,《中国特殊教育》第 11 期,第 69~74 页。

[76] 黎建斌、聂衍刚,2010,《核心自我评价研究的反思与展望》,《心理科学进展》第 12 期,第 1848~1857 页。

[77] 黎心培,2021,《流动儿童同伴交往能力的小组工作介入研究》,硕士学位论文,江西财经大学。

［78］李春茂，2019，《流动人口子女城市教育融入现状及其影响因素研究——以江西省为例》，《兵团教育学院学报》第5期，第58~64页。

［79］李东、孙海红，2011，《初中生人际信任度与主观幸福感、自我效能感关系研究》，《重庆电子工程职业学院学报》第4期，第123~126页。

［80］李冬燕，2014，《文化冲击理论下的电影〈刮痧〉》，《电影文学》第14期，第57~58页。

［81］李佳晨，2021，《父母参与对流动儿童学业成绩的影响研究》，硕士学位论文，湖南师范大学。

［82］李金泽，2016，《家庭教养方式和成就动机对流动儿童和城市儿童学习成绩的影响》，硕士学位论文，南京师范大学。

［83］李龙、宋月萍、胡以松，2019，《初中教育阶段流动儿童心理健康影响因素队列研究》，《中华疾病控制杂志》第9期，第1046~1050页。

［84］李申申，2004，《特殊儿童融入普通学校的人格意义——对全纳教育内涵的理解》，《中国特殊教育》第7期，第10~13页。

［85］李思南、袁晓娇、吴海艳、胡红彦，2016，《流动儿童社会认同与同伴关系：自尊的中介作用》，《中国健康心理学杂志》第8期，第1258~1261页。

［86］李翔飞，2017，《大学生学习态度的现状调查及干预研究》，硕士学位论文，南昌大学。

［87］李小琴，2017，《外来务工子女心理融入的小组工作介入与反思——以深圳市X社区为例》，硕士学位论文，长春工业大学。

［88］李晓东、聂尤彦、林崇德，2002，《初中二年级学生学习困难、人际关系、自我接纳对心理健康的影响》，《心理发展与教育》第2期，第68~73页。

［89］李雅楠，2012，《家庭收入是否影响子女教育水平——基于CHNS数据的实证研究》，《南方人口》第4期，第46~54页。

［90］李燕芳、徐良苑、吕莹、刘丽君、王耘，2014，《母子关系、师幼关系与学前流动儿童的社会适应行为》，《心理发展与教育》第6期，第624~

634 页。

[91] 李颖，2019，《小组工作介入流动儿童家庭教育缺失研究》，硕士学位论文，辽宁大学。

[92] 李玉英、王林生、陈敏钰，2005，《陕西省流动人口子女义务教育现状及对策研究》，《陕西师范大学学报》（哲学社会科学版）第 1 期，第 41～46 页。

[93] 梁庆、张重洁，2013，《昆明市流动儿童生存状况的研究——以昆明市连心社区为例》，《云南农业大学学报》（社会科学版）第 1 期，第 138～142 页。

[94] 梁土坤，2020，《居住证制度、生命历程与新生代流动人口心理融入——基于 2017 年珠三角地区流动人口监测数据的实证分析》，《公共管理学报》第 1 期，第 96～109、172～173 页。

[95] 林崇德，2000，《关于心理健康的标准》，《思想政治课教学》第 3 期，第 36～37、57 页。

[96] 林崇德，2016，《21 世纪学生发展核心素养研究》，北京师范大学出版社。

[97] 林崇德、杨治良、黄希庭，2003，《心理学大辞典》，浙江教育出版社。

[98] 林崇德、俞国良、李辉，1999，《中国独生子女教育百科》，浙江人民出版社。

[99] 林盈盈、唐峥华、刘丹、覃玉宇、吴俊端、张伟源、韦波，2013，《流动儿童孤独感、自我接纳和行为问题调查》，《中国公共卫生》第 9 期，第 1256～1260 页。

[100] 蔺秀云、方晓义、刘杨、兰菁，2009a，《流动儿童歧视知觉与心理健康水平的关系及其心理机制》，《心理学报》第 10 期，第 967～979 页。

[101] 蔺秀云、黎燕斌，2016，《流动儿童心理韧性对文化适应的影响：社会认同的中介作用》，《心理发展与教育》第 6 期，第 656～665 页。

[102] 蔺秀云、王硕、张曼云、周冀，2009b，《流动儿童学业表现的影响因素——从教育期望、教育投入和学习投入角度分析》，《北京师范大

学学报》（社会科学版）第 5 期，第 41~47 页。

[103] 刘成斌、吴新慧，2007，《流动好？留守好？——农民工子女教育的比较》，《中国青年研究》第 7 期，第 5~9 页。

[104] 刘成伟、王茂文、唐敏燕，2022，《流动儿童亲子沟通与学习投入：家庭亲密度与同伴关系的中介作用》，《中国健康心理学杂志》第 8 期，第 1261~1265 页。

[105] 刘玲，2016，《促进流动儿童社会融入的"关怀"行为探析——基于诺丁斯的"关怀教育理论"角度》，《佳木斯职业学院学报》第 8 期，第 450 页。

[106] 刘庆，2013，《城市流动儿童社会适应问题研究——社会工作的视角》，《少年儿童研究》第 8 期，第 4~7 页。

[107] 刘秋芬、袁晓娇、胡红彦、张茜、何颖，2018，《流动儿童的家庭功能与孤独感：亲子关系的中介作用》，《中国健康心理学杂志》第 3 期，第 437~440 页。

[108] 刘晓陵、方优游、金瑜，2019，《中小学生学习适应的调查研究——以上海 H 区为例》，《基础教育》第 2 期，第 56~63 页。

[109] 刘雅晶，2014，《城镇化背景下农民工随迁子女教育问题文献述评》，《理论观察》第 3 期，第 109~110 页。

[110] 刘杨、方晓义，2011，《流动儿童社会身份认同状况研究》，《国家行政学院学报》第 3 期，第 61~66 页。

[111] 刘杨、方晓义，2013，《流动儿童社会身份认同与城市适应的关系》，《社会科学战线》第 6 期，第 190~194 页。

[112] 刘杨、方晓义、蔡蓉、吴杨、张耀方，2008，《流动儿童城市适应状况及过程——一项质性研究的结果》，《北京师范大学学报》（社会科学版）第 3 期，第 9~20 页。

[113] 刘杨、方晓义、戴哲茹、王玉梅，2012，《流动儿童歧视、社会身份冲突与城市适应的关系》，《人口与发展》第 1 期，第 19~27、57 页。

[114] 刘玉敏，2020，《坚毅人格对学习投入的影响：一个链式中介模型》，《上海教育科研》第 9 期，第 18~23 页。

[115] 刘在花，2015，《父母教育期望对中学生学习投入影响机制的研

究》,《中国特殊教育》第 9 期,第 83~89 页。

[116] 刘在花,2017,《流动儿童学习价值观对学校幸福感的影响:学业自我效能感的调节作用》,《中国特殊教育》第 8 期,第 67~73 页。

[117] 刘在花,2020,《流动儿童学业情绪对学习投入影响的研究》,《中国特殊教育》第 2 期,第 69~75 页。

[118] 刘在花,2021a,《流动儿童学习投入教育干预实验研究》,《中小学心理健康教育》第 33 期,第 13~16 页。

[119] 刘在花,2021b,《流动儿童学习投入现状、产生机制及干预研究》,《教育科学研究》第 4 期,第 92~96 页。

[120] 陆艳,2017,《农民工随迁子女的教育融入难题如何解》,《人民论坛》第 19 期,第 64~65 页。

[121] 栾文敬、路红红、童玉林、吕丹娜,2013,《家庭关系对流动儿童心理健康的影响》,《学前教育研究》第 2 期,第 27~36 页。

[122] 罗金晶、董洪宁、丁晴雯、李董平,2017,《累积生态风险对青少年网络成瘾的影响:意志控制的调节作用》,《中国临床心理学杂志》第 5 期,第 893~896、901 页。

[123] 罗云、陈爱、王振宏,2016,《父母教养方式与中学生学业倦怠的关系:自我概念的中介作用》,《心理发展与教育》第 1 期,第 65~72 页。

[124] 罗峥、贾奇隆、舒悦、王陆,2018,《信息化教学环境下学生学习适应与心理健康的关系——基于潜在剖面分析》,《中国远程教育》第 2 期,第 37~43 页。

[125] 马诗浩、植凤英、邓霞,2019,《流动儿童社会适应与自我提升的追踪研究》,《中国特殊教育》第 1 期,第 77~83 页。

[126] 马雪玉、孙天姿、王鑫,2021,《京津冀协同发展背景下的流动儿童社会适应研究》,《邢台学院学报》第 2 期,第 50~55 页。

[127] 孟万金,2008,《论积极心理健康教育》,《教育研究》第 5 期,第 41~45 页。

[128] 孟万金、周雯罄、胡灵芝、时勘,2021,《农民工随迁子女人际敏感性对心理健康的影响:排斥知觉与朋辈支持的作用》,《中国特殊

教育》第8期，第58~64页。

[129] 秘舒，2016，《流动儿童社会融入的社会学干预策略——天津市J社区的个案研究》，《青年研究》第5期，第19~28页。

[130] 莫文静、张大均、潘彦谷、刘广增，2018，《流动儿童家庭社会经济地位与学业成绩：父母情感温暖和心理素质的链式中介作用》，《西南大学学报》（自然科学版）第1期，第57~63页。

[131] 内尔·诺丁斯，2017，《培养有道德的人：从品格教育到关怀理论》，汪菊译，教育科学出版社。

[132] 倪士光，2014，《认同整合：流动儿童社会融合新视角》，科学出版社。

[133] 钮丽丽、周燕、周晖，2001，《中学生人格发展特点的研究》，《心理科学》第24期，第505~506页。

[134] 裴元庆、杨长君，2008，《成就目标理论研究及其发展》，《中国成人教育》第7期，第125~126页。

[135] 戚柳燕，2016，《留守与流动初中生学业社会比较、学习投入与学业目标定向的关系及对策》，硕士学位论文，河南大学。

[136] 乔金霞，2012，《互动与融合——基于符号互动理论视角下的农民工子女社会融合教育》，《哈尔滨学院学报》第10期，第47~50页。

[137] 邱培媛、杨洋、吴芳、曹欣、赵首年、马骁，2010，《国内外流动人口心理健康研究进展及启示》（综述），《中国心理卫生杂志》第1期，第64~68页。

[138] 邱兴，2007，《流动人口子女教育：教师的观念转变与作为》，《四川教育学院学报》第9期，第1~3、15页。

[139] 任晓杰，2015，《流动儿童的文化认同、心理适应与母亲教养方式：一项追踪研究》，硕士学位论文，上海师范大学。

[140] 桑青松、葛明贵、姚琼，2007，《大学生自我和谐与生活应激生活满意度的相关》，《心理科学》第3期，第4页。

[141] 尚伟伟，2021，《追求美好的城市生活》，华东师范大学出版社。

[142] 施丽红，2007，《对教育公平理论和实践的认识》，《教育与职业》

第 24 期，第 20~22 页。

[143] 石中英、余清臣，2005，《关怀教育：超越与界限——诺丁斯关怀教育理论述评》，《教育研究与实验》第 4 期，第 30~33 页。

[144] 司徒巧敏，2017，《大学生问题行为及其与大五人格和自我控制的关系》，《中国健康心理学杂志》第 2 期，第 317~320 页。

[145] 孙慧、丘俊超，2014，《新生代农民工文化与心理融入状况调查——以广州市 CH 区为例》，《青年探索》第 2 期，第 11~16 页。

[146] 孙嫱，2018，《随迁子女教育融入研究——以南阳流动维吾尔族群体为例》，《中国教育学刊》第 6 期，第 78~81 页。

[147] 孙文中，2015，《包容性发展：农民工随迁子女教育融入问题研究——基于武汉市的调查》，《广东社会科学》第 3 期，第 197~204 页。

[148] 孙晓军、周宗奎，2011，《童年期心理理论测评工具的初步编制》，中国心理学会成立 90 周年纪念大会暨第十四届全国心理学学术会议摘要集。

[149] 孙晓敏、薛刚，2008，《自我管理研究回顾与展望》，《心理科学进展》第 1 期，第 106~113 页。

[150] 孙序政、齐丙春，2009，《农民工的子女教育观研究：以重庆市为例》，《青年探索》第 1 期，第 31~35 页。

[151] 孙延杰、任胜洪，2021，《易地扶贫搬迁儿童的社会融入问题及其教育支持》，《当代青年研究》第 5 期，第 72~76 页。

[152] 孙艺铭，2020，《家庭社会经济地位与教养方式对流动儿童学业成就发展轨迹的影响》，硕士学位论文，南京师范大学。

[153] 孙玉梅，2007，《教育公平视野下特殊教育的走向》，《重庆科技学院学报》第 1 期，第 33~34 页。

[154] 孙中霞，2014，《自我时间管理训练对流动儿童学业拖延影响的实验研究》，硕士学位论文，扬州大学。

[155] 覃娜萍，2020，《流动儿童同伴交往能力提升的社会工作介入研究》，硕士学位论文，西北民族大学。

[156] 谭平、彭豪祥、张国兵，2009，《湖北三峡移民社会适应性的调查

及其思考》,《三峡大学学报》(人文社会科学版) 第 3 期。

[157] 谭千保,2010,《城市流动儿童的社会支持与学校适应的关系》,《中国健康心理学杂志》第 1 期,第 68~70 页。

[158] 谭千保、龚琳涵,2017,《流动儿童父母支持与社会文化适应的关系:积极心理品质的中介作用》,《中国特殊教育》第 6 期,第 69~74 页。

[159] 谭诤、刘洋、涂鹏,2021,《父母自主支持对流动儿童学习投入的影响:基本心理需要的中介作用》,《基础教育》第 1 期,第 73~80 页。

[160] 唐贵忠、唐晓君、肖家慧,2007,《重庆市城区流动儿童社会适应情况》,《中国学校卫生》第 3 期,第 2 页。

[161] 唐久来、唐茂志、余世成、胡允文、郭晓东,1994,《独生子女智力、行为和社会生活能力研究》,《中华儿科杂志》第 6 期,第 347~349、386 页。

[162] 田北海、耿宇瀚,2013,《农民工与市民的社会交往及其对农民工心理融入的影响研究》,《学习与实践》第 7 期,第 97~107 页。

[163] 同春芬、李雅丹,2017,《社会支持理论视角下农民工子女城市融入的体系构建——基于青岛市李沧区的实践经验》,《山东农业大学学报》(社会科学版) 第 2 期,第 85~91 页。

[164] 托尔斯顿·胡森,1987,《平等——学校和社会政策的目标》(下),张人杰译,《全球教育展望》第 3 期,第 14~21 页。

[165] 汪朵、宗占红、毛京沭、雷敏、尹勤,2012,《南京市流动儿童家庭环境与学习状况研究》,《南京人口管理干部学院学报》第 4 期,第 22~26 页。

[166] 王才康、何智雯,2002,《父母养育方式和中学生自我效能感、情绪智力的关系研究》,《中国心理卫生杂志》第 11 期,第 781~782、785 页。

[167] 王才康、胡中锋、刘勇,2001,《一般自我效能感量表的信度和效度研究》,《应用心理学》第 1 期,第 37~40 页。

[168] 王道阳、王梦,2015,《流动儿童的生活满意度调查分析》,《中国卫生事业管理》第 9 期,第 3 页。

[169] 王红姣、卢家楣，2004，《中学生自我控制能力问卷的编制及其调查》，《心理科学》第6期，第1477~1482页。

[170] 王景芝、陈段段、陈嘉妮，2019，《流动儿童自我控制与社会适应的关系：心理韧性的中介作用》，《中国特殊教育》第10期，第70~75页。

[171] 王静，2008，《流动儿童学业成绩之差异研究》，硕士学位论文，上海师范大学。

[172] 王倩，2016，《新型城镇化背景下农民工随迁子女教育融入研究》，《广西社会科学》第12期，第212~216页。

[173] 王思斌，2003，《社会学教程》，北京大学出版社。

[174] 王香兰、赵蔚蔚，2015，《入城农业人口随迁子女教育的保障机制分析——以河北省为例》，《人民论坛》第21期，第150~152页。

[175] 王晓芬、周会，2013，《流动儿童早期社会适应能力发展现状——基于江苏省N市6所示范园的调查》，《学前教育研究》第7期，第20~24页。

[176] 王艳翠，2013，《中学生成就目标定向、班级环境与学习投入关系及教育对策的研究》，硕士学位论文，天津师范大学。

[177] 王益明、金瑜，2002，《自我管理研究述评》，《心理科学》第4期，第453~456、464页。

[178] 王宇，2010，《女性新概念》，北京大学出版社。

[179] 王元、田卉娇、王垚，2020，《身份认同整合对流动儿童学校适应的影响——群体结构的调节作用》，《苏州大学学报》（教育科学版）第3期，第99~108页。

[180] 王中会、童辉杰、程萌，2016，《流动儿童社会认同对学校适应的影响》，《中国特殊教育》第3期，第52~57页。

[181] 王中会、徐玮沁、蔺秀云，2014，《流动儿童的学校适应与积极心理品质》，《中国心理卫生杂志》第4期，第267~270页。

[182] 韦炜，2008，《青少年独立能力的量表编制与现状测查研究》，硕士学位论文，福建师范大学。

[183] 魏军、刘儒德、何伊丽、唐铭、邱妙词、庄鸿娟，2014，《小学生

学习坚持性和学习投入在效能感、内在价值与学业成就关系中的中介作用》,《心理与行为研究》第 3 期,第 326～332 页。

[184] 温忠麟、叶宝娟,2014,《中介效应分析:方法和模型发展》,《心理科学进展》第 5 期,第 731～745 页。

[185] 文超、张卫、李董平、喻承甫、代维祝,2010,《初中生感恩与学业成就的关系:学习投入的中介作用》,《心理发展与教育》第 6 期,第 598～605 页。

[186] 翁文艳,2000,《西方教育公平理论述评》,《教育科学》第 2 期,第 62～64 页。

[187] 吴萍萍,2019,《阅读环境、自我效能感与学业成就的关系研究》,硕士学位论文,厦门大学。

[188] 吴新慧,2012,《融合教育:流动儿童师生关系及其校园适应》,《教育科学》第 5 期,第 73～78 页。

[189] 吴志明,2012,《群体社会化理论下流动儿童社会化的三种倾向与乡土回归》,《中国青年研究》第 6 期,第 19～23、33 页。

[190] 肖水源,1994,《社会支持评定量表的理论基础与研究应用》,《临床精神医学杂志》第 2 期,第 98～100 页。

[191] 谢超香、刘玲,2018,《澳大利亚流动儿童社会融入的影响因素与实现途径》,《民族教育研究》第 2 期,第 55～61 页。

[192] 谢小红,2013,《社会资本理论视域下进城流动学生的学业成就研究》,硕士学位论文,西南大学。

[193] 谢晓东、黄燕娜、喻承甫、张卫,2017,《青少年学校氛围感知与学校适应的关系:学校参与的中介作用》,《教育测量与评价》第 2 期,第 36～43 页。

[194] 谢尹安、邹泓、李小青,2007,《北京市公立学校与打工子弟学校流动儿童师生关系特点的比较研究》,《中国教育学刊》第 6 期,第 9～12 页。

[195] 谢勇,2017,《影响流动儿童教育融合的因素分析——基于教育过程与教育结果的视角》,《教育与经济》第 4 期,第 58～65、73 页。

[196] 熊庆年,2007,《高等教育管理引论》,复旦大学出版社。

[197] 修路遥、高燕，2011，《流动儿童教育公平问题的社会学分析》，《河海大学学报》（哲学社会科学版）第 3 期，第 37~40 页。

[198] 徐琛、曾天德，2017，《自我管理能力对城区流动儿童社会适应的影响》，《闽南师范大学学报》（自然科学版）第 1 期，第 109~113 页。

[199] 徐丹，2016，《义务教育阶段随迁子女公办学校融入问题研究》，硕士学位论文，华东师范大学。

[200] 徐冬英，2017，《学业情绪理论及其对流动儿童学业情绪辅导的启示》，《教育学术月刊》第 6 期，第 96~105 页。

[201] 徐丽敏，2009，《城市公办学校中农民工随迁子女教育融入的问题和对策》，《教育理论与实践》第 9 期，第 6~8 页。

[202] 徐生梅、苏学英、曹亢、王文广，2021，《流动儿童感知学校气氛对学习投入的影响：心理健康的中介作用》，《教育研究与实验》第 3 期，第 92~96 页。

[203] 徐延辉、李志滨，2021，《居住空间与流动儿童的社会适应》，《青年研究》第 3 期，第 73~80 页。

[204] 杨东平，2017，《中国流动儿童教育发展报告（2016）》（流动儿童蓝皮书），社会科学文献出版社。

[205] 杨佳丽，2020，《流动儿童朋辈交往关系建构的小组工作介入》，硕士学位论文，华中师范大学。

[206] 杨奎臣、贾爱宾、郭西，2020，《教师支持对流动儿童学校适应的影响及其机制研究——基于 CEPS（2014~2015）数据的实证分析》，《教育与经济》第 1 期，第 77~86 页。

[207] 杨丽芳、董永贵，2022，《家庭系统理论视角下双重弱势儿童亲密关系研究——基于五位回流儿童的深度访谈》，《少年儿童研究》第 3 期，第 26~34 页。

[208] 杨茂庆、黎智慧，2016，《英国流动儿童社会融入：影响因素与策略选择》，《全球教育展望》第 11 期，第 48~57 页。

[209] 杨茂庆、王远，2016，《加拿大流动儿童城市社会融入问题与解决策略研究》，《民族教育研究》第 5 期，第 92~101 页。

[210] 杨茂庆、杨依博,2015,《美国流动儿童社会融入问题与解决策略研究》,《中国特殊教育》第 11 期,第 56~62 页。

[211] 杨茂庆、赵红艳、邓晓莉,2021,《流动儿童城市社会融入现状与对策研究——以贵州 D 市为例》,《教育学术月刊》第 10 期,第 68~74 页。

[212] 杨茂庆、赵红艳、邓晓莉、冯舒譓,2020,《少数民族流动儿童的社会融入及其影响因素研究——基于四川省的实证调查》,《民族教育研究》第 6 期,第 89~97 页。

[213] 杨明,2018,《流动儿童自尊、健康心理资本和社会文化适应特点及其相关性》,《中国健康教育》第 7 期,第 636~639 页。

[214] 杨芷英、郭鹏举,2017,《家庭因素对流动儿童心理健康状况的影响研究——基于对北京市流动儿童的调查》,《中国青年社会科学》第 3 期,第 54~60 页。

[215] 叶一舵、熊猛,2013,《团体归属感对城市农民工子女心理健康的影响及其内部机制》,《福建师范大学学报》(哲学社会科学版)第 4 期,第 150~160 页。

[216] 尹可丽、付艳芬、李琼,2011,《完全心理健康测量的理论假设及操作化》,《医学与哲学》(人文社会医学版)第 10 期,第 31~32、39 页。

[217] 尹勤、毛京沭、宗占红、雷敏、徐培、高祖新,2013,《南京市流动儿童自我意识状况的对比》,《中国妇幼保健》第 1 期,第 61~64 页。

[218] 尹星、刘正奎,2013,《流动儿童抑郁症状的学校横断面研究》,《中国心理卫生杂志》第 11 期,第 864~867 页。

[219] 于海波、陈留定,2019,《美国流动儿童教育融入问题的解决路径及启示》,《社会科学战线》第 8 期,第 234~242 页。

[220] 余益兵、邹泓,2008,《流动儿童积极心理品质的发展特点研究》,《中国特殊教育》第 4 期,第 78~83 页。

[221] 俞可平,2002,《全球治理引论》,《马克思主义与现实》第 1 期,第 20~32 页。

[222] 袁庆明，2011，《新制度经济学教程》，中国发展出版社。

[223] 袁晓娇、方晓义、刘杨、李芷若，2009，《教育安置方式与流动儿童城市适应的关系》，《北京师范大学学报》（社会科学版）第5期，第25~32页。

[224] 袁晓娇、方晓义、刘杨、蔺秀云，2012，《流动儿童压力应对与抑郁感、社交焦虑的关系：一项追踪研究》，《心理发展与教育》第3期，第283~291页。

[225] 曾守锤，2009，《流动儿童的社会适应：追踪研究》，《华东理工大学学报》（社会科学版）第3期，第6页。

[226] 曾守锤、肖光鸥、刘德永，2013，《流动儿童的入学准备：家庭资本的影响》，《华东理工大学学报》（社会科学版）第5期，第10~14页。

[227] 曾天德、黎淑晶、余益兵、王沕晴，2020，《城区流动儿童亲子依恋与社会适应的关系：家庭功能的中介作用》，《中国特殊教育》第3期，第91~96页。

[228] 曾天德、李杰、陈顺森，2019，《心理理论对城区流动儿童心理社会能力的影响机制：双中介作用》，《心理与行为研究》第1期，第846~853页。

[229] 曾天德、朱淑英、陈明，2015，《未成年人心理社会能力量表编制》，《心理与行为研究》第1期，第76~80页。

[230] 曾通刚、杨永春、满姗，2022，《中国城市流动人口心理融入的地区差异与影响因素》，《地理科学》第1期，第126~135页。

[231] 詹创民，2020，《累积生态风险对流动儿童学业成就的影响》，硕士学位论文，湖南科技大学。

[232] 张大均、江琦，2006，《〈青少年心理健康素质调查表〉适应分量表的编制》，《心理与行为研究》第2期，第4页。

[233] 张帆，2019，《初中流动儿童积极心理品质对学校适应的影响和干预研究》，硕士学位论文，南京师范大学。

[234] 张芳华、崔艳芳、李付伟、吴喜双，2021，《压力与青少年外化问题行为：社会支持的中介作用》，《中国健康心理学杂志》第12期，

第 1883~1887 页。

[235] 张锋、张焕、安梦斐、孙真真，2016，《中学生的未来时间洞察力、时间管理自我监控和学业成绩的关系》，《心理科学》第 4 期，第 900~906 页。

[236] 张富杰，2018，《小学外来务工子女师生关系、学业情绪与学业成绩的关系研究》，硕士学位论文，辽宁师范大学。

[237] 张国礼、吴霞民、何培宇，2009，《大学生自我管理问卷的初步编制》，《中国临床心理学杂志》第 3 期，第 312~314 页。

[238] 张洪菊，2010，《秦皇岛市流动儿童自我意识、社会适应发展特点及其关系研究》，硕士学位论文，河北师范大学。

[239] 张华，2004，《中学生体育活动参与与自我效能感和心理健康促进的研究》，硕士学位论文，江西师范大学。

[240] 张阔、张赛、董颖红，2010，《积极心理资本：测量及其与心理健康的关系》，《心理与行为研究》第 1 期，第 58~64 页。

[241] 张梅、辛自强、林崇德，2011，《青少年社会认知复杂性与同伴交往的相关分析》，《心理科学》第 2 期，第 354~360 页。

[242] 张倩、郑涌，2003，《美国积极心理学介评》，《心理学探新》第 3 期，第 6~10 页。

[243] 张庆鹏、孙元，2018，《居住稳定性对流动儿童积极社会适应的影响：感知重要他人关注的调节作用》，《中国特殊教育》第 5 期，第 46~53 页。

[244] 张文艳，2017，《教师自主支持与小学高年级流动儿童学业成绩的关系：学业情绪和父母卷入的作用》，硕士学位论文，南京师范大学。

[245] 张晓峰，2020，《民办中小学流动儿童教育融入的影响因素研究》，硕士学位论文，华东政法大学。

[246] 张岩、杜岸政、周炎根，2017，《流动儿童歧视知觉和城市适应的关系：社会支持和认同整合的多重中介效应》，《中国特殊教育》第 8 期，第 55~60 页。

[247] 张彦君，2021，《社会心理服务视阈下大学生心理社会能力干预研

究》,《河南社会科学》第 2 期,第 107~117 页。

[248] 张翼、许传新,2012,《少数民族流动儿童融入城市公立教育的调查分析——以呼和浩特市为例》,《南京人口管理干部学院学报》第 1 期,第 34~38 页。

[249] 张云运、骆方、董奇、刘方琳,2016,《学校群体构成对流动儿童数学学业成就的影响:一项多水平分析》,《心理发展与教育》第 1 期,第 56~64 页。

[250] 赵芳,2011,《需求与资源:一项关于流动儿童适应的研究》,《社会科学》第 3 期,第 80~86 页。

[251] 赵凤华,2015,《初中生班级气氛和一般自我效能感与学习成绩的关系》,硕士学位论文,广西师范大学。

[252] 赵建平、葛操,2006,《初中生社会支持与心理健康的相关研究》,《中国健康心理学杂志》第 2 期,第 132~135 页。

[253] 赵金霞、李振,2017,《亲子依恋与农村留守青少年焦虑的关系:教师支持的保护作用》,《心理发展与教育》第 3 期,第 361~367 页。

[254] 赵景辉,2017,《亲子沟通对农民工随迁子女学业成绩的影响研究》,硕士学位论文,华中师范大学。

[255] 赵笑梅、陈英和,2007,《学习能力、知识经验对儿童问题解决的影响》,《心理发展与教育》第 3 期,第 7 页。

[256] 赵燕、张翔、杜建政、郑雪,2014,《流动儿童社会支持与抑郁及孤独的关系:心理韧性的调节和中介效应》,《中国临床心理学杂志》第 3 期,第 512~516 页。

[257] 赵杨虹,2019,《行为治疗小组介入流动儿童学业困境研究》,硕士学位论文,深圳大学。

[258] 郑杭生,2015,《社会学概论新修精编本》(第二版),中国人民大学出版社。

[259] 郑日昌,1999,《中学生心理诊断》,山东教育出版社。

[260] 郑信军,2004,《7~11 岁儿童的同伴接纳与心理理论发展的研究》,《心理科学》第 2 期,第 398~401 页。

[261] 郑研,2022,《师生关系对流动儿童心理健康的影响:一项追踪研

究》,《教育科学论坛》第 8 期, 第 18~23 页。

[262] 郑治国、刘建平、董圣鸿、蒋艳、廖华, 2018,《小学高年级学生父母教养方式与学业拖延的关系：时间管理倾向的中介作用》,《心理与行为研究》第 6 期, 第 786~792 页。

[263] 钟海青、张燕妮、张国磊, 2014,《城镇化进程中流动人口子女融合教育问题研究——基于符号互动理论视角》,《广西社会科学》第 4 期, 第 197~200 页。

[264] 周步成, 1991,《心理健康诊断测验 (MHT)》, 华东师范大学出版社。

[265] 周步成, 1999,《心理健康诊断测验手册》, 华东师范大学出版社。

[266] 周大鸣、程瓐晓, 2009,《农民工的职业分化与子女教育——以湖南攸县为例》,《华南师范大学学报》(社会科学版) 第 6 期, 第 30~38 页。

[267] 周建芳、邓晓梅, 2015,《家庭教育对流动儿童学校融合影响的研究——以南京为例》,《教育导刊》第 2 期, 第 24~28 页。

[268] 周凯、叶广俊, 2001,《1171 名中学生的心理社会能力及其危险行为的研究》,《中国公共卫生》第 1 期, 第 82~84 页。

[269] 周小兰、赵鹏、马文, 2017,《成就目标导向：三维结构的理论采纳与实证检验》,《科技进步与对策》第 12 期, 第 134~139 页。

[270] 周晓春、侯欣、王渭巍, 2020,《生态系统视角下的流动儿童抗逆力提升研究》,《中国青年社会科学》第 2 期, 第 97~105 页。

[271] 周迎楠、毕重增, 2017,《中小学生自我控制对学业成就的影响：学业可能自我和心理健康的中介作用》,《中国临床心理学杂志》第 6 期, 第 1134~1137、1129 页。

[272] 周玉, 2006,《制度排斥与再生产——当前农村社会流动的限制机制分析》,《东南学术》第 5 期, 第 17~26 页。

[273] 朱丹、王国锋、刘军、彭小虎, 2013,《流动儿童同伴关系的弹性发展特点研究》,《中国临床心理学杂志》第 4 期, 第 654~657 页。

[274] 朱冬梅, 2017,《流动儿童城市融入的现状及对策研究——以济南市为例》,《青少年学刊》第 2 期, 第 5 页。

[275] 朱凤丽, 2006,《城市农民工子女教育的社会学分析》,《福州党校学报》第5期, 第43~46页。

[276] 庄西真、李政, 2015,《流动人口子女城市教育融入问题的调查分析——以苏南地区为例》,《教育研究》第8期, 第81~90页。

[277] 卓然, 2016,《流动儿童的社会融合问题及对策——基于家庭系统理论的视角》,《长春师范大学学报》第11期, 第67~70页。

[278] 邹荣、陈旭、雷鹏、彭丽娟, 2011,《流动儿童和城市儿童元刻板印象研究》,《高等函授学报》(哲学社会科学版) 第11期, 第9~14页。

[279] Barrera, M. & Ainlay, S. L. 1983. "The Structure of Social Support: A Conceptual and Empirical Analysis." *Journal of Community Psychology* 11 (12): 133 – 143.

[280] Berger, S. D. 2003. "The Effects of Learning Self-management on Student Desire and Ability to Self-manage, Self-efficacy, Academic Performance, and Retention." Doctoral Dissertation, State University of New York.

[281] Bhat, A. & Aminabhavi, V. A. 2015. "Demographic Factors Contributing to the Psychosocial Competence of Adolescents." *International Journal of Scientific Research* 2 (4): 38 – 40.

[282] Bishop, Donna M. & Decker, Scott H. 2000. "Punishment and Control: Juvenile Justice Reform in the USA." *United States* 8 (8): 101 – 123.

[283] Black, J. S. & Mendenhall, M. 1991. "The U-curve Adjustment Hypothesis Revisited: A Review and Theoretical Framework." *Journal of International Business Studies* 22 (2): 225 – 247.

[284] Block, J. & Kremen, A. M. 1996. "IQ and Ego-resiliency: Conceptual and Empirical Connections and Separateness." *Journal of Personality and Social Psychology* 70 (2): 349 – 61.

[285] Botvin, G. J., Baker, E., Botvin, E. M., Filazzola, A. D., & Millman, R. B. 1984. "Alcohol Abuse Prevention Through the Development of Personal and Social Competence: A Pilot Study." *Journal of Studies on Alcohol* 45 (6): 550 – 552.

［286］ Bowen, M. 1978. *Family Therapy in Clinical Practice*. Aronson.

［287］ Bronfenbrenner, U. & Morris, P. A. 1998. "The Ecology of Developmental Processes." In W. Damon & R. M. Lerner (eds.), *Handbook of Child Psychology*, Vol. 1: *Theoretical Models of Human Development*, pp. 993 – 1028. John Wiley.

［288］ Bronfenbrenner, U. 1979. *The Ecology of Human Development: Experiments by Nature and Design*. Harvard University Press.

［289］ Caprara, G. V., Vecchione, M., Alessandri, G., Gerbino, M., & Barbaranelli, C. 2011. "The Contribution of Personality Traits and Self-efficacy Beliefs to Academic Achievement: A Longitudinal Study." *British Journal of Educational Psychology* 81 (1): 78 – 96.

［290］ Chen, C. & Zhang, L. 2011. "Temperament Personality and Achievement Goals among Chinese Adolescent Students." *Educational Psychology* 31 (3): 339 – 359.

［291］ Cobb, Sidney. 1976. "Social Support as a Moderator of Life Stress." *Psychosomatic Medicine* 38 (5): 300 – 314.

［292］ Cohen, S. & Wills, T. A. 1985. "Stress Social Support and the Buffering Hypothesis." *Psychological Bulletin* 98 (2): 310 – 357.

［293］ Costa, P. T. & MacCrae, R. R. 1992. *Revised NEO Personality Inventory (NEO PI-R) and NEO Five-factor Inventory (NEO-FFI): Professional Manual*. Springer New York.

［294］ Dalton, T., Martella, R. C., & Marchand-Martella, N. E. 1999. "The Effects of a Self-management Program in Reducing Off-task Behavior." *Journal of Behavioral Education* 9 (3): 157 – 176.

［295］ Elliot, A. J. & Mcgregor, H. A. 2001. "A 2 × 2 Achievement Goal Framework." *Journal of Personality & Social Psychology* 80 (3): 501 – 519.

［296］ Ernesto, P. 2017. "A Review of Self-regulated Learning: Six Models and Four Directions for Research." *Frontiers in Psychology* 8 (422): 1 – 28.

［297］ Errecart, M. T., Walberg, H. J., Ross, J. G., Gold, R. S., Fiedler, J. L., & Kolbe, L. J. 1991. "Effectiveness of Teenage Health Teaching

Modules." *Journal of School Health* 61 (1): 26 – 30.

[298] Fredricks, J. A., Blumenfeld, P. C., & Paris A. H. 2004. "School Engagement: Potential of the Concept, State of the Evidence." *Review of Educational Research* 74 (1): 59 – 109.

[299] Harris, J. R. 1995. "Where Is the Child's Environment? A Group Socialization Theory of Development." *Psychological Review* 102 (3): 458 – 489.

[300] Joffe, P. E. & Bast, B. A. 1978. "Coping and Defense in Relation to Accommodation among a Sample of Blind Men." *Journal of Nervous and Mental Disease* 166 (8): 537 – 552.

[301] Jones, L. V. 2004. "Enhancing Psychosocial Competence among Black Women in College." *Social Work* 49 (1): 75 – 84.

[302] Kim, Y. Y. 1979. "Mass Media and Acculturation: Toward Development of an Interactive Theory." Philadelphia, Pennnsylvania, May 5 – 7 (18).

[303] Lani, V. J. 2004. "Enhancing Psychosocial Competence among Black Women in College Social Work." *Pro-Quest Education Journals* 49: 75 – 84.

[304] Locke, E. A. & G. Latham. 1990. *A Theory of Goal Setting & Task Performance*, Pearson College Div.

[305] Long, J. D., Gaynor, P., Erwin, A. et al. 1994. "The Relationship of Self-management to Academic Motivation, Study Efficiency, Academic Satisfaction, and Grade Point Average among Prospective Education Majors." *Psychology: A Journal of Human Behavior* 31 (1): 22 – 30.

[306] Maccoby, E. & Martin, J. 1983. "Socialization in the Context of the Family: Parent-child Interaction." In Hetherington, E., ed., *Handbook of Child Psychology: Socialization, Personality and Social Development*, New York, USA, pp. 1 – 101.

[307] Madjar, N., Bachner, Y. G., & Kushnir, T. 2012. "Can Achievement Goal Theory Provide a Useful Motivational Perspective for Explaining Psychosocial Attributes of Medical Students?" *BMC Medical Edu-*

*cation* 12（4）：1 - 6.

［308］McCoby, E. E. 1983. "Socialization in the Context of the Family: Parent-child Interaction." *Handbook of Child Psychology* 4：1 - 101.

［309］Mezo, P. G. 2009. "The Self-control and Self-management Scale (Scms): Development of an Adaptive Self-regulatory Coping Skills Instrument." *Journal of Psychopathology & Behavioral Assessment* 31（2）：83 - 93.

［310］Mischel, Walter. 1973. "Toward a Cognitive Social Learning Reconceptualization of Personality." *Psychological Review* 80（4）：252 - 283.

［311］Noddings, N. 2002. *Starting at Home: Caring and Social Policy*. University of California Press.

［312］Nodding, N. 2015. *The Challenge to Care in Schools*（2nd edition）. Teachers College Press.

［313］Oberg, K. 1960. "Culture Shock: Adjustment to New Cultural Environment." *Practical Anthropology*（4）：177 - 182.

［314］Pekrun, R. 1992. "The Impact of Emotions on Learning and Achievement: Towards a Theory of Cognitive/Motivational Mediators." *Applied Psychology*（4）：359 - 376.

［315］Pekrun, R., Goetz, T., Titz, W., & Perry, R. P. 2002. "Academic Emotions in Students' Self-regulated Learning and Achievement: AProgram of Qualitative and Quantitative Research." *Educational Psychologist* 37（2）：91 - 105.

［316］Peterson, L. D., Young, K. R., Salzberg, C. L., West, R. P., & Hill, M. 2006. "Using Self-management Procedures to Improve Classroom Social Skills in Multiple General Education Settings." *Education & Treatment of Children* 29（1）：1 - 21.

［317］Procidano, M. E. & Heller, K. 1983. "Measures of Perceived Social Support from Friends and from Family: Three Validation Studies." *American Journal of Community Psychology* 11（1）：1 - 24.

［318］Rogers, Carl R. A. 1959. "A Theory of Therapy, Personality and Interpersonal Relationships, as Developed in the Client-centered Framework." *Cancer Research* 65 (9): 3958 – 3965.

[319] Ruiz-Robledillo, N., De Andrés-García, S., Pérez-Blasco, J., González-Bono, E., & Moya-Albiol, L. 2014. "Highly Resilient Coping Entails Better Perceived Health, High Social Support and Low Morning Cortisol Levels in Parents of Children with Autism Spectrum Disorder." *Research in Developmental Disabilities* 35 (3): 686 – 695.

[320] Schunk, D. H. & Zimmerman, B. J. 1997. "Social Origins of Self-regulatory Competence." *Educational Psychologist* 32 (4): 195 – 208.

[321] Shapiro, E. S. & Cole, C. L. 1994. *Behavior Change in the Classroom: Self-Management Interventions*. Guilford Press.

[322] Shek, Daniel T. L. & Leung, Janet T. Y. 2016. "Developing Social Competence in a Subject on Leadership and Intrapersonal Development." *International Journal on Disability and Human Development* 15 (2): 165 – 173.

[323] Slaughter, V., Dennis, M. J., & Pritchard, M. 2002. "Theory of Mind and Peer Acceptance in Preschool Children." *British Journal of Developmental Psychology* 20 (4): 545 – 564.

[324] Steinberg, L. 1990. "Autonomy Conflict and Harmony in the Family Relationship." In S. S. Feldman & G. R. Elliott (eds.), *At the Threshold: The Developing Adolescent*. Harvard University Press.

[325] Tajfel, H. & Turner, J. C. 1986. "The Social Identity Theory of Inter-Group Behavior." *Political Psychology* 13 (3): 7 – 24.

[326] Tangney, J. P., Baumeister, R. F., & Boone, A. L. 2004. "High Self-control Predicts Good Adjustment Less Pathology Better Grades and Interpersonal Success." *Journal of Personality* 72 (2): 271 – 324.

[327] Thoresen, C. E. & Mahoney, M. J. 1974. *Behavioral Self-control*. Holt Rinehart and Winston.

[328] Tyler, F. B. 1978. "Individual Psychosocial Competence: A Personality Configuration." *Educational and Psychological Measurement* 38 (2):

309－323.

[329] UNICEF & WHO. 2002. "Skill-based Health Education Including Life Skills." *Life Skills Education in Schools* 23 (3): 7－8.

[330] Unsworth, K. L. & Mason, C. M. 2016. "Self-concordance Strategies as a Necessary Condition for Self-management." *Journal of Occupational and Organizational Psychology* 89 (4): 711－733.

[331] Van Voorhis, Patricia, Braswell, Michael, & Lester, David. 2009. *Correctional Counseling and Rehabilitation* (7th edition). Anderson Publishing Co.

[332] Wang, Yixuan, Fei Pei, Fuhua Zhai, & Qin Gao. 2019. "Academic Performance and Peer Relations among Rural to Urban Migrant Children in Beijing: Do Social Identity and Self-efficacy Matter?" *Asian Social Work and Policy Review* 13 (3): 263－273.

[333] Ward, C. & Kennedy, A. 1999. "The Measurement of Sociocultural Adaptation." *International Journal of Intercultural Relations* 23 (4): 659－677.

[334] Williams, C. L. & Berry, J. W. 1991. "Primary Prevention of Acculturative Stress among Refugees: Application of Psychological Theory and Practice." *Am Psychol* 46 (6): 632－641.

[335] Wong, R., Ho, F., Wong, W., Tung, K., Chow, C. B., Rao, N. et al. 2018. "Parental Involvement in Primary School Education: Its Relationship with Children's Academic Performance and Psychosocial Competence Through Engaging Children with School." *Journal of Child and Family Studies* 27 (2): 1544－1555.

[336] Zea, M. C., Jarama, S. L., & Bianchi, F. T. 1995. "Social Support and Psychosocial Competence: Explaining the Adaptation to College of Ethnically Diverse Students." *American Journal of Community Psychology* 23 (4): 509－531.

# 后　记

　　我大学毕业后一直在高校从事心理学教学与研究工作，至今已有30多年，不知不觉从年轻小伙子步入老年阶段。回首望去，一路走来，有喜有忧，有乐有苦，有得有失，但更多的是通过这些经历收获了成长。那些令人感动的人或事，令人难忘的情或景，都让我倍加感恩、感谢。感谢学校提供良好的平台和机会，让我获得专业成长；感恩学校领导、同事的关怀与厚爱，让我充满信心与希望，得到了坚持的力量；感谢同行、朋友和家人的支持、帮助和鼓励，让我心态阳光、互助友善、乐观生活。

　　教书育人是塑造灵魂、激扬生命的综合性艺术。作为一名高校教师，你能够在大学课堂中感受到激情与活力、智慧与灵动、青春与生命，以及每个精彩瞬间，这些都能让人激动不已，幸福满满，让你更加深刻地领悟到教师的神圣使命，学会爱生、敬业、求知，让你感悟教书育人的力量和立德树人的时代意义，明白"为学、为事、为人的示范"之内涵特质和价值定位，以及需要加强努力的方向。

　　学术成长之路会让你感受"纸上得来终觉浅，绝知此事要躬行"，每向你的目标迈进一步都很困难和艰辛。求索初期，你会发觉自己是一个无知和迷茫的笨拙人，时不时陷入一种功底不深、能力不足、视野不宽的困境。不过，你不能轻易否定自己，而要接纳自己的"笨拙"，下笨功夫，不懈求索。当然，你还要积极主动融入科研团队，参加学术活动，与名师高手互动，正如"读万卷书，行万里路，还需要名师开悟"。有好导师或学术达人的开悟，你就犹如拥有一盏明灯，照见前路。接着，就需要有一种坚持的力量，勤奋劳作。一分耕耘，一分收获，努力的过程和结果会让你感到兴奋、激动和快慰。我们经常把科研心路比喻为喝一壶酒，刚喝的时候会有些苦、涩、辣，但当你慢慢品味，就会品尝到它的酸、甜，最后一定会品味到它的甘甜醇美，香气四溢。这就是学术成长之美。

助人自助，"成就他人，其实就是在成就自己"，这应该是每一位心理学工作者最大的收获和感悟。帮助需要帮助的人走出人生困境，摆脱心灵痛苦，重新获得独立成长，是每个人所具有的天性，彰显了人类仁爱之心和积极向上、向善的品质，这就是所谓的"善为事者，必善为人"。每当看到来访者从你这里走出，如沐浴春风、重获阳光时，你会有一种源源不断、难以言表的欣慰感和幸福感，它会让你看到爱的力量和生命的强大，也会让你感悟到每个人身上都具有一种"洞察心灵"的内在力量，它是促使人改变自己的核心力量和动力系统。作为心理咨询师，除了以开放的态度与换位思考的同理心和共情力无条件地接纳来访者，让其倾诉其无助、烦恼和痛苦，还要看到其心灵深处的优势品质，尽力帮助来访者找到并强化这种优质力量，当这种力量被发现并发挥到极致状态时，就完全可以抵抗身上的弱点，抵御生活中遇到的一些风暴。其实，每一次咨询都是一种挑战，挑战你的勇气、智慧与见识，挑战你的内心。无论如何，你都要乐观面对，只有不断地加强自我修炼，才能从别人身上时时汲取新的正能量和心灵滋养，使自己内心变得更加强大、心灵更加通透。感谢来访者的陪伴，他们促使我人格不断完善，专业不断成长。

在这本书稿交付出版前，借机写下上述感言，算是对自己30多年心理学教学生涯的一次总结，并借以激励自己继续努力前行。最后，我要深情感谢帮助我走过每一步的所有人：

——感谢天津师范大学副校长白学军教授的悉心指导！

——感谢福建师范大学连榕教授、孟迎芳教授及西南大学郭成教授的尽心指导！

——感谢陈顺森教授、余益兵教授、赵广平教授等领导、同事和朋友！

——感谢课题组潘小焱、潘艺阳、余益兵、陈顺森、黎淑晶、王磊、徐琛、李杰、任晓春、陈明、赖雪娟、张晓茜、周乐泓等老师和研究生为本书出版前期工作付出的辛勤劳动！

——感谢潘艺阳老师负责撰写第八章内容！

——感谢闽南师范大学学术著作专项经费资助！

——感谢社会科学文献出版社刘荣、张真真等各位编辑加班加点，耐心打磨编校拙著！

曾天德

2023 年 2 月 10 日

图书在版编目（CIP）数据

城区流动儿童心理发展与教育融入研究／曾天德著
.－－北京：社会科学文献出版社，2023.9
　ISBN 978-7-5228-2375-1

　Ⅰ.①城… Ⅱ.①曾… Ⅲ.①流动人口－儿童心理学
－研究－中国 Ⅳ.①B844.1

　中国国家版本馆CIP数据核字（2023）第165324号

## 城区流动儿童心理发展与教育融入研究

著　　者／曾天德

出 版 人／冀祥德
组稿编辑／刘　荣
责任编辑／单远举
文稿编辑／张真真
责任印制／王京美

出　　版／社会科学文献出版社（010）59367011
　　　　　地址：北京市北三环中路甲29号院华龙大厦　邮编：100029
　　　　　网址：www.ssap.com.cn
发　　行／社会科学文献出版社（010）59367028
印　　装／三河市尚艺印装有限公司

规　　格／开　本：787mm×1092mm　1/16
　　　　　印　张：16.5　字　数：261千字
版　　次／2023年9月第1版　2023年9月第1次印刷
书　　号／ISBN 978-7-5228-2375-1
定　　价／99.00元

读者服务电话：4008918866

版权所有　翻印必究